U0382758

城市热环境遥感

黄 昕 杨其全 马 嵩 刘 樾 著

科学出版社
北京

内 容 简 介

城市作为人类活动最为密集的区域，其内部热环境的分布与变化受到越来越多的关注。随着热红外遥感技术的发展，通过卫星影像获取空间连续分布的地表温度数据，为了解城市热环境提供了新的视角。本书以城市热环境为对象，依托遥感数据、技术和方法，首先在详细介绍城市热环境遥感监测的理论和方法的基础上，分别从城市地表覆盖类型和空间结构特征的角度，探讨城市热环境时空分布特征的影响因素；随后在社区尺度分析城市热环境与宜居性的关系，并构建城市宜居性评价指标，给出我国主要城市宜居性评价结果；最后结合多时相遥感观测，分析城市热环境时序变化特征及其驱动因素，为城市热环境的改善及城市的可持续发展提供科学指导。

本书可供高等院校测绘遥感、地理信息、资源与环境等专业的本科生或研究生，以及从事遥感科学研究、遥感项目规划、遥感应用及数字城市建设的科技和管理人员阅读参考。

图书在版编目（CIP）数据

城市热环境遥感/黄昕等著. —北京：科学出版社，2022.12
ISBN 978-7-03-073626-0

Ⅰ.① 城…　Ⅱ.① 黄…　Ⅲ.① 城市环境-热环境-环境遥感-研究
Ⅳ.① X21

中国版本图书馆 CIP 数据核字（2022）第 202959 号

责任编辑：杨光华　徐雁秋/责任校对：高　嵘
责任印制：彭　超/封面设计：苏　波

科 学 出 版 社 出版
北京东黄城根北街 16 号
邮政编码：100717
http://www.sciencep.com
武汉市首壹印务有限公司印刷
科学出版社发行　各地新华书店经销
*
开本：787×1092　1/16
2022 年 12 月第 一 版　印张：14 1/4
2022 年 12 月第一次印刷　字数：335 000
定价：128.00 元
（如有印装质量问题，我社负责调换）

　　城市热环境的改变会对城市中的生物物候、土壤特性、水文循环、空气质量等方面产生影响。更为重要的是，城市热岛效应会加剧城市热浪出现的强度、持续时间与频率，影响城市居民的生活舒适度，甚至会危害居民的生命健康。早在 2013 年，住房和城乡建设部颁布了《城市居住区热环境设计标准》(JGJ 286—2013)，针对城市居住区热环境设计目标制定了详细的标准，规范了热环境的设计与评价方法。2015 年住房和城乡建设部印发了《城市生态建设环境绩效评估导则（试行）》(建办规〔2015〕56 号)，明确将热岛比例指数等热环境指标纳入城市生态环境评估体系。未来城市化进程还会进一步加快，特别是"一带一路"沿线的欠发达国家和地区，将迎来经济发展和城市建设的高峰，这意味着城市热岛效应给城市环境、生态和居民健康等方面造成的问题仍然会不断加剧。

　　遥感技术可为众多学科提供基础数据，被广泛地应用于多个重要科学问题的研究中。利用遥感地表温度数据进行城市热环境的研究最早可追溯到 20 世纪 70 年代，然而，早期可供使用的热红外遥感卫星较少，限制了遥感地表温度在城市热环境研究中的应用。后来，随着热红外遥感卫星的增多，遥感地表温度数据也逐渐丰富，特别是 Landsat 影像的免费开放和 MODIS 数据产品的问世，有力地推动了遥感热红外技术的发展，使得遥感数据被广泛地应用于城市热环境的研究中。目前，已有众多研究利用遥感地表温度数据对城市热环境进行分析，研究内容主要涉及城市热环境的空间分布和时间变化两个方面。在空间分布方面，主要涉及城市热环境的空间分布规律及其尺度效应、城市热环境空间分布的影响因素（如地表组成、景观结构、人为热源等），以及城市热岛效应的量化指标等。在时间变化方面，主要涉及城市热环境的季节和昼夜变化规律、城市热岛效应的年际变化等。

　　本书以遥感手段监测、评估城市热环境的技术和方法为基础，以城市热环境的空间分布、时间变化和影响因素为主要内容，系统地介绍城市热环境遥感的基本理论和最新进展。本书共 6 章：第 1 章介绍城市热环境的基本概念及监测方法；第 2 章介绍城市热环境遥感监测的基本理论、常用数据及量化指标；第 3 章从城市地表组成的角度，重点分析城市典型地物（不透水面和植被等）对地表热环境空间分布的影响规律和作用机制；第 4 章着眼于城市景观格局对地表热环境空间分布的影响，详细讨论二维和三维景观结构的相对贡献；第 5 章从社区尺度对城市热环境的时空分布特征进行精细化分析，构建社区宜居性评估体系，并基于此开展我国主要城市社区宜居性评估工作；第 6 章探讨城市热环境的时序变化特征，从局部气候带与城市热岛足迹两个方面分析城市地表热环境的年际变化规律及其影响因素。

　　本书的主要特点可总结为三个方面。第一，紧密围绕遥感数据在城市热环境中的应用研究。遥感技术的发展与成熟使得遥感数据被广泛应用于各个领域，其中就包括城市热环境。作者长期从事遥感影像解译与应用研究，积累了大量的遥感数据与解译方法，并成功应用于城市热环境的分析中。本书以作者前期研究成果为基础，不仅总结城市热环境遥感的基本理论和方法，还重点讨论遥感在城市热环境监测多种场景中的应用，为后续相关研究提供重要参考。第二，兼顾城市地表覆盖与景观格局对地表热环境影响的综合分析。遥感数据不仅能提供大范围高质量的地表温度数据，还能提供众多高精度的地表覆盖信息。随着资源三号等具有立体成像能力的高分辨率光学遥感影像的普及，对城市大范围高精度三维数据的快速获取已经实现，为准确提取城市三维景观结构信息提供了数据基础。本书不仅详细讨论不同地表覆盖类型对城市热环境的作用规律，还重点分析城市二维和三维景观结构对热环境的相对贡献，为全面认识城市热环境的时空变化的影响机制提供重要信息。第三，聚焦社区尺度的城市热环境与宜居性遥感定量评估。本书基于以高分辨率遥感影像为核心的多源地理信息，采用多种统计模型和分析手段，针对景观与热环境、宜居性的关系及其时空变化进行深入讨论，并对我国主要城市的社区宜居性现状进行定量分析，帮助读者更加全面地理解景观对热环境及宜居性的影响机制，揭示我国主要城市宜居社区的建设情况，从而推动各个城市科学高效地完成城市更新计划。

本书相关研究内容主要依托国家自然科学基金优秀青年基金项目"高分辨率城市遥感：信息处理方法与应用"。本书由黄昕确定整体结构并统一撰写，由杨其全负责各章具体内容和全书整理，由马嵩和刘樾负责校验核对。此外，王颖和卢阳等参与本书部分内容的文字整理工作。

由于作者水平和时间有限，书中疏漏之处在所难免，希望读者不吝指正。

作　者

2022 年 10 月

目录

第1章 绪 论

1.1 城市化进程与温度变化

1.1.1 全球城市化进程

在过去几十年，全球城市化进程显著，最主要的体现就是城市人口的增加和城区范围的扩张。根据《世界城市化展望（2018年修订版）》，1950年全球城市人口占总人口的30%，而到2018年，这一比例已增加至55%，并且在北美等发达地区，城市人口比例甚至达到了80%以上。随着亚洲和非洲等地区的发展，城市人口仍将继续增加，至21世纪中叶，全球将会新增25亿城市人口，届时城市人口将占全球总人口的三分之二以上。以我国为例，2010年城市人口所占比例约为50%，到2020年这一比例已增至64%。与此同时，我国超大城市（城区人口超1000万人）已达到7个，特大城市（城区人口在500万~1000万人）已增至14个，其中上海城区常住人口接近2000万人，位居榜首（图1-1）。

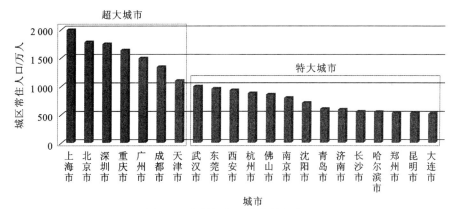

图 1-1 我国超大和特大城市人口

数据来源于国家统计局，城市规模按照《国务院关于调整城市规模
划分标准的通知》（国发〔2014〕51号）进行划分

城市人口的增加必然会伴随着城市面积的扩张。如图1-2（Li et al.，2019）所示，在1986~2015年的30年，平均每年有近1万km²的土地由非城市用地转变为城市用地，全球城区面积净增长80%左右，其中约70%的新增城区出现在亚洲和北美。我国自改革开放以来发展迅速，城区面积快速扩张。相关研究表明，我国不透水面比例在1985~2019年增加了约1.5倍，已达到2450万hm²，其中超过80%的面积来自耕地（Yang and Huang，2021）。

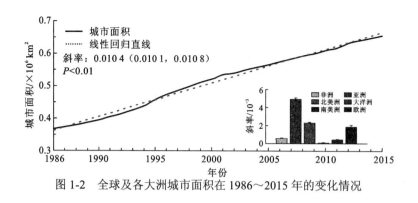

图 1-2　全球及各大洲城市面积在 1986～2015 年的变化情况

1.1.2　城市扩张引起的温度变化

快速的城市化进程会对局部生态环境和气候条件产生显著影响。首先，城市扩张会使大量自然地物转变为人造地物，造成城市周边包括耕地、草地、林地、湿地等具有重要生态调节功能地物的减少或消失。这种地表覆盖的改变会直接影响下垫面的生物物理性质，进而引起地表能量平衡和温度的变化。地表能量平衡的原理可由下式表示：

$$R_n = LE + H + G \qquad\qquad (1\text{-}1)$$

式中：R_n 为地表净太阳辐射通量；LE 为潜热通量（latent heat flux），指水汽相变时向大气传输的热量通量；H 为感热通量，指湍流运动从地面向大气传输的热量通量，主要由地面与大气之间的温差所决定；G 为土壤热通量，指地表土壤与下层土壤间热传导的热量通量。

由植被等自然地物向人造地物的转变会增加不透水面比例，降低地表的蒸散发能力，造成地表潜热通量的减少和感热通量的增加，进而引起局部温度的升高。相较于自然地物，以砖石、水泥和沥青等材料为主的人造地物热容量大，导热率高，并且有着较低的反照率，会吸收更多的太阳光，引起地表净太阳辐射通量的增加，进而造成下垫面温度的升高。研究表明，2006～2011 年，我国耕地向城市用地的转变分别引起日间和夜间地表温度（land surface temperature，LST）升高约 0.18℃和 0.01℃，这种地表温度变化主要归因于地表覆盖变化引起的蒸散发和反照率的改变（Zhang and Liang，2018）。

城市是人口的聚集地，居民的生产生活、交通出行等活动都需要消耗大量的能源。煤炭石油等化石燃料的消耗在释放热量的同时，还会产生大量的二氧化碳等温室气体。据统计，全球有超过 65%的能源消耗发生在城市中，与此同时，全球约 70%的碳排放来自城市（Poumanyvong and Kaneko，2010）。此外，城市中的机动车辆和工业生产会产生大量的氮氧化物、粉尘等空气污染物，这些物质能够吸收环境中的热辐射能量，引起城市大气温度的上升（Cao et al.，2016）。有研究表明，我国的平均气温在 1961～2013 年升高了约 1.44℃，其中城市温度升高贡献了整体升温效应的三成左右（Sun et al.，2016）。

1.2 城市热岛效应

1.2.1 城市热岛效应的影响

城市中心与周边区域地表覆盖和人类活动等方面的异质性会引起二者温度的差异，一般表现为城市中心的温度高于周边区域，这一现象被称为城市热岛（urban heat island，UHI）效应。城市热岛效应是城市热环境空间分布的一种集中反映和体现，也是城市热环境研究的核心问题（姚远 等，2018）。

城市热岛效应会对城市中的生物物候、土壤特性、水文循环、能源消耗、空气质量和居民健康等多方面产生影响（图 1-3）。城市温度的升高会影响生物物候，最为典型的就是位于城市中的植被发芽开花的时间会提前，落叶的时间会延迟，造成植被生长期的延长（Li et al.，2017）。城市热岛效应会引起城市中土壤温度的升高，造成土壤湿度、呼吸代谢、养分活性等特性的改变，进而会对土壤微生物的活动和土壤生物的多样性产生影响（肖荣波 等，2005）。城区温度的升高会使气压降低，导致郊区冷空气更容易流向城区，形成的局部空气对流会引起降水量的增加，进而影响城市的水文循环（Shepherd et al.，2002）。众多研究表明，城市热岛效应会促进臭氧、氮氧化物、一氧化碳等空气污染物在城市中的形成与聚集（康汉青，2014；Lai and Cheng，2009）。此外，城市热岛效应会促进城郊之间局部环流的形成，引起城市上空尘埃和烟雾的聚集，进而诱发空气污染事件（肖荣波 等，2005）。

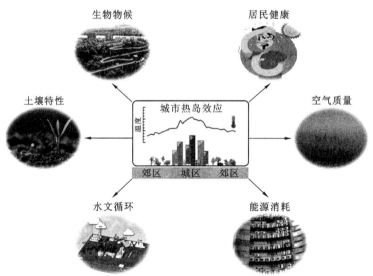

图 1-3 城市热岛效应及其影响

部分小图来自网络

在全球变暖背景下，城市热环境变化及城市热岛效应会加剧城市热浪出现的强度、持续时间与频率，影响城市居民的生活舒适度，甚至会危害居民的生命健康。1980 年，在热浪的影响下，美国堪萨斯城和圣路易斯两座城市的商业核心区的人群死亡率分别上升了

64%和 57%，远高于城市郊区（姚远 等，2018）。2003 年，城市热浪侵袭欧洲，总计造成约 7 万人死亡。2004～2018 年，美国平均每年有 702 例与高温有关的死亡病例，且以老年人为主（Ambarish et al.，2020）。2018 年，日本、韩国出现大范围的高温热浪事件，导致上千人中暑、近百人死亡。2019 年热浪再次侵袭欧洲，仅在法国就造成了约 1500 人死亡。为了降低室内温度，空调、电扇等电器的使用会增加城市电力消耗。相关研究表明，温度每升高 1℃，电力需求量会增长 0.5%～8.5%（Santamouris et al.，2015）。2012 年，美国有六分之一的电力消耗用于降温，由此产生的电费负担高达 400 亿美元。2001～2015 年，我国城市家用空调的人均能耗从 16.4 kW·h 增加到 96.6 kW·h（Cai et al.，2021）。

1.2.2 城市热岛效应的研究进展

与城市热岛相关的研究最早可追溯到 1833 年，当时 Luke Howard 出版的 *The Climate of London，Deduced from Meteorological Observations* 一书中记载了伦敦市中心比郊区温度高的现象。后来 Manley 根据这一现象在 1958 年首次提出了"城市热岛"这一概念。随着城市化进程的加速和全球变暖问题的凸显，城市热岛效应逐步成为研究的热点问题。图 1-4 展示了近 40 年来与"城市热环境"或"城市热岛"相关的文献发表情况。其中，中文文献检索平台为中国知网，检索词为"城市热环境"或"城市热岛"，英文文献检索平台为 Web of Science，检索词为"urban thermal environment"或"urban heat island"。可以明显看出，2000 年以来，与城市热环境/城市热岛相关的论文发表数量出现了"井喷式"的增长，这说明城市发展过程中产生的以城市热岛效应为典型代表的热环境问题已经受到众多学者的关注，现有研究主要集中于以下几个方面。

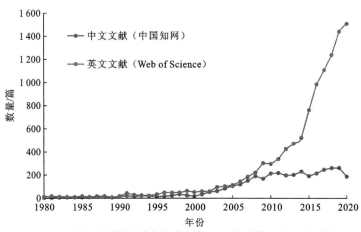

图 1-4 城市热环境或城市热岛相关文献发表数量的变化情况

1. 城市热环境的时空分布和变化规律

目前已有大量研究对城市热环境的空间分布、昼夜差异、季节规律等方面进行了分析。例如，Zhou 等（2016）分析了我国 32 个主要城市地表温度从郊区至城市中心区域的变化规律，指出在绝大多数城市中地表温度从郊区至城区都表现出增长的趋势，其增长幅度与城市位置、季节及昼夜等因素紧密相关，一般表现为夏季高于冬季、日间强于夜间的规律。城市热岛效应的影响不仅局限于城市物理边界范围内，还会影响到城市周边区域。Zhang 等（2004）通过对城市内部及其周边区域地表温度的对比分析发现，城市热岛效应不仅会引起城市内部温度的升高，其辐射效应还会造成周边区域温度的上升。Zhou 等（2015）研究表明，城市热岛效应的影响范围可延伸至城区周边数倍范围的区域。此外，城市热环境的时间变化趋势也是现有研究关注的重点。例如：Yao 等（2017）对我国 31 个城市的热岛强度（即城郊温度差值）在 2000~2015 年的变化趋势进行了分析，绝大多数城市（27/31）的夏季日间热岛强度在该时间段内出现了显著增长趋势，并且城市热岛的增强与城郊植被和人为热源差异的变化有关；Peng 等（2018）比较了我国 281 个城市的城区和郊区地表温度在 2000~2010 年的变化情况，发现约 70%的城市的城区地表温度增加速度要高于郊区；Yao 等（2019）对全球 397 个城市的热岛强度在 2001~2017 年的变化情况进行了分析，发现有 42.1%和 31.5%的城市分别出现了年度日间和夜间热岛强度显著增强趋势，并且城市热岛强度的增强趋势主要与郊区植被的增加有关。总体而言，现有研究对城市热环境的时空分布及其变化趋势进行了较为全面的分析，加深了城市化对局部热环境影响规律的认识和理解。

2. 城市热岛效应的形成机制和影响因素

城市热岛效应的形成机制和影响因素是现有研究的重点。Imhoff 等（2010）研究了美国 38 个城市的热岛效应，发现热岛强度与城市大小和城市所处的生态区联系密切。Peng 等（2012）借助遥感数据，分析了全球 419 个城市中影响城市热岛时空分布的影响因素，发现日间热岛强度主要与城郊植被指数差值有关，夜间热岛强度则主要受到城郊反照率和夜间灯光强度差值的影响。类似地，Zhou 等（2014）利用遥感数据对我国 32 个主要城市的研究表明，城市热岛强度的影响与季节有关，夏季日间热岛强度主要受植被活动和人为热源的影响，而冬季日间热岛强度则主要与气候条件（温度和降水）有关。以上研究给出了影响城市热岛效应的主要因素，但由于研究方法的限制，缺少对城市热岛效应形成机制的定量评估。因此，Zhao 等（2014）开发了定量评估影响城市热岛效应的气候模式，并结合地表温度及植被覆盖的卫星遥感数据对北美地区的 65 个城市进行分析，量化了不同因素对城市热岛的影响，发现城郊之间地表粗糙度的差异是影响城市热岛效应的关键因素，如果城市的粗糙度小于郊区的粗糙度，就会出现较强的热岛效应。例如，湿润地区城郊植被多为树林，地表粗糙，对流散热效率高，相比之下，这些地区城市的对流效率下降了 58%，造成热岛效应。在半干旱地区，植物多为低矮的草地，而城市景观地表更为粗糙，对流散热效率更高，会抑制热岛效应，甚至造成"冷岛效应"（即城市温度低于郊区的现象）。类似地，Manoli 等（2019）建立了综合考虑热岛强度、人口和背景气候的粗粒度模型，并在全球 30000 多个城市中探究了城市热岛空间分布模式的影响机制，发现城市热岛强度的大小主要由城郊蒸散发和对流效率差异决定。总体而言，现有研究较为深入地分析了城市热岛的影响因素，为理解城市热岛效应的形成机制打下了基础。

3. 城市热岛效应的缓解和应对措施

城市是人口的聚集地，如何应对城市发展过程中的气候变化，制订针对城市热岛效应的有效缓解措施，一直是学者们关注的主要问题。Zhao 等（2014）指出在城市尺度上提升地表的反照率是降低城市热岛强度的有效手段。例如，经历了 1995 年的热浪后，芝加哥市制定了建筑规范以促进屋顶反射率的提高，1995～2009 年，该市反照率增加了约 0.02，有效地缓解了城市热岛效应。与此同时，Li 等（2019）的研究结果表明，城市中的绿色植被增加是降低热岛效应的重要手段。类似地，Wang 等（2020，2019）的研究结果表明，增加城市中的树木覆盖率能够降低地表温度，该方法对高温干旱的城市最为有效。在微观尺度上，Peng 等（2021）以我国深圳主城区的 24 个城市公园为研究对象，提出了从最大值和累积值两个角度衡量公园降温效果的综合方法，发现综合性公园的降温效果较好，主题公园的降温能力较差，小型生态公园的降温强度和降温梯度较高，而大型生态公园的降温面积最大。此外，Peng 等（2020）在珠江三角洲探索了城市内部水体对地表温度的影响规律，发现水体降温强度具有明显的空间异质性，同时受到水体斑块面积和局部社会经济发展程度的影响。

1.3 城市热环境监测

1.3.1 城市热环境监测的传统方法

长期以来，城市热环境的研究主要依赖地面气象站点观测的空气温度数据。这类研究关注城市冠层和边界层，被称为城市大气热环境研究。城市冠层介于城市边界层到地表层之间，大致位于城市地表至平均建筑高度的范围内，而城市边界层则在城市冠层之上（姚远 等，2018）。地面观测的空气温度适用于对城市大气热环境时间变化规律的分析。首先，气象站点观测数据具有观测历史长、观测时间连续等优势，能够用于城市热环境长期变化的分析。例如，王文等（2009）利用北京市 11 个台站 1961～2008 年的气象观测资料，分析了城市热环境在这 48 年的变化情况，发现北京市城区和郊区年平均温度均出现了显著的上升趋势，上升幅度分别为 2.01℃和 1.18℃。Liao 等（2017）利用我国东部地区 277 个气象站 1971～2010 年的每日气温观测数据，分别分析了城区和郊区温度年际间的变化情况，发现城市化引起的日最低温度和日平均温度的增长量分别占地表增温总量的 33.6%和 22.4%。其次，站点观测数据具有很高的时间分辨率（分钟或小时级），能够捕捉到城市热环境在时间上精细的变化特征。例如，董妍等（2011）利用西安市气象站 1959～2008 年的逐小时气温观测资料，分析了城市热环境的日变化特征，发现西安市热岛强度（即城区和郊区的温度差值）的日变化呈现双峰分布，两个峰值分别出现在 5 时和 21 时左右，最低值出现在 11 时左右。Charabi 和 Bakhit（2011）利用气象观测资料，对处于干旱地区的马斯喀特市（阿曼首都）的热环境进行了为期一年的详细研究，发现该市热岛强度的峰值一般出现在日落后的 6～7 小时内，且这种现象在夏季最为明显。综上，通过地面观测得到的空气温度数据是研究城市大气热环境变化的主要数据源，为探究城市热岛效应在时间上的变化趋势和分布规律提供了重要的数据支撑。

然而地面获取的空气温度数据也存在一些缺陷。气象站点的空间分布一般较为稀疏，特别是在城市内部，站点数量更为稀少。因此，仅通过气象站点观测的温度数据难以准确描述城市内部热环境空间分布的精细特征。通过布设气象传感网络可以得到空间密集的温度观测数据，但这种方式的人力物力成本很高，仅适用于小区域范围的实验分析（Bjh et al.，2020），难以应用于大范围多城市的研究。因此，有研究尝试利用空间插值的方式提高站点观测数据的空间分辨率，但通过插值得到的温度会受到插值方法和参数的影响，在精度上存在较大的不确定性（李军 等，2006；林忠辉 等，2002）。此外，在进行城市热岛研究时，一般需要同时获取城区和郊区的温度值，而站点温度往往与其所在位置的纬度、高程及地表覆盖等因素有关，仅通过少量站点温度难以反映城区和郊区温度的整体分布情况。

1.3.2　城市热环境遥感监测的优势

　　随着热红外遥感技术的发展，通过卫星影像反演得到的地表温度被越来越多地应用于城市热环境的研究中。相较于站点观测的空气温度，遥感手段获取的地表温度数据具有获取成本低、覆盖范围广、空间分辨率高及空间连续性强等优势，能够对城市热环境的空间分布和变化情况进行更为准确的描述（Weng，2009）。另外，与空气温度相比，地表温度对由自然因素或人类活动引起的地表变化更为敏感，能够用于监测城市中快速而复杂的热环境变化（夏俊士 等，2011；Voogt and Oke，1998）。更为重要的是，地表温度能够调节城市大气下层空气温度，影响地表辐射、能量交换和建筑物内部气候，与居民冷暖感受和身体健康密切相关（李召良 等，2016；Voogt and Oke，2003）。目前通过遥感影像获取的地表温度已成为城市热环境研究的主要数据源。

　　与空气温度不同，遥感手段获取的地表温度关注的是城市表面的热环境情况，因此这类研究一般被称为城市地表热环境研究，与之相对应的是城市地表热岛效应（姚远 等，2018）。利用遥感地表数据研究城市地表热环境最早可追溯到 20 世纪 70 年代，然而早期可供使用的热红外遥感卫星较少，这限制了遥感地表温度在城市热环境研究中的应用。后来，随着热红外遥感卫星的增多，遥感地表温度数据也逐渐丰富。特别是陆地卫星（Landsat）影像的免费开放和中分辨率成像光谱仪（moderate-resolution imaging spectroradiometer，MODIS）数据产品的问世，有力地推动了遥感热红外技术的发展，使得遥感地表温度数据被广泛应用于城市热环境的研究中（Zhou et al.，2019；李福建 等，2010）。与此同时，城市地表热环境及对应的城市地表热岛效应也受到了越来越多的关注，成为当前研究的热点问题。

参 考 文 献

董妍，李星敏，杨艳超，等，2011. 西安城市热岛的时空分布特征. 干旱区资源与环境，25(8): 107-112.
康汉青，2014. 长江三角洲地区城市群热岛效应及其对臭氧影响的研究. 南京: 南京信息工程大学，2014.
李福建，马安青，丁原东，等，2010. 基于 Landsat 数据的城市热岛效应研究. 遥感技术与应用，24(4): 553-558.

李军, 游松财, 黄敬峰, 2006. 中国 1961—2000 年月平均气温空间插值方法与空间分布. 生态环境, 15(1): 109-114.

李召良, 段四波, 唐伯惠, 等, 2016. 热红外地表温度遥感反演方法研究进展. 遥感学报, 20(5): 899-920.

林忠辉, 莫兴国, 李宏轩, 等, 2002. 中国陆地区域气象要素的空间插值. 地理学报, 57(1): 47-56.

王文, 张薇, 蔡晓军, 2009. 近 50a 来北京市气温和降水的变化. 干旱气象(4): 350-353.

夏俊士, 杜培军, 张海荣, 等, 2011. 基于遥感数据的城市地表温度与土地覆盖定量研究. 遥感技术与应用, 25(1): 15-23.

肖荣波, 欧阳志云, 李伟峰, 等, 2005. 城市热岛的生态环境效应. 生态学报, 25(8): 2055-2060.

姚远, 陈曦, 钱静, 2018. 城市地表热环境研究进展. 生态学报, 38(3): 1134-1147.

AMBARISH V, JOSEPHINE M, PAUL S, et al., 2020. Heat-related deaths — United States, 2004-2018. MMWR Morb Mortal Wkly Rep, 69(24): 729-734.

BJH A, LAN D A, DP B, 2020. Relationships among local-scale urban morphology, urban ventilation, urban heat island and outdoor thermal comfort under sea breeze influence. Sustainable Cities and Society, 60: 102289.

CAI W, ZHANG C, SUEN H P, et al., 2021. The 2020 China report of the Lancet Countdown on health and climate change. The Lancet Public Health, 6(1): 64-81.

CAO C, LEE X, LIU S, et al., 2016. Urban heat islands in China enhanced by haze pollution. Nature Communications, 7: 12509.

CHARABI Y, BAKHIT A, 2011. Assessment of the canopy urban heat island of a coastal arid tropical city: The case of Muscat, Oman. Atmospheric Research, 101(1-2): 215-227.

IMHOFF M L, ZHANG P, WOLFE R E, et al., 2010. Remote sensing of the urban heat island effect across biomes in the continental USA. Remote Sensing of Environment, 114(3): 504-513.

LAI L W, CHENG W L, 2009. Air quality influenced by urban heat island coupled with synoptic weather patterns. Science of the Total Environment, 407(8): 2724-2733.

LI X, ZHOU Y, ASRAR G R, et al., 2017. Response of vegetation phenology to urbanization in the conterminous United States. Global Change Biology, 23(7): 2818-2830.

LI X, ZHOU Y, EOM J, et al., 2019. Projecting global urban area growth through 2100 based on historical time series data and future shared socioeconomic pathways. Earth's Future, 7(4): 351-362.

LIAO W, WANG D, LIU X, et al., 2017. Estimated influence of urbanization on surface warming in Eastern China using time varying land use data. International Journal of Climatology, 37(7): 3197-3208.

LIU X, HUANG Y, XU X, et al., 2020. High-spatiotemporal-resolution mapping of global urban change from 1985 to 2015. Nature Sustainability, 3: 564-570.

MANLEY G, 1958. On the frequency of snowfall in metropolitan England. Quarterly Journal of the Royal Meteorological Society, 84(359): 70-72.

MANOLI G, FATICHI S, SCHLÄPFER M, et al., 2019. Magnitude of urban heat islands largely explained by climate and population. Nature, 573(7772): 55-60.

PENG J, MA J, LIU Q, et al., 2018. Spatial-temporal change of land surface temperature across 285 cities in China: An urban-rural contrast perspective. Science of the Total Environment, 635: 487-497.

PENG J, LIU Q, XU Z, et al., 2020. How to effectively mitigate urban heat island effect? A perspective of waterbody patch size threshold. Landscape and Urban Planning, 202: 103873.

PENG J, DAN Y, QIAO R, et al., 2021. How to quantify the cooling effect of urban parks? Linking maximum and accumulation perspectives. Remote Sensing of Environment, 252: 112135.

PENG S, PIAO S, CIAIS P, et al., 2012. Surface urban heat island across 419 global big cities. Environmental Science & Technology, 46(2): 696-703.

POUMANYVONG P, KANEKO S, 2010. Does urbanization lead to less energy use and lower CO_2 emissions? A cross-country analysis. Ecological Economics, 70(2): 434-444.

SANTAMOURIS M, CARTALIS C, SYNNEFA A, et al., 2015. On the impact of urban heat island and global warming on the power demand and electricity consumption of buildings: A review. Energy & Buildings, 98(7): 119-124.

SHEPHERD J M, PIERCE H, NEGRI A J, 2002. Rainfall modification by major urban areas: Observations from spaceborne rain radar on the TRMM satellite. Journal of Applied Meteorology, 41(7): 689-701.

SUN Y, ZHANG X, REN G, et al., 2016. Contribution of urbanization to warming in China. Nature Climate Change, 6(7): 706-709.

VOOGT J A, OKE T R, 1998. Effects of urban surface geometry on remotely-sensed surface temperature. International Journal of Remote Sensing, 19(5): 895-920.

VOOGT J A, OKE T R, 2003. Thermal remote sensing of urban climates. Remote Sensing of Environment, 86(3): 370-384.

WANG C, WANG Z H, WANG C, et al., 2019. Environmental cooling provided by urban trees under extreme heat and cold waves in US cities. Remote Sensing of Environment, 227: 28-43.

WANG J, ZHOU W, JIAO M, et al., 2020. Significant effects of ecological context on urban trees' cooling efficiency. ISPRS Journal of Photogrammetry and Remote Sensing, 159: 78-89.

WENG Q, 2009. Thermal infrared remote sensing for urban climate and environmental studies: Methods, applications, and trends. ISPRS Journal of Photogrammetry and Remote Sensing, 64(4): 335-344.

YANG J, HUANG X, 2021. The 30 m annual land cover dataset and its dynamics in China from 1990 to 2019. Earth System Science Data, 13(8): 3907-3925.

YAO R, WANG L, HUANG X, et al., 2017. Temporal trends of surface urban heat islands and associated determinants in major Chinese cities. Science of the Total Environment, 609: 742-754.

YAO R, WANG L, HUANG X, et al., 2019. Greening in rural areas increases the surface urban heat island intensity. Geophysical Research Letters, 46(4): 2204-2212.

ZHANG X, FRIEDL M A, SCHAAF C B, et al., 2004. The footprint of urban climates on vegetation phenology. Geophysical Research Letters, 31(12): L12209.

ZHANG Y, LIANG S, 2018. Impacts of land cover transitions on surface temperature in China based on satellite observations. Environmental Research Letters, 13(2): 024010.

ZHAO L, LEE X, SMITH R B, et al., 2014. Strong contributions of local background climate to urban heat islands. Nature, 511(7508): 216-219.

ZHOU D, ZHAO S, LIU S, et al., 2014. Surface urban heat island in China's 32 major cities: Spatial patterns and drivers. Remote Sensing of Environment, 152: 51-61.

ZHOU D, ZHAO S, ZHANG L, et al., 2015. The footprint of urban heat island effect in China. Scientific Reports, 10(5): 11160.

ZHOU D, ZHANG L, HAO L, et al., 2016. Spatiotemporal trends of urban heat island effect along the urban development intensity gradient in China. Science of the Total Environment, 544: 617-626.

ZHOU D, XIAO J, BONAFONI S, et al., 2019. Satellite remote sensing of surface urban heat islands: Progress, challenges, and perspectives. Remote Sensing, 11(1): 48.

第2章 城市热环境遥感监测的理论、数据与方法

2.1 热红外地表温度遥感反演的基本原理与方法

2.1.1 热辐射的基本概念与定律

1. 热辐射的基本概念

红外辐射能量的大小、频率和波长直接由辐射源的温度、大小和材料的特性决定。一般来说，物体接收其他物体传来的辐射时，会吸收一部分辐射，也会反射一部分辐射，还有一部分辐射则会透过物体。假设一个物体接收到的辐射能量为 Q，其中吸收的部分为 Q_α，反射的部分为 Q_ρ，透过物体的部分为 Q_τ，那么有下式成立：

$$Q = Q_\alpha + Q_\rho + Q_\tau \qquad (2-1)$$

与此同时，物体的吸收率 α、反射率 ρ 和透射率 τ 分别定义为

$$\alpha = \frac{Q_\alpha}{Q}, \quad \rho = \frac{Q_\rho}{Q}, \quad \tau = \frac{Q_\tau}{Q} \qquad (2-2)$$

并且三者之间有如下关系：

$$\alpha + \rho + \tau = 1 \qquad (2-3)$$

对于某一物体，若 $\alpha = 1$，$\rho = \tau = 0$，即到达该物体表面的热辐射能量完全被吸收，则称该物体为黑体；若 $\rho = 1$，$\alpha = \tau = 0$，即到达该物体表面的热辐射能量完全被反射，则称该物体为白体；若 $\tau = 1$，$\alpha = \rho = 0$，即到达该物体表面的热辐射能量全部透过物体，则称该物体为热透体。实际上没有黑体和白体，仅有物体接近黑体和白体。如没有光泽的黑漆表面接近黑体，其吸收率能达到 0.98；磨光的铜表面接近白体，其反射率可达 0.97。

2. 基尔霍夫热辐射定律

实际物体的辐射能力的波长分布规律随物体和温度而异。早在 1858 年有实验证明，在相同温度（T）和波长（λ）情况下，不同物体辐射出射度（M，即单位时间内从单位面积上辐射出的能量）与吸收率（α）的比值都是相同的，即

$$\frac{M(\lambda, T)}{\alpha(\lambda, T)} = E(\lambda, T) \qquad (2-4)$$

式中：$E(\lambda, T)$ 为温度和波长的函数，与物体本身的性质无关，并且等于相同温度条件下的绝对黑体的辐射出射度。

通常把物体的辐射出射度与相同温度下黑体的辐射出射度的比值，称作物体的比辐射率（也称发射率，记为 ε），可由下式表示：

$$\varepsilon(\lambda,T) = \frac{M(\lambda,T)}{E(\lambda,T)} \tag{2-5}$$

由式（2-4）和式（2-5）可以发现，在热力学平衡（即温度恒定）的条件下，物体在任意波长的吸收率等于其比辐射率，这被称为基尔霍夫（Kirchhoff）热辐射定律。

基尔霍夫热辐射定律说明了各种物体表面的发射与吸收之间极普遍的关系。该定律不仅把物体的发射与吸收联系起来，而且还指出一个好的吸收体必然是一个好的发射体。如果物体吸收率高，则发射率一定也高，在热平衡条件下，物体辐射的能量一定等于吸收的能量。

3. 普朗克定律

绝对黑体的辐射光谱对研究一切物体的辐射规律具有根本意义。1900 年普朗克（Planck）引入量子概念，将辐射当作不连续的量子发射，成功地从理论上得出了与实验精确符合的绝对黑体光谱辐射出射度随波长的分布函数 $[E(\lambda,T)]$，其方程为

$$E(\lambda,T) = \frac{2\pi c^2 h}{\lambda^5}(\mathrm{e}^{\frac{ch}{\lambda kT}} - 1)^{-1} = C_1\lambda^{-5}(\mathrm{e}^{\frac{C_2}{\lambda T}} - 1)^{-1} \tag{2-6}$$

式中：$E(\lambda,T)$ 的单位为 W/（m·μm²）；c 为光速，$c = 2.99792\times10^8$ m/s；h 为普朗克常数，$h = 6.6261\times10^{-34}$ J·s；k 为玻尔兹曼常数，$k = 1.3806\times10^{-23}$ J/K；$C_1 = 2\pi c^2 h = 3.7418\times10^{-16}$ W·m²；$C_2 = \dfrac{ch}{k} = 14388$ μm·K。

图 2-1 展示了不同温度下黑体光谱辐射出射度随波长的变化曲线，由该图可以看出黑体辐射具有以下几个特征。

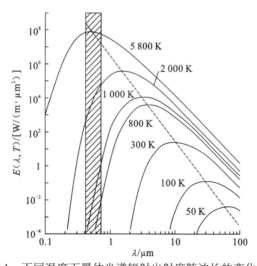

图 2-1 不同温度下黑体光谱辐射出射度随波长的变化曲线

引自 https://www.sciencedirect.com/topics/engineering/blackbody

（1）光谱辐射出射度随波长连续变化，每条曲线只有一个极大值。

（2）曲线随黑体温度的升高而整体提高。在任意指定波长处，与较高温度对应的光谱辐射出射度也较大。因为每条曲线下包围的面积正比于全辐射出射度，所以上述特征

表明黑体的全辐射出射度随温度的增加而迅速增大。

（3）每条曲线彼此不相交，因此温度越高，在所有波长上的光谱辐射出射度也越大。

（4）每条曲线的峰值所对应的波长称为峰值波长。随着温度的升高，峰值波长减小，即黑体的辐射中包含的短波成分所占比例增加。

（5）黑体的辐射只与黑体的绝对温度有关。

4. 斯特藩-玻尔兹曼定律

斯特藩-玻尔兹曼（Stefan-Boltzmann）定律是在 1879 年由斯特藩用实验测量，在 1884 年由玻尔兹曼用热力学方法导出的。该定律表示将普朗克公式在 $0 \sim \infty$ 的波长积分得到的辐射通量密度，即从 1 cm^2 的黑体辐射到半球空间里的总辐射通量。

$$W = \frac{2\pi^5 k^4}{15c^2 h^8} T^4 = \sigma T^4 \tag{2-7}$$

式中：W 为辐射通量密度（即在单位时间内通过单位面积的辐射能量），W/cm^2；σ 为斯特藩-玻尔兹曼常数，$\sigma = 5.67 \times 10^{-12}$ W/(cm$^2 \cdot$ K^4)。

5. 维恩位移定律

1893 年维恩（Wien）从热力学理论导出黑体辐射光谱的极大值对应的波长

$$\lambda_{\max} = \frac{b}{T} \tag{2-8}$$

式中：$\lambda_{\max}$ 为光谱辐射通量密度的峰值波长，μm；b 为维恩位移常数，$b = 2\,897.8\,\mu\text{m} \cdot \text{K}$；$T$ 为温度，K。

维恩位移定律表明，光谱辐射通量密度的峰值波长与绝对温度成反比。图 2-1 中的虚线就是这些峰值的轨迹。

将维恩位移定律 $\lambda_{\max}$ 代入普朗克公式，可得到黑体辐射出射度的峰值

$$E(\lambda, T) = \frac{2\pi c^2 h}{\lambda_{\max}^5} (\text{e}^{\frac{ch}{\lambda_{\max}kT}} - 1)^{-1} = \frac{2\pi c^2 h}{(b/T)^5} (\text{e}^{\frac{ch}{(b/T)kT}} - 1)^{-1} = BT^5 \tag{2-9}$$

式中：$B = 1.2862 \times 10^{-11}$ W/(m $\cdot$ μm$^2 \cdot$ K^5)。该式表明黑体的光谱辐射出射度的峰值与绝对温度的五次方成正比，这与图 2-1 中辐射曲线的峰值随温度升高而迅速升高相符合。

6. 红外辐射传输方程

在热红外波段，大气不仅吸收和散射穿过它的辐射能量，本身还会向外辐射能量。图 2-2（Li et al.，2013）为红外辐射传输示意图，在局地热平衡的晴空无云条件下，传感器在大气顶部所接收到的通道辐亮度（I）可由下式表示：

$$I_i(\theta, \varphi) = R_i(\theta, \varphi)\tau_i(\theta, \varphi) + R_{\text{ati}\uparrow}(\theta, \varphi) + R_{\text{sli}\uparrow}(\theta, \varphi) \tag{2-10}$$

其中，R_i 可表示为

$$R_i(\theta, \varphi) = \varepsilon_i(\theta, \varphi)B_i(T_s) + [1 - \varepsilon_i(\theta, \varphi)]R_{\text{ati}\downarrow} + [1 - \varepsilon_i(\theta, \varphi)]R_{\text{sli}\downarrow} + \rho_{\text{bi}}(\theta, \varphi, \theta_s, \varphi_s) \times E_i \cos\theta_s \tau_i(\theta_s, \varphi_s) \tag{2-11}$$

式（2.10）、式（2.11）和图 2-2 中：I_i 为在大气顶部接收到的通道 i 的辐亮度；θ 和 φ 分别为观测天顶角和观测方位角；τ_i 为通道 i 的大气等效透过率；$R_i\tau_i$ 为经大气衰减之后的地表离地辐射（图 2-2 中的路径①）；$R_{ati\uparrow}$ 为大气上行热辐射（图 2-2 中的路径②）；$R_{sli\uparrow}$ 为大气散射的上行太阳辐射（图 2-2 中的路径③）；ε_i 和 T_s 分别为通道 i 的地表发射率和地表温度；$\varepsilon_i B_i(T_s)$ 为地表自身发射的辐亮度（图 2-2 中的路径④）；$R_{ati\downarrow}$ 为大气下行热辐射；$R_{sli\downarrow}$ 为大气散射的下行太阳辐射；$(1-\varepsilon_i)R_{ati\downarrow}$ 和 $(1-\varepsilon_i)R_{sti\downarrow}$ 分别为经地表反射之后的下行大气热辐射和散射的太阳辐射（图 2-2 中的路径⑤和路径⑥）；ρ_{bi} 为地表双向反射率；E_i 为大气顶部的太阳辐照度；θ_s 和 φ_s 分别为太阳天顶角和方位角；$\rho_{bi}E_i\cos\theta_s\tau_i(\theta_s)$ 为经地表反射后的太阳直射辐射（图 2-2 中的路径⑦）。

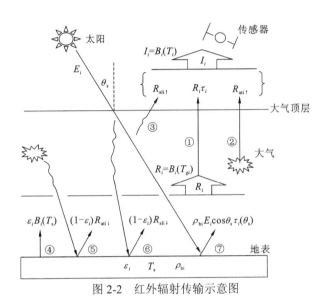

图 2-2 红外辐射传输示意图

由于大气层存在于地球表面和星载辐射计之间，而且大气对地表辐射能的干扰是有选择的（随波长变化），其影响程度大小不同，并不是所有的热红外波段都可以用于卫星遥感测定地表温度。在热红外波段，最重要的大气窗口位于 3.4～4.2 μm、4.5～5.0 μm、8.0～9.4 μm 和 10～13 μm。值得注意的是，由于 8.0～14 μm 波谱区大气顶部的太阳辐射可以忽略不计，式（2-10）和式（2-11）中太阳辐射部分（图 2-2 中的路径③、⑥和⑦）均可以忽略，不会影响精度，现有主要卫星传感器的热红外波段均在该波谱范围内。

2.1.2 热红外地表温度遥感反演算法

利用遥感数据反演地表温度的理论基础是基于普朗克定律量化构成的热辐射传输方程。根据卫星传感器空间分辨率设置，反演算法分为单波段算法、双波段算法和多波段算法。

1. 单波段算法

1) 辐射传输方程的大气校正法

根据红外辐射传输方程，在 8~14 μm 的光谱范围内，太阳辐射的影响、方位角对热红外辐射传输的影响及比辐射率的角度效应可忽略不计，传感器接收到的热红外辐射由三部分组成：经大气层衰减后的地表离地辐射（被测目标自身热辐射）、大气下行热辐射（大气向地面的热辐射）经地表反射和大气衰减后最终被传感器接收的热辐射及大气上行热辐射（大气直接热辐射）（Weng，2009）。在局地热平衡的晴空无云条件下，根据辐射传输方程，传感器在大气顶部接收到的通道辐射亮度可由下式（Sobrino et al.，2004）表示：

$$L_\lambda = [\varepsilon B(T_s) + (1-\varepsilon)L_d^\downarrow]\tau + L_u^\uparrow \qquad (2\text{-}12)$$

式中：L_λ 为传感器接收到的光谱辐射亮度；ε 为地表比辐射率，可根据地表覆盖类型估计；T_s 为地表温度，$B(T_s)$ 表示温度为 T_s 的绝对黑体的辐射亮度，$\varepsilon B(T_s)$ 表示地表自身辐射值，即离开近地面的辐射值；$L_d^\downarrow$ 和 $L_u^\uparrow$ 分别为大气下行辐射和大气上行辐射；$(1-\varepsilon)L_d^\downarrow$ 为经地表反射后的大气下行热辐射；τ 为大气透过率。大气剖面参数 $L_d^\downarrow$、$L_u^\uparrow$ 和 τ 可通过美国国家航空航天局的大气矫正参数计算器（https://atmcorr.gsfc.nasa.gov/），以影像成像时间、中心经纬度、气候类型等参数作为输入得到（Barsi et al.，2005）。

通过反解式（2-12）可得到黑体辐射亮度 $B(T_s)$ 的表达式

$$B(T_s) = \frac{L_\lambda - L_u^\uparrow - \tau(1-\varepsilon)L_d^\downarrow}{\varepsilon\tau} \qquad (2\text{-}13)$$

地表比辐射率是与地表覆盖相关的变量，可通过归一化植被指数（normalized differential vegetation index，NDVI）来估算。根据现有研究结论：当 NDVI<0 时，认为像元为水体，地表比辐射率取水体的典型比辐射率值，为 0.992 5；当 0≤NDVI<0.15 时，认为像元为不透水面或裸土，地表比辐射率取 0.923（Xie et al.，2012）；当 NDVI > 0.727 时，认为像元为植被，地表比辐射率取植被的典型比辐射率值，为 0.986（Valor et al.，1996）；当 0.15≤NDVI≤0.727 时，认为像元是由植被和裸地构成的混合像元，其地表比辐射率与 NDVI 有关（Van and Caselles，1993）。地表比辐射率（ε）的计算可用下式表示：

$$\varepsilon = \begin{cases} 0.992\,5, & \text{NDVI} < 0 \\ 0.923, & 0 \leqslant \text{NDVI} < 0.15 \\ 1.009\,4 + 0.047\ln(\text{NDVI}), & 0.15 \leqslant \text{NDVI} \leqslant 0.727 \\ 0.986, & \text{NDVI} > 0.727 \end{cases} \qquad (2\text{-}14)$$

将黑体辐射亮度 $B(T_s)$ 转换为传感器接收到的有效亮度温度 T_B：

$$T_B = \frac{K_2}{\ln(K_1 / B(T_s) + 1)} \qquad (2\text{-}15)$$

式中：K_1 和 K_2 为常数，对不同波段取值不同。例如，对于 Landsat 第 10 波段（TIRS 10），$K_1 = 774.89\ \text{W}/(\text{m}^2\cdot\text{sr}\cdot\mu\text{m})$，$K_2 = 1321.08\ \text{K}$。

根据普朗克方程，从式（2-15）中解算出地表温度 T_s

$$T_s = \frac{T_B}{1 + (\lambda \times T_B / \rho) \ln \varepsilon} \tag{2-16}$$

式中：λ 为影像的波长，例如 TIRS 10 的波长为 10.9 μm；$\rho = 1.438 \times 10^{-2}$ mK。

2）单窗算法

单窗算法（mono-window algorithm）是 Qin 等（2001）根据地表热辐射传导方程推导出的一个利用 Landsat TM 波段 6 数据反演地表温度的算法，适用于从一个热波段遥感数据中推演地表温度。该算法简化了大气向上辐射亮度和大气向下辐射亮度，并根据热辐射传输方程对普朗克函数进行线性化一阶泰勒级数展开，其公式如下：

$$T_s = \{a \times (1 - C - D) + [b \times (1 - C - D) + C + D] \times T_B - D \times T_a\} / C \tag{2-17}$$

式中：$C = \varepsilon \times \tau$，$D = (1 - \tau) \times [1 + (1 - \varepsilon) \times \tau]$，其中 ε 为地表比辐射率，τ 为大气透射率，其值可在美国国家航空航天局官网上通过输入经纬度信息获取；对于 Landsat TM 波段 6，$T_B = 1260.56 / \ln[1 + 607.76 / (1.2378 + 0.55158) \times V_{DN}]$，$V_{DN}$ 为 Landsat TM 波段 6 的有效值，取值范围为 0~255；T_a 为大气平均作用温度，在标准大气状态下，其与地面附近（一般 2 m 处）气温（T_0）存在如下线性关系：

$$T_a = \begin{cases} 17.9769 + 0.91715 T_0, & \text{热带平均大气，北纬15°} \\ 16.0110 + 0.92621 T_0, & \text{中纬度夏季大气，北纬45°} \\ 19.2704 + 0.91118 T_0, & \text{中纬度冬季大气，北纬45°} \end{cases} \tag{2-18}$$

单窗算法只需要三个参数，即地表比辐射率、大气透射率和大气平均作用温度，后两个参数可以从大气温度和湿度曲线或气象站的观测数据中估算出来。然而，该算法也有缺点，主要表现在用于估计大气透射率和平均温度的经验方程需要标准大气剖面数据。标准大气剖面数据是大量样本的统计结果，不能反映实际的大气状况，这限制了该算法的适用性。

3）单通道算法

单通道算法（single-channel method）由 Jiménez-Muñoz 和 Sobrino（2003）提出，它是一种普适性的算法，可针对任何一种热红外数据反演地表温度，其公式如下：

$$T_s = \gamma[(\psi_1 L_{sensor} + \psi_2) / \varepsilon + \psi_3] + \delta \tag{2-19}$$

式中：T_s 为地表温度；L_{sensor} 为遥感传感器测得的辐射强度；ε 为地表比辐射率；$\gamma = [(C_2 \times L_{sensor} / T_{sensor}^2) \times (\lambda^4 \times L_{sensor} / C_1 + 1 / \lambda)]$，$C_1$ 和 C_2 为普朗克函数的常量；$\delta = -\gamma \times L_{sensor} + 1$；$\psi_1$、$\psi_2$ 和 ψ_3 为大气含水量（w）的函数，可通过下式拟合求解：

$$\begin{bmatrix} \psi_1 \\ \psi_2 \\ \psi_3 \end{bmatrix} = \begin{bmatrix} c_{11} & c_{12} & c_{13} \\ c_{21} & c_{22} & c_{23} \\ c_{31} & c_{32} & c_{33} \end{bmatrix} \begin{bmatrix} w^2 \\ w \\ 1 \end{bmatrix} \tag{2-20}$$

与单窗算法相比，单通道算法的输入参数更少，只有地表比辐射率（ε）和大气含水量（w）这两个参数。另外，Jiménez-Muñoz 等（2008）对单通道算法进行了更新，重新计算了大气含水量函数（ψ_1、ψ_2 和 ψ_3）。结果表明，当大气含水量在 0.5~2.0 g/cm² 时，更新后的单通道算法所反演的地表温度误差在 1~2℃，然而当大气含水量超出该范围时，误差就变得过大。Cristóbal 等（2009）对 Jiménez-Muñoz 提出的通用单通道算法做了进一步改进，在计算大气含水量函数时，同时引入近地表温度作为输入参数。结果表明，引入近地表温度能够有效提升地表温度的反演精度，误差降至 0.9 ℃左右。

2. 双波段算法

分裂窗算法（split-window algorithm）是最经典的双波段算法，该算法充分利用了大气窗口（10.5～12.5 μm）中两个相邻通道的不同大气吸收特征，通过它们测量值的各种组合来消除温度反演时的大气影响。分裂窗算法由 McMillin（1975）提出，最早被用于海面温度的反演，包含三个基本假设：①海水可以被近似为发射率等于 1 的黑体；②大气窗口吸收很弱，水汽吸收系数近似为常数；③普朗克函数可以用中心波长周围的一阶泰勒级数展开来近似。典型的分裂窗算法可以表示为

$$T_S = a_0 + a_1 T_i + a_2 T_j \tag{2-21}$$

式中：T_S 为海面温度；a_0、a_1 和 a_2 为系数；T_i 和 T_j 为两个波段的亮温。

由于海面的均质性，其发射率相对稳定，分裂窗算法已成功应用于海面温度的反演，其精度达到 0.3 K（Niclòs et al.，2007）。许多研究人员也将分裂窗算法应用于陆地表面温度的检测。与海洋表面相比，陆地表面要复杂得多，地形复杂，且有许多影响地表温度时空变化的复杂因素，因此无法直接将陆地表面近似为一个黑体。进而，众多研究者对适用于陆地表面的分裂窗算法进行了深入研究（Yu et al.，2008；Wan and Dozier，1996；Sobrino et al.，1994；Vidal，1991；Becker，1990；Price，1984），下面将对其中的典型算法进行介绍。

Price（1984）首次将海面温度分裂窗算法应用于陆面温度反演，其算法公式如下：

$$T_s = [T_4 + 3.33(T_4 - T_5)][(3.5 + \varepsilon_4)/4.5] + 0.75 T_5 (\varepsilon_4 - \varepsilon_5) \tag{2-22}$$

式中：T_s 为反演得到的地表温度；T_4 和 T_5 为改进型甚高分辨率辐射计（advanced very high resolution radiometer，AVHRR）影像的第 4 波段和第 5 波段的亮温；ε_4 和 ε_5 分别为对应波段的地表比辐射率。

Becker 和 Li（1995）将大气含水量（大气柱的总含水量）引入局部分裂窗算法，从而使它适用于大多数大气条件，表达式如下：

$$T_s = A_0 + P \frac{T_4 + T_5}{2} + M \frac{T_4 - T_5}{2} \tag{2-23}$$

$$A_0 = -7.49 - 0.407w \tag{2-24}$$

$$P = 1.03 + (0.211 - 0.031 \times w \times \cos\theta)(1 - \varepsilon_4) - (0.37 - 0.074w)(\varepsilon_4 - \varepsilon_5) \tag{2-25}$$

$$M = 4.25 + 0.56w + (3.41 + 1.59w)(1 - \varepsilon_4) - (23.58 - 3.89w)(\varepsilon_4 - \varepsilon_5) \tag{2-26}$$

式中：w 为大气含水量；θ 为观测角，其他参数与式（2-22）相同。

为了从 MODIS 数据中获取陆地表面温度，Wan 和 Dozier（1996）提出了一种广义的分裂窗算法，已被应用于生成 MODIS 全球地表温度产品，并得到了广泛的验证，其公式如下：

$$\begin{aligned} T_s = C &+ [A_1 + A_2(1 - \varepsilon)/\varepsilon + A_3 \times \Delta\varepsilon/\varepsilon^2][(T_{31} + T_{32})/2] \\ &+ [B_1 + B_2(1 - \varepsilon)/\varepsilon + B_3 \times \Delta\varepsilon/\varepsilon^2][(T_{31} - T_{32})/2] \end{aligned} \tag{2-27}$$

式中：A_i、B_i 和 C 为系数；$\varepsilon = (\varepsilon_{31} + \varepsilon_{32})/2$，$\Delta\varepsilon = \varepsilon_{31} - \varepsilon_{32}$，$\varepsilon_{31}$ 和 ε_{32} 分别为 MODIS 第

31 波段和第 32 波段的发射率。

此外，Ghent 等（2017）针对 Sentinel-3 开发了新的分裂窗算法，其公式如下：

$$
\begin{aligned}
T_s &= d[\sec\theta - 1]P + [fa_{v,i} + (1-f)a_{s,i}] \\
&\quad \times (T_{11} - T_{12})^{1/(\cos(\theta/m))} + [fb_{v,i} + (1-f)b_{s,i}] + [fc_{v,i} + (1-f)c_{s,i}]T_{12}
\end{aligned} \tag{2-28}
$$

式中：$a_{s,i}$、$a_{v,i}$、$b_{s,i}$、$b_{v,i}$、$c_{s,i}$、$c_{v,i}$、d 和 m 为待求参数，其中前 6 个参数主要与生物群落类型（i）和植被覆盖度（f）有关，后 2 个参数主要与观测角（θ）有关；P 为降水量；T_{11} 和 T_{12} 分别为 Sentinel-3 在 11 μm 和 12 μm 处波段对应的亮温。

针对具有双角度观测值的卫星影像，可利用处于同一热红外波长（如 11 μm）的两个角度的影像构建分裂窗算法，实现对地表温度的反演，其公式（Sobrino et al.，2016）如下：

$$
T_s = T_n + c_1(T_n - T_f) + c_2(T_n - T_f)^2 + c_0 + (c_3 + c_4 w)(1-\varepsilon_n) + (c_5 + c_6 w)(\varepsilon_n - \varepsilon_f) \tag{2-29}
$$

式中：$c_0 \sim c_6$ 为待求系数；T_n 和 T_f 分别为正视和前视影像的亮温；ε_n 和 ε_f 分别为正视和前视的地表比辐射率；w 为大气含水量。

3. 多波段算法

当有三个或多个热红外波段时，可以使用类似上述分裂窗算法的方法，将这些通道大气顶部的亮温进行线性或非线性组合来反演地表温度。例如，Sun 和 Pinker（2003）发展了一种三通道线性算法，利用地球同步运行环境卫星（geostationary operational environmental satellites，GOES）数据反演夜间地表温度，公式如下：

$$
T_s = d_0 + \left[d_1 + \frac{d_2(1-\varepsilon_i)}{\varepsilon_i} \right]T_i + \left[d_3 + \frac{d_4(1-\varepsilon_j)}{\varepsilon_j} \right]T_j + \left[d_5 + \frac{d_6(1-\varepsilon_k)}{\varepsilon_k} \right]T_k \tag{2-30}
$$

式中：$d_0 \sim d_6$ 为系数；T_i、T_j 和 T_k 为不同波段的亮温；ε_i、ε_j 和 ε_k 为对应波段的地表比辐射率。需要特别指出的是，对于 GOES 影像，T_i 和 T_j 为波长在 10～12.5 μm 的两个热红外波段的亮温，而 T_k 为中红外波段（3.9 μm）的亮温，它的加入能够提升夜间地表温度的反演精度。该算法所反演的地表温度的均方根误差在 1℃ 左右。

此外，针对先进星载热发射和反射辐射计（advanced spaceborne thermal emission and reflection radiometer，ASTER）数据具有日夜观测值的特点，Gillespie 等（1998）率先提出了温度与比辐射率分离算法。该算法基于光谱反差和最小发射率之间的经验关系来增加方程的数目（等价于减少未知数的个数），使不可解的反演问题变得可解。温度与比辐射率分离算法由三个成熟的模块组成：比辐射率归一化方法模块、光谱比值模块和最大最小表观比辐射率差值法模块。比辐射率归一化方法模块最早被用来估计初始的地表温度值和从大气校正后的辐射值中得到的归一化后的地表比辐射率值。光谱比值模块用来计算归一化后的地表比辐射率值与它们均值的比值，尽管光谱比值模块不能直接获得真实的地表比辐射率值，但即使地表温度是由发射率归一化方法模块粗略估计出的，比辐射率光谱的形状还是能得到很好的描述。最后，在光谱比值模块结果的基础上，最大最小表观比辐射率差值法模块用来找出 N 个通道的光谱差异，接着利用它与 N 个通道的最小比辐射率值之间的经验关系估算出最小的地表比辐射率。一旦估算出最小地表比辐射率值，其他通道的比辐射率也可以直接通过光谱比值得到，接着便可以估算出地表温度。相关研究表明，当大气校正精度较高时，温度与比辐射率分离算法反演地表温度的精度可以达到±1.5 K 以内（Gillespie et al.，1999）。

2.2 常用的遥感地表温度数据

2.2.1 Landsat

Landsat 是美国国家航空航天局陆地卫星计划的简称，是目前持续时间最长的地球观测计划。Landsat 首颗卫星发射于 1972 年，命名为陆地卫星 1 号（Landsat 1）。此后又相继发射了 8 颗卫星，除了第 6 颗卫星（Landsat 6）发射失败，其余卫星（Landsat 2～Landsat 5、Landsat 7～Landsat 9）均成功发射和运行，各卫星的基本情况如表 2-1 所示。

表 2-1　Landsat 基本信息

卫星名称	发射时间	停止工作时间	传感器类型	波段数	热红外波段数
Landsat 1	1972 年 7 月	1978 年 1 月	MSS/RBV	4	0
Landsat 2	1975 年 1 月	1983 年 7 月	MSS/RBV	4	0
Landsat 3	1978 年 3 月	1983 年 9 月	MSS/RBV	4	0
Landsat 4	1982 年 7 月	2001 年 6 月	MSS/TM	7	1
Landsat 5	1984 年 3 月	2013 年 6 月	MSS/TM	7	1
Landsat 7	1999 年 4 月	—	ETM+	8	1
Landsat 8	2013 年 2 月	—	OLI/TIRS	11	2
Landsat 9	2021 年 9 月	—	OLI-2/TIRS-2	11	2

注：MSS 为 multispectral scanner，多光谱扫描仪；RBV 为 return-beam vidicon，反束光导摄像管；TM 为 thematic mapper，专题测图仪；ETM+为 enhanced thematic mapper plus，增强型专题制图仪；OLI 为 operational land imager，陆地成像仪；TIRS 为 thermal infrared sensor，热红外传感器

1982 年发射的 Landsat 4 携带了含有热红外波段的专题测图仪（TM），拉开了 Landsat 影像用于地表热环境研究的序幕。TM 传感器共含有 7 个波段，其中波段 6 为热红外波段。波段 6 的波长范围为 10.4～12.5 μm，空间分辨率为 120 m。1999 年发射成功的 Landsat 7 携带了增强型专题制图仪（ETM+），该传感器将 TM 热红外波段的空间分辨率提升至 60 m，增强了对地热观测的能力。然而，2003 年 5 月，Landsat 7 ETM+机载扫描行校正器出现故障，导致此后获取的影像出现了数据条带丢失，严重影响了其遥感影像的使用。2013 年 2 月 11 日，美国国家航空航天局成功发射了 Landsat 8。Landsat 8 上携带两个传感器，分别是陆地成像仪（OLI）和热红外传感器（TIRS）。如表 2-2 所示，OLI 共包含 9 个波段，覆盖了可见光、近红外和短波红外，分辨率最高达到 15 m（波段 8，全色

波段）。TIRS 包含两个热红外波段，光谱范围分别为 10.6～11.2 μm 和 11.5～12.5 μm，空间分辨率为 100 m。TIRS 的出现为地表热环境监测提供了新的契机，但同时也产生了新的问题。在实际应用中，人们发现 TIRS 热红外波段会受到视场外杂散光（stray light）的影响，导致反演的地表温度存在较大误差。虽然能够通过光谱校正的方式较大幅度地减少温度反演的偏差，但仍未能完全消除杂散光的影响。2021 年 9 月，美国国家航空航天局发射了 Landsat 9，该卫星同样携带了 TIRS（TIRS-2），并且有效避免了困扰 Landsat 8 的杂散光问题。Landsat 9 数据已于 2022 年初对外发布，为地表热环境的监测提供新的宝贵数据。

表 2-2　Landsat 8 波段信息

传感器	波段号	类型	波长范围/μm	分辨率/m
OLI	1	蓝色波段	0.433～0.453	30
	2	蓝绿波段	0.450～0.515	30
	3	绿波段	0.525～0.600	30
	4	红波段	0.630～0.680	30
	5	近红外波段	0.845～0.885	30
	6	短波红外波段	1.560～1.660	30
	7	短波红外波段	2.100～2.300	30
	8	微波全色波段	0.500～0.680	15
	9	短波红外波段	1.360～1.390	30
TIRS	10	热红外波段	10.6～11.2	100
	11	热红外波段	11.5～12.5	100

目前美国国家航空航天局已提供官方 Landsat 地表温度数据集，该数据包含 Landsat 4～5 和 Landsat 7～8 的所有可用影像，空间分辨率均为 30 m。用户可以根据时段和地理位置自由选取所需数据，数据下载网址为 https://earthexplorer.usgs.gov/。

然而，Landsat 地表温度数据也有局限性。首先，Landsat 一般只能提供白天地表温度观测值，缺少夜间地表温度观测值，难以实现对城市夜间地表热环境的监测。其次，Landsat 影像的时间分辨率较低，每 16 天才能有一次观测值，并且考虑云雨等因素的干扰，很多区域实际上需要更长的时间才能有一次重复观测，这限制了该数据在城市地表热环境时序变化研究中的应用。

2.2.2　ASTER

先进星载热发射和反射辐射计（ASTER）在 1999 年由日本通产省和美国国家航空航天局合作发射进入太空。ASTER 有 14 个波段，其空间分辨率随波长的变化而变化：可见光和近红外波段分辨率为 15 m、短波红外波段分辨率为 30 m、热红外波段分辨率为 90 m。ASTER 波段具体信息如表 2-3 所示,其中短波红外数据由于传感器故障自 2008 年 4 月 1 日起不可使用。

表 2-3   ASTER 卫星波段信息

波段号	类型	波长范围/μm	分辨率/m
1	绿色波段	0.52~0.60	15
2	红色波段	0.63~0.69	15
3	近红外波段	0.78~0.86	15
4	短波红外波段 1	1.60~1.70	30
5	短波红外波段 2	2.145~2.185	30
6	短波红外波段 3	2.185~2.225	30
7	短波红外波段 4	2.235~2.285	30
8	短波红外波段 5	2.295~2.365	30
9	短波红外波段 6	2.360~2.430	30
10	热红外波段 1	8.125~8.475	90
11	热红外波段 2	8.475~8.825	90
12	热红外波段 3	8.925~9.275	90
13	热红外波段 4	10.25~10.95	90
14	热红外波段 5	10.95~11.65	90

ASTER 数据于 2016 年开始对外免费开放,并提供多种数据产品,其中包括地表动力学温度(产品编号 AST_08)。该数据产品提供了覆盖地球陆地区域的地表温度,总体精度约为 1.5 ℃(Zhang et al.,2017),详细信息和下载方式请参见网址 https://lpdaac.usgs.gov/products/ast_08v003/。值得注意的是,该数据产品可提供白天和夜间的地表温度数据,弥补了 Landsat 缺少夜间观测数据的不足,从而为研究城市地表热环境的昼夜变化提供了重要的途径。

2.2.3   MODIS

MODIS 是搭载在由美国国家航空航天局发射的 Terra(1999 年)和 Aqua(2002 年)卫星上的关键仪器。MODIS 共有 490 个探测器,分布在 36 个光谱频段,能够实现从 0.4 μm(可见光)到 14.4 μm(热红外)的全光谱覆盖。MODIS 可以提供地面不同空间分辨率的影像,包括 250 m(波段 1~2)、500 m(波段 3~7)和 1 km(波段 8~36)等。MODIS 影像覆盖范围广,扫描宽度为 2 330 km,可用于大范围的研究。Terra 和 Aqua 卫星每天均过境两次,其中 Terra 卫星过境时刻为当地时间 10:30 和 22:30 左右,Aqua 卫星过境时刻为当地时间 1:30 和 13:30 左右。MODIS 热红外影像可用于地表温度的反演,目前有官方团队生产和发布的数据产品。MODIS 官方地表温度数据产品的反演涉及的波段为第 31 波段（10.78～11.28 μm）和第 32 波段（11.77～12.27 μm），主要采用的方法是广义地表温度反演的分裂窗算法（Wan and Dozier, 1996）。目前 MODIS 官方地表温度产品已更新至第 6 代（V6），包含一系列不同空间分辨率（1 km、5 km、0.05°）和时间分辨率（每天、每 8 天、每月）的地表温度数据产品，其中以 MOD 开头的产品来自 Terra 卫星，以 MYD 开头的产品来自 Aqua 卫星，如表 2-4（Wan, 2019）所示。

表 2-4　MODIS 地表温度数据产品的类型

产品种类	产品等级	行列号	空间分辨率	时间分辨率
MOD11_L2/MYD11_L2	L2	2 030/2 040×1 354	1 km	逐景
MOD11A1/MYD11A1	L3	1 200×1 200	1 km	每天
MOD11B1/MYD11B1	L3	200×200	6 km	每天
MOD11B2/MYD11B2				每 8 天
MOD11B3/MYD11B3				每月
MOD11A2/MYD11A2	L3	1 200×1 200	1 km	每 8 天
MOD11C1/MYD11C1	L3	360°×180°（覆盖全球）	0.05°×0.05°	每天
MOD11C2/MYD11C2				每 8 天
MOD11C3/MYD11C3				每月

众多研究已对 MODIS 地表温度数据的精度进行了评价。Wan 等（2004）将 MODIS 官方发布的第 3 代地表温度数据与全球 20 多个原位观测点的温度值进行了对比，发现 MODIS 地表温度数据的总体精度优于 1℃。Wan（2008）对第 5 代 MODIS 官方地表温度数据产品进行了精度评价，结果表明全球 47 个样本点中的大多数（39 个）都显示 MODIS 地表温度数据的精度优于 1℃，47 个样本点的均方根误差低于 0.7℃，并且在去除 8 个有大量气溶胶干扰的样本点后，剩余样本点的均方根误差低于 0.5℃。Wan（2014）对第 6 代 MODIS 地表温度数据产品进行了精度评价，发现 12 个样本点中的绝大多数（10 个）都表明 MODIS 地表温度的误差低于 0.6℃。MODIS 地表温度数据产品除总体精度高以外，还提供了详细的质量控制（quality assurance, QA）图层，研究者可以通过该图层对研究区域内 MODIS 地表温度的观测值进行更为精细的控制与筛选，如表 2-5（Wan, 2019）所示。

表 2-5　MODIS 地表温度数据产品的质量控制图层

位数	名称	说明
1 & 0	指定性质量控制标志	00：有地表温度值，且质量良好，无须进一步检查
		01：有地表温度值，其质量需要检查更多的 QA 值
		10：由于云层影响，无地表温度值
		11：由于云层以外的原因的影响，无地表温度值

位数	名称	说明
2	数据质量标志	0：质量好的数据
		1：其他质量数据
3	Terra/Aqua 联合使用标志	0：否
		1：是
5&4	发射率误差标志	00：平均发射率误差 ≤0.01
		01：平均发射率误差 ≤0.02
		10：平均发射率误差 ≤0.04
		11：平均发射率误差 >0.04
7 & 6	地表温度误差标志	00：平均地表温度误差 ≤1 K
		01：平均地表温度误差 ≤2 K
		10：平均地表温度误差 ≤3 K
		11：平均地表温度误差 >3 K

2.2.4 AVHRR

改进型甚高分辨率辐射计（AVHRR）是美国国家海洋和大气管理局（National Oceanic and Atmospheric Administration，NOAA）系列气象卫星上搭载的传感器。自 1979 年以来，AVHRR 一共经历了三代传感器，第一代传感器有 4 个原始波段，其中包含一个热红外（thermal infrared，TIR）波段，搭载于 TIROS-N、NOAA-6、NOAA-8 和 NOAA-10 上。第二代传感器在前一代基础上增加了一个热红外的波段（11.5～12.5 μm），便于反演地表温度。第三代传感器搭载于 AVHRR KLM、NOAA18/19 和 Metop A/B 上，额外增加了一个中红外波段（3B 波段）。AVHRR 传感器各波段的情况如表 2-6 所示。

表 2-6　AVHRR 传感器各波段基本情况

波段号	分辨率（星下点）/km	波长/μm
1	1.09	0.5～0.68
2	1.09	0.725～1.00
3A	1.09	1.58～1.64
3B	1.09	3.55～3.93
4	1.09	10.30～11.30
5	1.09	11.50～12.50

AVHRR 的星下点分辨率为 1.09 km，由于扫描角大，影像边缘部分变形较大，实际上最有用的部分在 ±15° 范围内（15° 处地面分辨率为 1.5 km），这个范围的成像周期为 6 天。AVHRR 地表温度反演自波段 4（10.3～11.3 μm）和波段 5（11.5～12.5 μm），其数据可从美国地质勘探局网站（https://earthexplorer.usgs.gov/）免费下载。

2.2.5　其他数据

高级沿轨扫描辐射计（advanced along-track scanning radiometer，AATSR）是搭载于欧洲空间局（European Space Agency，ESA）环境卫星（environment satellite，EnviSat）（于 2002 年发射升空）上的传感器。AATSR 共有 7 个波段，其中 2 个波段为热红外波段，波长分别为 10.8 μm 和 12 μm。AATSR 不仅能够提供陆地表面温度，还能提供全球海洋表面温度，空间分辨率为 1 km。该数据的详细介绍和下载途径参考网站 https://earth.esa.int/eogateway/instruments/aatsr。

地球同步运行环境卫星（GOES）是一个地球静止卫星网络系统，携带 GOES 多光谱成像仪。该传感器在热红外光谱范围内共有两个波段（10.2～11.2 μm 和 11.5～12.5 μm），其天底分辨率约为 4 km。GOES 数据的最大优势是能够提供覆盖白天和黑夜的高频地表温度观测数据，从而为探索城市热环境的昼夜周期变化提供良好机会。另外，有研究将 GOES 数据与 MODIS 数据融合，产生了时间分辨率为 30 min、空间分辨率为 1 km 的地表温度数据集，并且总体精度优于 2 ℃（Inamdar et al.，2008）。

全球陆地表面卫星（global land surface satellite，GLASS）产品是基于多源遥感数据和地面实测数据，反演得到的长时间序列、高精度的全球地表遥感产品，其中包括地表温度这一重要遥感参量。GLASS 地表温度数据产品包括 GLASS-AVHRR 和 GLASS-MODIS 两个数据类型。其中，GLASS-AVHRR 的时间范围为 1982～2000 年，空间分辨率为 0.5°，GLASS-MODIS 的时间范围为 2000 年之后，空间分辨率为 1 km。相关研究表明，GLASS-MODIS 的精度与 MODIS 官方产品的精度相当（Jia et al.，2018）。GLASS 地表温度数据可从国家地球系统科学中心（http://www.geodata.cn/index.html）进行下载。

2.3　城市热环境遥感监测指标

2.3.1　城市热岛强度

城市热岛强度（urban heat island intensity，UHII）一般被定义为城市与郊区温度之差，用于定量反映城区温度高于郊区温度的程度。城市热岛强度是目前应用最为广泛的城市热环境监测指标，存在不同的表达形式。

（1）将城市直接划分为城区和郊区两部分，将二者平均地表温度的差值定义为城市热岛强度，可由下式表示：

$$UHII = LST_{urban} - LST_{rural} \qquad (2\text{-}31)$$

式中：LST_{urban} 和 LST_{rural} 分别为城区和郊区的平均地表温度。根据建成区/不透水面的比例进行城区和郊区的划分，一般将 50%作为划分的阈值（Zhou et al.，2014；Peng et al.，2012）。在计算 UHII 之前，一般还需要对城郊高程进行限制，减少高程差异对 UHII 的影响。另外，不同研究在郊区范围的选择上也存在差异。例如，有些研究将城区周边等面积的缓冲区作为郊区（Zhou et al.，2014），还有些研究将距离城区一定距离范围内的区域作为郊区（Yao et al.，2019）。郊区范围的不同也会对 UHII 造成影响（Yao et al.，2018）。

（2）将城区与周边某一自然地物（植被、水体等）的地表温度差值定义为城市热岛强度，可由下式表示：

$$\text{UHII} = \text{LST}_{urban} - \text{LST}_{nature} \tag{2-32}$$

式中：LST_{urban} 为城区平均地表温度；LST_{nature} 为某一自然地物平均地表温度。自然地物一般分布于城区周边，且较少受到人为因素的干扰。

（3）将地表温度沿城市梯度（urban gradient，UG）的变化速率定义为城市热岛强度（Li et al.，2018），可由下式表示：

$$\text{UHII} = \Delta\text{LST} / \Delta\text{UG} \tag{2-33}$$

城市梯度一般由建成区/不透水面比例进行表示。城市热岛强度的这种定义方式将城市看作一个整体，有效避免了城市和郊区选择方式的不同给 UHII 计算带来的偏差。

（4）利用高斯体函数模型对城市地表温度进行拟合，将拟合得到的幅度参数作为城市热岛强度，具体参见 2.3.2 小节。

2.3.2 城市热岛足迹

城市发展不仅会引起城市和郊区间温度差异（即城市热岛强度）的变化，还会造成城市热岛影响范围[即城市热岛足迹（footprint，FP）]的改变。随着城市热环境研究的深入，越来越多的学者开始关注城市热岛足迹，并提出了一些量化城市热岛足迹的指标。

（1）在城市中选择温度较高的区域，并将这些区域的面积之和记为城市热岛足迹。其关键是对"较高温度区域"的选取，最为直接的方式是将城市中自然地物的平均地表温度作为参考，在城市中寻找高于该参考温度某一阈值（例如 1℃）的区域，将这些被选出区域的面积之和视为城市热岛足迹。然而这种方式容易受到地表温度波动的影响，因此有学者先利用模型（如高斯体函数模型）对地表温度的分布进行拟合，之后再提取城市热岛足迹。

（2）假设城市地表温度的空间分布符合高斯分布，利用高斯体函数模型对城市地表进行拟合（Streutker，2003），可由下式表示：

$$\begin{aligned}
\text{LST}(x,y) = {} & T_0 + a_1 x + a_2 y \\
& + a_0 \times \exp\left\{-\frac{[(x-x_0)\cos\varphi + (y-y_0)\sin\varphi]^2}{0.5a_x^2} - \frac{[(y-y_0)\cos\varphi - (x-x_0)\sin\varphi]^2}{0.5a_y^2}\right\}
\end{aligned} \tag{2-34}$$

式中：$\text{LST}(x,y)$ 为城市中位置为 (x,y) 像素所对应的地表温度；$T_0 + a_1 x + a_2 y$ 为一拟合平面，表征郊区地表温度的分布；右侧的剩余项为高斯体函数，表征城区地表温度的分布。对上式的求解一般包含两个步骤：首先，利用平面函数对城市郊区的温度进行拟合，得到地表温度在空间分布上的整体梯度变化；然后，利用高斯体函数对城区温度进行拟合，得到城区温度的三维高斯曲面，实现对高斯体函数模型各参数的求解。

在完成对上式的求解后，一般将 a_0 视为城市热岛强度（UHII）。但对于城市热岛足迹，却有着不同的表达方式：一种是直接将 a_x 与 a_y 的乘积视为城市热岛足迹；另一种是将高斯体函数模型等于某固定值（如 1℃）的截面面积视为城市热岛足迹（图2-3）。相较于第一种方式，第二种方式更能体现城市热岛的影响（即城市比周边温度高），因而被更多的研究采用。

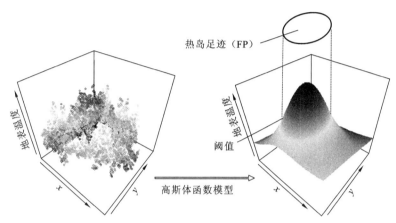

图 2-3　高斯体函数模型拟合城市热岛足迹示意图

从蓝色至红色温度逐渐升高

（3）以上两个方式均是从面积的角度量化城市热岛足迹，考虑不同城市本身面积存在较大差异，这些方式求得的城市热岛足迹会显著受到城市本身大小的影响。因此，有研究根据地表温度从城区到郊区逐渐降低的特性，利用指数衰减模型提出了量化城市热岛影响范围的相对指标（Zhou et al.，2015）。该方法首先在城区周边构建多个等面积缓冲区，并将离城区足够远的最外围缓冲区的平均温度视为未受城市热岛影响的背景温度（T_r）。之后，分别计算每个缓冲区（包括城区）平均温度与背景温度之差，可表示为

$$\Delta T_i = T_{bi} - T_r \tag{2-35}$$

式中：T_{bi} 为第 i 个缓冲区（或城区）的平均温度。之后利用所得到的 ΔT_i 求解指数衰减模型的参数，具体如下：

$$\Delta T = A \times e^{-Sd} + T_0 \tag{2-36}$$

式中：A 为最大温差；d 为与城区的距离（表示为城区面积的倍数）；S 为衰减率；T_0 为指数趋势可以达到的渐近值（接近零）。

通过对上述参数的求解，可以得到城市热岛从城区全郊区分布的指数衰减模型，之后将 $\Delta T = 0$ 所对应的 d 作为城市热岛足迹，即受到城市热岛影响区域相对于城区面积的倍数（图2-4）。

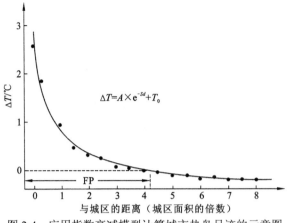

图 2-4 应用指数衰减模型计算城市热岛足迹的示意图

2.3.3 城市热场强度

为实现不同时相热岛效应的对比分析，徐涵秋和陈本清（2003）提出城市热场强度指标。该指标能够反映出城市中相对高温和相对低温区域的空间分布特征，其表达式为

$$H_i = \frac{T_i - T_{\min}}{T_{\max} - T_{\min}}$$ （2-37）

式中：H_i 为第 i 个像元所对应的热场强度；T_i 为其地表温度；$T_{\max}$ 和 $T_{\min}$ 分别为影像中的最高和最低地表温度。H_i 值越大，表明该像素处于热岛影响的可能性越高。

上述方式可把热场强度划分为低温、次低温、常温、次高温和高温 5 个等级，具体划分方式如表 2-7 所示。

表 2-7　城市热场强度等级划分

等级	热场强度	等级定义
1	0～0.1	低温
2	0.1～0.3	次低温
3	0.3～0.7	常温
4	0.7～0.9	次高温
5	0.9～1.0	高温

上述方式适用于像素尺度的分析，对城市中某一区域的研究可以采用下式（Peng et al.，2016）进行：

$$DI_i = \frac{S_{\mathrm{Hi}}}{S_i} \Big/ \frac{S_H}{S}$$ （2-38）

式中：DI_i 为热场分布指数（distribution index）；i 为城市中某一区域；S_i 为该区域的面积；S_{Hi} 为该区域中的高温像素的面积；S_{Hi}/S_i 为该区域中的高温像素所占的比例；S_H 为

整个城市中高温像素的总面积；S 为城市的总面积；S_H/S 为城市中高温像素的比例。如果 $DI_i > 1$，表明高温像素在 i 区域中的分布频率高于在整个城市中的分布频率，这意味着 i 区域对整个城市具有升温效应；如果 $DI_i < 1$，表明高温像素在 i 区域中的分布频率低于在整个城市中的分布频率，这意味着 i 区域对整个城市具有降温效应。

参 考 文 献

徐涵秋, 陈本清, 2003. 不同时相的遥感热红外图像在研究城市热岛变化中的处理方法. 遥感技术与应用, 18(3): 129-133.

BARSI J A, SCHOTT J R, PALLUCONI F D, et al., 2005. Validation of a web-based atmospheric correction tool for single thermal band instruments//Earth observing systems X. International Society for Optics and Photonics, 5882: 136-142.

BECKER F, 1990. Toward a local split window method over land surface. International Journal Remote Sensing, 11: 19-34.

BECKER F, LI Z L, 1995. Surface temperature and emissivity at various scales: Definition, measurement and related problems. Remote Sensing Reviews, 12(3-4): 225-253.

CRISTÓBAL J, JIMÉNEZ-MUÑOZ J C, SOBRINO J A, et al., 2009. Improvements in land surface temperature retrieval from the Landsat series thermal band using water vapor and air temperature. Journal of Geophysical Research: Atmospheres, 114: D08103.

GHENT D J, CORLETT G K, GÖTTSCHE F M, et al., 2017. Global land surface temperature from the along-track scanning radiometers. Journal of Geophysical Research: Atmospheres, 122(22): 12167-12193.

GILLESPIE A, ROKUGAWA S, MATSUNAGA T, et al., 1998. A temperature and emissivity separation algorithm for advanced spaceborne thermal emission and reflection radiometer (ASTER) images. IEEE Transactions on Geoscience and Remote Sensing, 36(4): 1113-1126.

GILLESPIE A, ROKUGAWA S, HOOK S J, et al., 1999. Temperature/emissivity separation algorithm theoretical basis document, version 2. 4. ATBD contract NAS5-31372, NASA.

INAMDAR A K, FRENCH A, HOOK S, et al., 2008. Land surface temperature retrieval at high spatial and temporal resolutions over the southwestern United States. Journal of Geophysical Research: Atmospheres, 113: D07107.

JIA K, YANG L, LIANG S, et al., 2018. Long-term global land surface satellite (GLASS) fractional vegetation cover product derived from MODIS and AVHRR Data. IEEE Journal of Selected Topics in Applied Earth Observations and Remote Sensing, 12(2): 508-518.

JIMÉNEZ-MUÑOZ J C, SOBRINO J A, 2003. A generalized single-channel method for retrieving land surface temperature from remote sensing data. Journal of Geophysical Research: Atmospheres, 108(D22): 4688.

JIMÉNEZ-MUÑOZ J C, CRISTÓBAL J, SOBRINO J A, et al., 2008. Revision of the single-channel algorithm for land surface temperature retrieval from Landsat thermal-infrared data. IEEE Transactions on Geoscience and Remote sensing, 47(1): 339-349.

LI H, ZHOU Y, LI X, et al., 2018. A new method to quantify surface urban heat island intensity. Science of the Total Environment, 624: 262-272.

LI Z L, TANG B H, WU H, et al., 2013. Satellite-derived land surface temperature: Current status and perspectives. Remote Sensing of Environment, 131: 14-37.

MCMILLIN L M, 1975. Estimation of sea surface temperatures from two infrared window measurements with different absorption. Journal of Geophysical Research, 80(36): 5113-5117.

NICLÒS R, CASELLES V, COLL C, et al., 2007. Determination of sea surface temperature at large observation angles using an angular and emissivity-dependent split-window equation. Remote Sensing of Environment, 111(1): 107-121.

PAGANO T S, DURHAM R M, PAGANO T S, et al., 1993. Moderate resolution imaging spectroradiometer (MODIS)//Sensor Systems for the Early Earth Observing System Platforms. International Society for Optics and Photonics, 1939: 2-17.

PENG J, XIE P, LIU Y, et al., 2016. Urban thermal environment dynamics and associated landscape pattern factors: A case study in the Beijing metropolitan region. Remote Sensing of Environment, 173: 145-155.

PENG S, PIAO S, CIAIS P, et al., 2012. Surface urban heat island across 419 global big cities. Environmental Science & Technology, 46(2): 696-703.

PRICE J C, 1984. Land surface temperature measurements from the split window channels of the NOAA 7 advanced very high resolution radiometer. Journal of Geophysical Research: Atmospheres, 89(D5): 7231-7237.

QIN Z, KARNIELI A, BERLINER P, 2001. A mono-window algorithm for retrieving land surface temperature from Landsat TM data and its application to the Israel-Egypt border region. International Journal of Remote Sensing, 22(18): 3719-3746.

SOBRINO J A, LI Z L, STOLL M P, et al., 1994. Improvements in the split-window technique for land surface temperature determination. IEEE Transactions on Geoscience and Remote Sensing, 32(2): 243-253.

SOBRINO J A, JIMÉNEZ-MUÑOZ J C, PAOLINI L, 2004. Land surface temperature retrieval from LANDSAT TM 5. Remote Sensing of Environment, 90(4): 434-440.

SOBRINO J A, DEL FRATE F, DRUSCH M, et al., 2016. Review of thermal infrared applications and requirements for future high-resolution sensors. IEEE Transactions on Geoscience and Remote Sensing, 54(5): 2963-2972.

STREUTKER D R, 2003. Satellite-measured growth of the urban heat island of Houston, Texas. Remote Sensing of Environment, 85(3): 282-289.

SUN D, PINKER R T, 2003. Estimation of land surface temperature from a geostationary operational environmental satellite (GOES-8). Journal of Geophysical Research: Atmospheres, 108(D11): 4326.

VALOR E, CASELLES V, 1996. Mapping land surface emissivity from NDVI: Application to European, African, and South American areas. Remote Sensing of Environment, 57(3): 167-184.

VAN DE GRIEND A A, OWE M, 1993. On the relationship between thermal emissivity and the normalized difference vegetation index for natural surfaces. International Journal of Remote Sensing, 14(6): 1119-1131.

VIDAL A, 1991. Atmospheric and emissivity correction of land surface temperature measured from satellite using ground measurements or satellite data. Remote Sensing, 12(12): 2449-2460.

WAN Z, 2008. New refinements and validation of the MODIS land-surface temperature/emissivity products.

Remote Sensing of Environment, 112(1): 59-74.

WAN Z, 2014. New refinements and validation of the collection-6 MODIS land-surface temperature/ emissivity product. Remote Sensing of Environment, 140: 36-45.

WAN Z, 2019. MODIS Collection 6. 1 (C61) product user guide. Santa Barbara: University of California.

WAN Z, DOZIER J, 1996. A generalized split-window algorithm for retrieving land-surface temperature from space. IEEE Transactions on Geoscience and Remote Sensing, 34(4): 892-905.

WAN Z, ZHANG Y, ZHANG Q, et al., 2004. Quality assessment and validation of the MODIS global land surface temperature. International Journal of Remote Sensing, 25(1): 261-274.

WENG Q, 2009. Thermal infrared remote sensing for urban climate and environmental studies: Methods, applications, and trends. ISPRS Journal of Photogrammetry and Remote Sensing, 64(4): 335-344.

XIE Q J, ZHOU Z X, TENG M J, et al., 2012. A multi-temporal Landsat TM data analysis of the impact of land use and land cover changes on the urban heat island effect. Journal of Food, Agriculture & Environment, 10(2): 803-809.

YAO R, WANG L, HUANG X, et al., 2018. The influence of different data and method on estimating the surface urban heat island intensity. Ecological Indicators, 89: 45-55.

YAO R, WANG L, HUANG X, et al., 2019. Greening in rural areas increases the surface urban heat island intensity. Geophysical Research Letters, 46(4): 2204-2212.

YU Y, TARPLEY D, PRIVETTE J L, et al., 2008. Developing algorithm for operational GOES-R land surface temperature product. IEEE Transactions on Geoscience and Remote Sensing, 47(3): 936-951.

ZHANG Y, MURRAY A T, TURNER II B L, 2017. Optimizing green space locations to reduce daytime and nighttime urban heat island effects in Phoenix, Arizona. Landscape and Urban Planning, 165: 162-171.

ZHOU D, ZHAO S, LIU S, et al., 2014. Surface urban heat island in China's 32 major cities: Spatial patterns and drivers. Remote Sensing of Environment, 152: 51-61.

ZHOU D, ZHAO S, ZHANG L, et al., 2015. The footprint of urban heat island effect in China. Scientific Reports, 5(1): 11160.

第3章　典型地物对城市热环境的影响

3.1　城市地表温度与不透水面比例的关系

3.1.1　概述

城市化过程中最为显著的特征就是人造地物的增多,不透水面(impervious surface, IS)是人造地物的集中体现,对城市地表热环境空间分布的影响受到研究者们的广泛讨论。例如,Xiao 等(2007)针对北京市地表温度的分布进行了分析,发现地表温度与不透水面的面积大小呈现显著的正相关关系,相关系数在 0.8 以上。类似地,杨可明等(2014)针对北京城区的分析也发现,城市地表温度与不透水面在空间分布和变化趋势上均表现出较高的一致性,二者的相关系数达到 0.7 以上。Mathew 等(2016)针对印度北部的昌迪加尔市地表热环境的分析表明,地表温度与不透水面比例(impervious surface fraction,ISF)之间存在强烈的正相关关系。另外,唐菲和徐涵秋(2013)对北京、上海等 6 个城市进行了综合分析,同样发现地表温度与不透水面比例之间具有正相关关系,不同不透水面比例区域之间的地表温度差异可达 1 ℃以上。这些研究证明了城市地表温度与不透水面在空间分布上的强烈关联性,但还缺少更为细致的定量分析,如每单位(1%)不透水面比例增加对应的地表温度变化量。目前有很多研究对此问题进行了讨论,最常用的方法就是构建地表温度与不透水面比例之间的回归模型,通过回归模型的系数量化不透水面对地表温度的影响。如表 3-1 所示,虽然绝大多数研究表明城市中地表温度会随着不透水面比例的增加而上升,然而地表温度的上升幅度在不同研究中却存在很大的差异,这种差异不仅存在于不同城市的研究中,也存在于同一城市的不同研究中。以武汉市为例,Wang 等(2016)的研究结果表明每增加 1%的不透水面比例,会伴随着约 0.21 ℃地表温度的上升,是 Shen 等(2016)所得结果的 4 倍以上。类似的情形也出现在针对上海市的研究中,Wang 等(2017)和 Li 等(2011)的研究结果也相差 2 倍以上。这种差异可归因于现有研究在数据类型(如 Landsat 或 MODIS)、分析尺度(从米到千米)和研究时间段(如白天或夜晚、夏季或冬季)等方面的差异(表 3-1)。另外,不透水面对地表温度的影响还与城市本身的特点有关,包括不透水面的性质、城市的发展程度及城市周边自然地表的情况等(Imhoff et al.,2010)。然而,现有研究大部分都是针对中国、美国和印度等国家的一个或少数几个城市的局部分析,忽略了众多处于非洲和中东等地区的城市(表 3-1)。因此,有必要在全球的尺度上,基于统一的数据和方法对地表温度和不透水面比例的关系进行系统的分析。

表 3-1　现有城市地表温度（LST）与不透水面比例（ISF）关系的研究

城市	ISF 来源	LST 来源	分析尺度/m	季节	日夜	变化速率/[℃/%]	参考文献
上海	Landsat 7	Landsat 7	60	春季	白天	0.026	Li 等（2011）
				夏季	白天	0.052	
上海	Landsat 8	Landsat 8	30	冬季	白天	0.115	Wang 等（2017）
福州	Landsat 5	Landsat 5	120	夏季	白天	0.017	Zhang 等（2009）
	Landsat 7	Landsat 7	120	春季	白天	0.019	
厦门	Landsat	Landsat	30	夏季	白天	0.275	Xu 等（2013）
武汉	Landsat 7	Landsat 7	650	春季	白天	0.210	Wang 等（2016）
武汉	Landsat	MODIS，Landsat	30	全年	白天	0.046	Shen 等（2016）
哈尔滨	Landsat	Landsat	30	秋季	白天	0.178	Wu 等（2019）
德里	Landsat 7	ASTER	30	秋季	夜间	0.067	Mallick 等（2013）
阿穆达巴	Landsat 8	Landsat 8	30	秋季	白天	−0.010	Bala 等（2020）
				秋季	夜间	0.050	
甘地讷格尔	Landsat 8	Landsat 8	30	秋季	白天	0.010	
				秋季	夜间	0.030	
曼谷	Landsat 8	Landsat 8	210	冬季	白天	0.043	Estoque 等（2017）
雅加达	Landsat 8	Landsat 8	210	春季	白天	0.053	
马尼拉	Landsat 8	Landsat 8	210	春季	白天	0.053	
河内	Landsat 8	Landsat 8	30	春季	白天	0.094	Tran 等（2017）
美国 38 个城市	NLCD	MODIS	1 000	春季	白天	0.073	Imhoff 等（2010）

注：变化速率是指每 1%不透水面比例变化对应的地表温度变化量

3.1.2　数据与方法

1. 研究区域

　　研究区域提取所依靠的数据是由 Li 等（2020）生产的全球城市边界（global urban boundary，GUB）数据集。该数据集包含了 1985～2018 年全球城市核心区域的矢量边界，可从 http://data.ess.tsinghua.edu.cn/gub.html 免费获取。本节首先利用 2015 年度的 GUB 数据集提取全球所有面积大于 100 km² 的矢量区域，这些区域可视为全球较大城市的核心区域，有较高的不透水面比例。接着，对这些从 GUB 数据集中获取的城市核心区矢量边界向外做等面积的缓冲区，缓冲区覆盖了周边有较低不透水面比例的区域。然后，将缓冲区与对应的城市核心区进行合并，得到每个城市的研究区域。最后，对于部分存在研究区域相互重叠的相邻城市，将它们的重叠区域进行融合，形成一个更大的城市或城市群（为便于表述，后文不作区分，统称为"城市"）。经过上述操作，共得到 713 个独立的城市。之后对这些城市进行进一步筛选，最终共有 682 个城市被保留下来。根据柯本-盖格气候分区图，可将这些城市划分至全球 4 个不同的气候区（热带、温带、寒带和干旱带）中（图 3-1）。

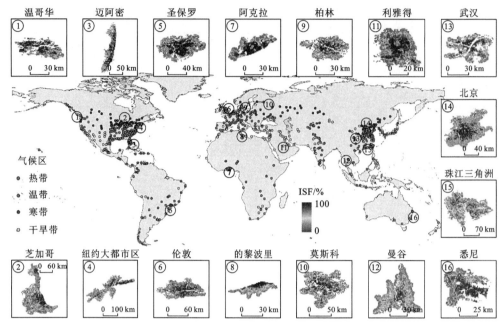

图 3-1 全球 682 个城市的空间分布和 16 个典型城市的不透水面比例

2. 城市地表温度与不透水面比例关系的量化方法

本节研究的方法流程图如图 3-2 所示，与以往众多研究（表 3-1）类似，分别以城市中的不透水面比例（ISF）和地表温度（LST）作为自变量和因变量，建立线性回归方程，并将方程的回归系数（δLST）用于量化 LST 和 ISF 的关系，如下：

$$\delta LST = \Delta LST / \Delta ISF \qquad (3\text{-}1)$$

δLST 衡量了城市中每 1% ISF 变化对应的 LST 变化量，正（负）δLST 表示 LST 沿 ISF 梯度呈上升（下降）趋势，δLST 的绝对值反映了 LST 沿 ISF 梯度变化趋势的大小。图 3-3 展示了该方法在几个典型城市中的应用效果，可以发现该方法在不同气候区、不同时间段都能够较好地描述 LST 与 ISF 之间的关系。

3. 地表温度数据处理方法

地表温度来自 MODIS 每日地表温度数据产品（MOD11A1 和 MYD11A1），空间分辨率为 1 km。MOD11A1 和 MYD11A1 分别来自 Terra 和 Aqua 卫星，每天各有日夜两次观测（Terra，10:30 和 22:30；Aqua，13:30 和 1:30）。本节使用 2014～2016 年所有可获取的 MODIS 地表温度每日观测数据，共包含 4366 幅影像（日夜各一半）。不透水面数据来自 2015 年 30 m 空间分辨率的全球人造不透水面（global artificial impervious area，GAIA）数据产品，利用该数据可计算每个 MODIS 地表温度像素空间范围内对应的不透水面比例。在使用这些数据量化地表温度与不透水面比例的关系之前，还需要对地表温度数据进行一系列的处理。

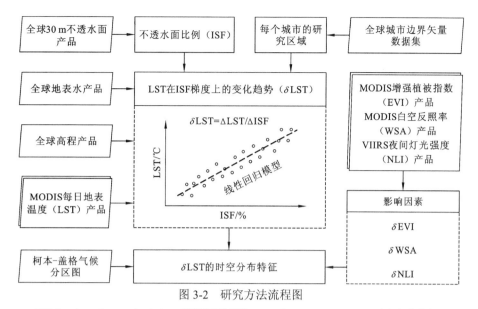

图 3-2　研究方法流程图

EVI 为 enhanced vegetation index，增强型植被指数；NLI 为 night light intensity，夜间灯光强度；

WSA 为 white sky albedo，白空反照率；VIIRS 为 visible infrared imaging radiometer suite，可见光红外成像辐射计套件

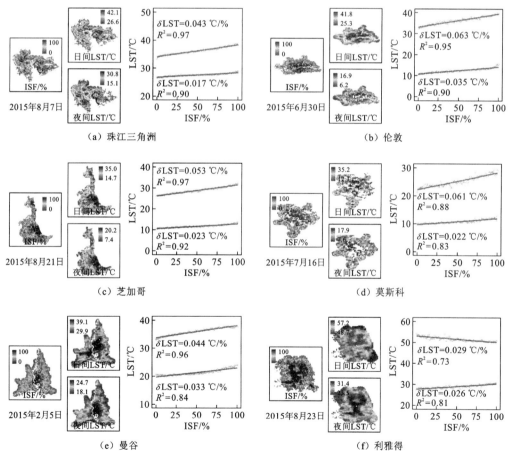

图 3-3　城市中地表温度与不透水面比例关系的实例展示

示例共包含位于温带（珠江三角洲和伦敦）、寒带（芝加哥和莫斯科）、热带（曼谷）和

干旱带（利雅得）气候区的 6 个典型城市；图中红线表示日间地表温度，蓝线表示夜间地表温度；扫封底二维码见彩图

（1）去除受干扰因素影响的地表温度像素。在每个城市中，对每幅地表温度影像进行如下操作：①根据地表温度数据质量控制图层，去除观测质量较差或无观测值的像素；②利用欧盟委员会联合研究中心（Joint Research Center，JRC）生产的全球年度水体最大覆盖范围数据集，去除含有水体的像素；③基于 GTOPO30 地面高程数据，去除城市中海拔过高/过低的像素（平均高程±2×标准差且平均高程±50 m 范围外的像素）。

（2）去除像素缺失严重的地表温度影像。上述操作可有效抑制由地表温度观测误差、水体和高程等因素带来的影响，但同时也可能造成某些城市中地表温度影像像素的严重缺失，进而引起模型计算结果的不稳定。因此，对于某一城市范围内的任意一幅地表温度影像，要求在经过上述步骤处理后，剩余像素（这里称为有效像素）数量必须达到或超过城市中全部像素数量的 50%，否则就去除该地表温度影像。之所以采用 50% 的阈值，是因为当城市中地表温度影像的有效像素超过该值时，δLST 的计算结果会趋于稳定（图 3-4）。此时，城市可能会由于去除的地表温度影像过多，而造成某些月份地表温度影像的完全缺失，进而可能会引起对 δLST 季节变化分析的偏差。在初始纳入分析的 713个城市中，共有 31 个城市出现了整个月份地表温度影像缺失的情况，将这些城市去除后，共有 682 个城市被保留，并纳入接下来的分析中。

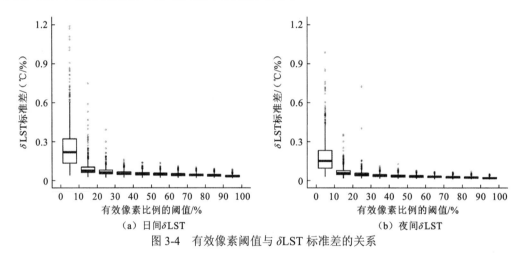

图 3-4　有效像素阈值与 δLST 标准差的关系

（3）地表温度分组求均值。在每个城市中，对任意一幅经过上述处理并被保留下来的 MODIS 地表温度影像，将其有效像素对应的地表温度数值按照不透水面比例区间（0%～1%，1%～2%，…，99%～100%）进行分组，并求取每组中地表温度的均值，代表对应不透水面比例区间的地表温度。这种方式能够减少地表温度局部波动带来的影响，更加突出城市中地表温度随不透水面比例的总体变化趋势（Jia and Zhao，2020；Jia et al.，2018）。

通过上述处理，对于每个城市中保留下来的每一幅地表温度影像，均可以得到一份不透水面比例和地表温度相互对应的数据集，将该数据集输入式（3-1）中，即可得到地表温度影像获取时刻的 δLST。随后，在每个城市中，分日夜求解 δLST 的月平均值，之后再利用这些月平均值进一步计算 δLST 的年平均值。最后，可以获得每个城市的日间和夜间 δLST 的月平均值和年平均值。将不同城市的结果相互组合，还可以得到不同气候区和全球 δLST 的月平均值和年平均值。其中，δLST 月平均值的主要作用是分析地表温度与不透水面比例关系的季节性变化规律，δLST 年平均值的主要作用是探究地表温度与不透水面比例关系的空间分布特征。

4. 影响因素分析方法

为了探究地表温度与不透水面比例关系时空变化的可能影响因素，本节还分别计算城市中增强型植被指数（EVI）、地表反照率及夜间灯光强度（NLI）随不透水面比例的变化趋势。EVI 数据来自 MODIS 植被指数产品（MOD13A2 和 MYD13A2），空间分辨率为 1 km，时间分辨率为 16 天。地表反照率数据来自 MODIS 反照率产品（MCD43A3），空间分辨率为 500 m，时间分辨率为 1 天。该产品同时包含短波波段的黑空反照率（black sky albedo，BSA）和白空反照率（WSA），由于二者之间具有较强的线性相关性（Peng et al.，2012），本节仅使用 WSA 数据。NLI 数据来自可见光红外成像辐射计套件（VIIRS）白天/夜晚波段（day/night band，DNB）传感器的夜间灯光产品，空间分辨率为 500 m，时间分辨率为一个月。这些数据产品的时间范围与 MODIS 地表温度数据一致，均在 2014～2016 年。此外，在每个城市中，将 WSA 和 NLI 数据的空间分辨率重采样至 1 km，使它与不透水面比例数据保持一致。

与 δLST 类似，分别建立增强型植被指数、白空反照率及夜间灯光强度与不透水面比例之间的线性回归模型，将回归系数 δEVI、δWSA 和 δNLI 用于反映每 1%不透水面比例变化对应的各因素的变化量。选择 δEVI、δWSA 和 δNLI 三个指标的原因有：①增强型植被指数是对城市植被状态的综合反映，城市中不透水面比例的变化会造成植被分布的改变，进而引起地表温度的变化；②白空反照率是影响城市地表能量的重要参数，不透水面比例变化导致的白空反照率的改变会影响地表温度；③夜间灯光强度是反映城市中人为热源排放的良好指标，不透水面比例变化往往伴随着城市人口分布和人为热源排放量的变化，进而对地表温度产生影响。在不同城市中，由于气候条件、地表覆盖、经济水平等方面的差异，相同不透水面比例变化量引起的增强型植被指数、白空反照率及夜间灯光强度等因素的变化情况可能存在不同，进而表现为 δLST 的差异性。因此，对 δEVI、δWSA 和 δNLI 的综合分析，能够为 δLST 时空变化的内在原因提供机理性的解释。

在分析方法上，以 δLST 为因变量，以 δEVI、δWSA 和 δNLI 为自变量，建立多元回归模型。所有自变量对 δLST 时空变化的总体解释程度由模型的决定系数（R^2）反映，各自变量对 δLST 时空变化的影响作用由标准化系数（β）确定。以上分析均在 R 软件中完成。

3.1.3 研究结果

1. 城市地表温度与不透水面比例关系的时空分布模式

图 3-5 展示了全球 682 个城市的日间和夜间年均 δLST 的空间分布模式。相较于夜间 δLST，日间 δLST 有更为明显的空间变化。在美洲东部、欧洲和亚洲东南部的众多城市中，日间年均 δLST 一般为正值，且数值较高，说明在这些城市中，不透水面比例的

升高会伴随着更强的地表温度上升。但在美国东南部、非洲北部和中东等地区的城市中，日间年均 δLST 多表现为负值，说明在这些城市中，地表温度会随着不透水面比例的升高出现下降的趋势。

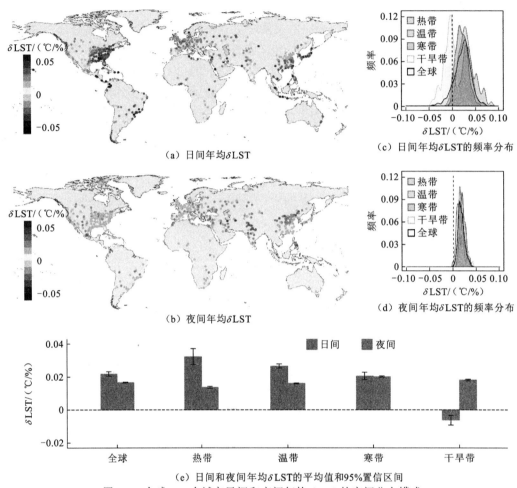

（a）日间年均δLST

（b）夜间年均δLST

（c）日间年均δLST的频率分布

（d）夜间年均δLST的频率分布

（e）日间和夜间年均δLST的平均值和95%置信区间

图 3-5　全球 682 个城市日间和夜间年均 δLST 的空间分布模式

通过不同气候区结果的对比可以发现，日间年均 δLST 为正值的城市多位于热带（66/70）、温带（409/414）和寒带（104/105）气候区，δLST 为负值的城市多位于干旱带气候区（65/93）。平均而言，位于热带气候区城市的日间年均 δLST 最高（0.0323[0.0274，0.0371]℃/%，中括号内为95%置信区间，下同），其次是温带气候区（0.0267[0.0255，0.0279]℃/%）、寒带气候区（0.0207[0.0184，0.0229]℃/%），最后是干旱气候区（-0.006[-0.009，-0.003]℃/%）。日间年均 δLST 为正值的城市占总量的 94%，日间年均 δLST 的全球平均值为 0.0219[0.0205，0.0232]℃/%，即城市中不透水面比例每升高 1%，会伴随着约 0.0219℃的日间年均地表温度的上升。

在夜间，几乎所有城市（681/682）的年均 δLST 都为正值，说明城市中夜间地表温度会随着不透水面比例的增加出现较为普遍的上升趋势。然而，夜间年均 δLST 在数值上一般要低于日间年均 δLST。在夜间，热带气候区城市的年均 δLST 最低（0.0138[0.0133，

0.0143]℃/%），其值约为日间结果的三分之一，寒带气候区城市的年均δLST最高（0.0202[0.0199，0.0206]℃/%），其值与日间结果相当。夜间年均δLST的全球平均值为0.0168℃/%，95%置信区间为[0.0166，0.0169]，即城市中不透水面比例每升高1%，会伴随着约0.0168℃的夜间年均地表温度的上升。

图3-6展示了各城市和各气候区的日间δLST随月份的变化情况。总体而言，城市日间δLST在暖季一般要高于冷季，这种季节变化规律在美洲、欧洲和亚洲的绝大多数城市都有较为明显的体现。在北半球，城市日间δLST的均值在7月份最高（0.0364[0.0344，0.0384]℃/%），约是1月日间δLST均值（0.0085[0.0073，0.0096]℃/%）和12月日间δLST均值（0.0090[0.0080，0.0100]℃/%）的4倍以上。在南半球，日间δLST的均值在1月最高（0.0341[0.0284，0.0398]℃/%），在7月最低（0.0131[0.0086，0.0176]℃/%）。通过对不同气候区的对比可以发现，温带和寒带气候区城市日间δLST均值在各月间的变化比较剧烈，但干旱气候区城市日间δLST均值在各月比较稳定。

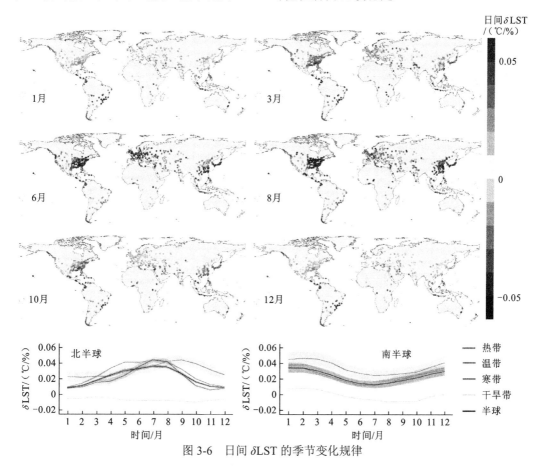

图3-6 日间δLST的季节变化规律

在夜间，δLST的季节变化规律总体上与白天类似，但也存在一些差异（图3-7）。首先，夜间δLST不同月份之间的变化幅度比日间δLST小得多。例如，北半球城市夜间平均δLST的最大值出现在5月（0.0189[0.0182，0.0195]℃/%），最小值出现在12月（0.0146[0.0138，0.0153]℃/%），两者相差很小。其次，北半球寒带气候区城市夜间δLST的平均值在冬季（1月、2月和12月）出现了异常升高的现象。最后，北半球热带气候区城

市夜间 δLST 的季节性变化曲线与日间 δLST 相反,表现为冷季高于暖季的现象。δLST 的时空变化与其影响因素紧密联系,后文将结合其他指标(δEVI,δWSA 和 δNLI)做进一步分析。

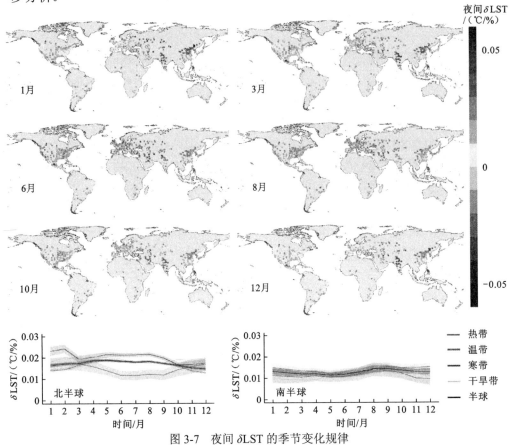

图 3-7 夜间 δLST 的季节变化规律

2. 城市地表温度与不透水面比例关系的时空变化影响因素

通过对比图 3-8 和图 3-5 可以发现,日间年均 δLST 的空间分布模式与年均 δEVI 有很好的对应关系。如图 3-8 所示,全球绝大部分城市(98%)的年均 δEVI 为负值,说明城市不透水面比例的增加会造成增强型植被指数的下降,这与现有认识相符。对比不同气候区的结果可以发现,热带气候区城市的年均 δEVI 的绝对值最大,其次是温带、寒带和干旱带气候区,这与日间年均 δLST 在各气候区城市中的结果相一致。更为重要的是,相关分析的结果表明全球各城市的日间年均 δLST 与年均 δEVI 有显著的负相关关系($r=$ -0.629,$p<0.001$);与之形成鲜明对比的是,日间年均 δLST 与年均 δWSA 或年均 δNLI 之间的关系较弱,这说明年均 δEVI 对日间年均 δLST 的空间分布有更重要的影响作用(图 3-9)。为了对该结果做进一步的验证,以各城市日间年均 δLST 为因变量,以年均 δEVI、年均 δWSA 和年均 δNLI 为自变量,构建多元回归模型。该模型对日间年均 δLST 空间变化的总体解释程度为 44.5%,并且年均 δEVI 的标准系数(β)的绝对值远大于年均 δWSA 或年均 δNLI 的标准系数(β)的绝对值,这进一步说明了 δEVI 是影响日间 δLST 空间分布的重要因素(表 3-2)。

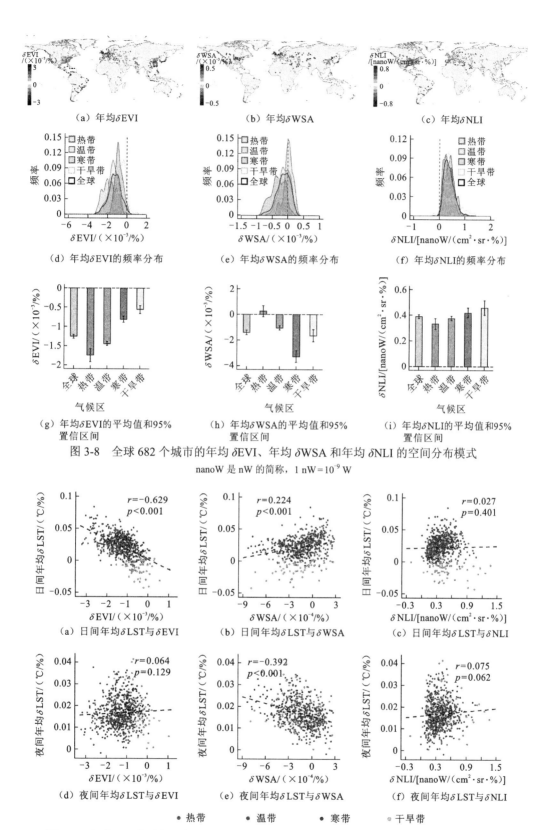

（a）年均 δEVI （b）年均 δWSA （c）年均 δNLI

（d）年均 δEVI 的频率分布 （e）年均 δWSA 的频率分布 （f）年均 δNLI 的频率分布

（g）年均 δEVI 的平均值和95%置信区间 （h）年均 δWSA 的平均值和95%置信区间 （i）年均 δNLI 的平均值和95%置信区间

图 3-8　全球 682 个城市的年均 δEVI、年均 δWSA 和年均 δNLI 的空间分布模式

nanoW 是 nW 的简称，$1\ nW = 10^{-9}\ W$

（a）日间年均 δLST 与 δEVI （b）日间年均 δLST 与 δWSA （c）日间年均 δLST 与 δNLI

（d）夜间年均 δLST 与 δEVI （e）夜间年均 δLST 与 δWSA （f）夜间年均 δLST 与 δNLI

● 热带　● 温带　● 寒带　○ 干旱带

图 3-9　全球 628 个城市的年均 δLST 与年均 δEVI、年均 δWSA 及年均 δNLI 之间的关系

r 和 p 分别代表 Pearson 相关分析的系数和显著性

表 3-2　年均 δEVI、年均 δWSA 和年均 δNLI 对 δLST 空间分布的相对影响程度

δLST	年均 δEVI 的 β 值	年均 δWSA 的 β 值	年均 δNLI 的 β 值	R^2
日间年均 δLST	−0.659	0.067	0.045	0.445
夜间年均 δLST	−0.061	−0.381	0.053	0.152

注：标准化系数（β）的绝对值越大，说明自变量对因变量的影响程度越大；决定系数（R^2）表示模型的总体解释程度

与日间年均 δLST 不同，全球城市夜间年均 δLST 的空间分布模式似乎与年均 δWSA 的关系更为密切。如图 3-8 所示，在除位于热带气候区外的大多数城市中，年均 δWSA 都为负值，说明城市中不透水面比例增加总体会降低地表反照率。与夜间年均 δLST 在各气候区中的均值相一致，年均 δWSA 的绝对值在寒带气候区最大，在热带气候区最小。相关分析的结果表明，全球各城市的夜间年均 δLST 与年均 δWSA 有着显著的负相关关系（r=−0.392，p<0.001，图 3-9）。更为重要的是，以各城市夜间年均 δLST 为因变量，以年均 δEVI、年均 δWSA 和年均 δNLI 为自变量构建的多元回归模型也表明，相较于其他两个变量，年均 δWSA 对夜间年均 δLST 的空间分布有着更强的影响作用（年均 δWSA 的 β 绝对值更高）（表 3-2）。

如图 3-10 所示，δEVI 在暖季的绝对值要明显高于冷季，这种季节变化在南北半球和不同气候区均有体现，且与日间 δLST 的季节变化模式高度吻合。值得注意的是，北半球寒带气候区城市的 δWSA 均值的绝对值在冬季（1 月、2 月和 12 月）出现了陡增（图 3-11），并且该气候区城市中 δNLI 的均值在冬季也出现了微弱的抬升（图 3-12），这与该气候带城市中夜间 δLST 的季节变化规律相吻合。

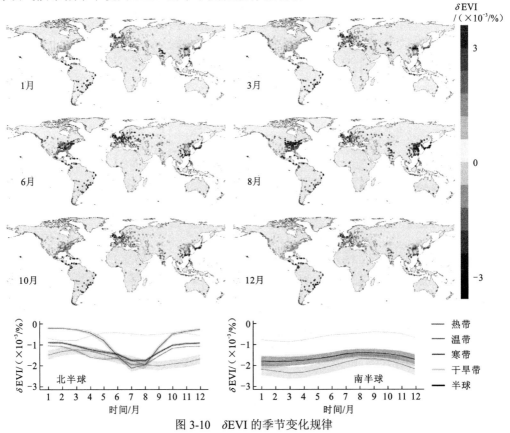

图 3-10　δEVI 的季节变化规律

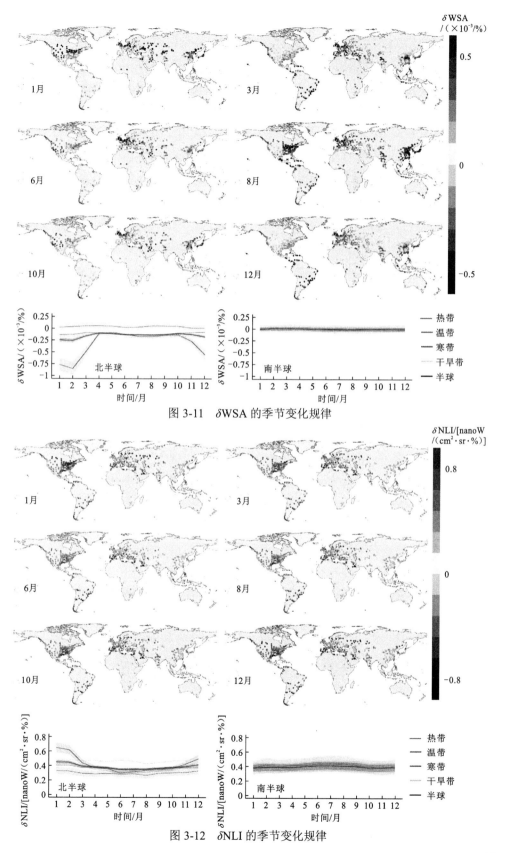

图 3-11　δWSA 的季节变化规律

图 3-12　δNLI 的季节变化规律

为了进一步探讨δLST季节变化的影响因素,分别以日间和夜间月均δLST为因变量,以月均δEVI、月均δWSA和月均δNLI为自变量,在各城市中构建多元回归模型。图 3-13 展示了以日间月均δLST为因变量的各城市多元回归结果,可以发现回归模型在大多数城市中都能较好地解释日间δLST的季节变化(90%以上的城市的$R^2 > 0.5$)。在大多数城市中,日间月均δLST与月均δEVI和月均δWSA表现为负相关关系($\beta > 0$),与月均δNLI表现为正相关关系($\beta < 0$),并且月均δEVI的β绝对值远大于月均δWSA或月均δNLI的β绝对值,说明δEVI对日间δLST的季性变化具有重要的影响作用。然而,在以夜间月均δLST为因变量构建的多元回归模型中,月均δEVI、月均δWSA和月均δNLI的β绝对值的大小关系表现出了高度的空间异质性,说明夜间δLST季节变化影响因素的复杂性(图 3-14)。

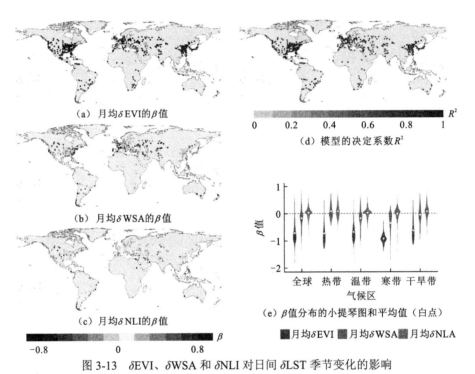

图 3-13　δEVI、δWSA 和 δNLI 对日间 δLST 季节变化的影响

3.1.4　讨论与分析

1. 城市地表温度与不透水面比例关系的时空变化原因

本节研究结果表明,日间δLST在不同气候区的城市中具有较为明显的差异,并且在空间分布上与δEVI关系密切。增强型植被指数是对植被状态的综合反映,δEVI可以在一定程度上反映由不透水面比例增加造成的植被及其降温效应的损失(Zhou et al., 2014)。在热带气候区,城市周边多为茂密的常绿植被(如热带雨林),因此相较于其他气候区,相同不透水面比例的增加量会导致热带气候区城市中更多植被覆盖的减少,表现为更大的δEVI绝对值(图 3-8)。这会造成植被日间降温效应的更大损失,从而表现为热带气候区城市的日间地表温度沿不透水面比例梯度出现更快的增加趋势。在干旱气

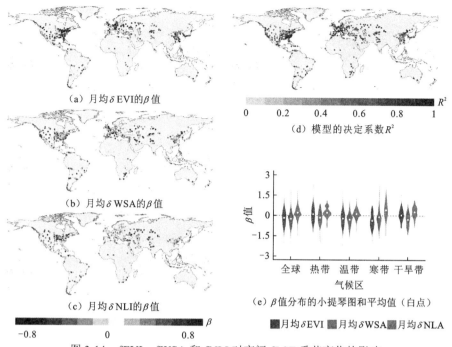

(a) 月均 δEVI 的 β 值

(d) 模型的决定系数 R^2

R^2

0   0.2   0.4   0.6   0.8   1

(b) 月均 δWSA 的 β 值

(c) 月均 δNLI 的 β 值

β值

(e) β 值分布的小提琴图和平均值（白点）

β

-0.8   0   0.8

■月均δEVI ■月均δWSA ■月均δNLA

图 3-14　δEVI、δWSA 和 δNLI 对夜间 δLST 季节变化的影响

候区，城市周围自然地表主要由低矮稀疏的植被或裸地及砾石组成（Zhou et al.，2014；Imhoff et al.，2010），不透水面比例增加造成的增强型植被指数减少量比较低（图 3-8）。此外，城市内部的人类活动（如植树、灌溉等）可能会改善当地的生态条件，造成有些城市的增强型植被指数随不透水面比例的增加而上升（图 3-8）。值得注意的是，与周围裸地或砂石相比，城市内部的建筑物和树木形成的阴影也可提供潜在的降温效果（邱海玲 等，2015）。这些为干旱气候区部分城市出现日间地表温度沿不透水面比例梯度下降的独特趋势提供了较为合理的解释。

但在夜间，植被活动（如蒸散发等）减弱，地表温度主要由地表存储的白天吸收的太阳光能量决定（Li et al.，2015）。地表反照率是影响太阳光能量吸收的重要因素，反照率越低，地表吸收的太阳光能量越高。本节研究表明，δWSA 在全球大多数城市中为负值，说明城市的地表反照率会随不透水面比例的升高而降低，相应地，地表吸收的太阳光能量增加，这是绝大部分城市夜间地表温度随不透水面比例增加的主要原因之一。然而，在热带气候区中，由于自然植被（茂密常绿林）的反照率比较低（Culf et al.，1995；Pinker et al.，1980），许多城市地表反照率会随着不透水面比例的增加而上升，这可能是热带气候区城市夜间 δLST 较低的原因。

本节研究结果还揭示了日间 δLST 与 δEVI 在季节变化上的良好对应关系。植被的生长与活动会显著受季节因素的影响，特别是在温带和寒带气候区，植被在冷季和暖季的状态差异十分明显，从而造成 δEVI 和日间 δLST 在不同月份的剧烈变化。而在热带和干旱带气候区中，植被状态的季节差异相对较小，δEVI 和日间 δLST 在不同月份相对比较稳定。在夜间，δLST 的季节变化似乎与 δWSA 有更好的对应关系。例如，在寒带气候区，冬季郊区自然地表会长期被冰雪所覆盖，这会增加城郊反照率的差异，引起 δWSA 绝对值在冬季的陡然上升，这可能是寒带气候区城市夜间 δLST 在冷季突然增强的原因之一。

2. 数据时间差异对研究结果的影响

本节研究使用的是 2015 年及相邻年份（以下统称为 2015 年度）的数据集。考虑在城市发展过程中，地表覆盖、人类活动等要素的改变可能会引起地表温度与不透水面比例之间关系的变化，需要增加其他年份数据的对比实验，以分析数据时间差异对研究结果的影响。因此，在基于 2015 年度数据产品的原始实验基础上，增加使用 2010 年度和 2005 年度数据产品的对比实验。在对比实验中，除了数据年份的差异，其他所有数据处理方法和流程与原始实验保持相同。如图 3-15 所示，原始实验与对比实验得到的 δLST 之间的回归系数均在 1 附近，并且回归模型的拟合度（R^2）很高（日间 $R^2>0.9$，夜间 $R^2>0.8$），说明使用不同年份数据得到的结果具有较好的一致性。此外，对比实验中 2010 年度的结果比 2005 年度的结果更加接近原始实验（2015 年度）的结果，说明使用的数据时间越接近，结果差异性越小。总的来说，在时间差异不是特别大的情况下，使用不同年份数据得到的实验结果具有较高的相似性。

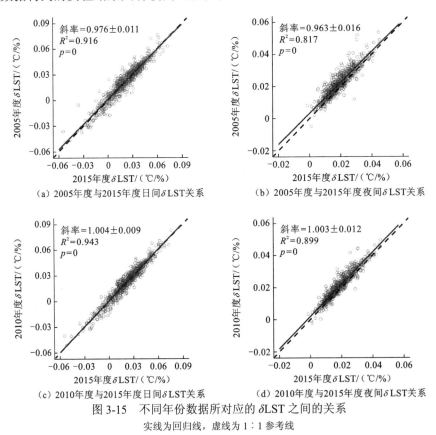

（a）2005年度与2015年度日间δLST关系　　（b）2005年度与2015年度夜间δLST关系

（c）2010年度与2015年度日间δLST关系　　（d）2010年度与2015年度夜间δLST关系

图 3-15　不同年份数据所对应的 δLST 之间的关系

实线为回归线，虚线为 1∶1 参考线

3.1.5　小结

城市地表温度（LST）与不透水面比例（ISF）的关系是城市地表热环境领域的一个重要议题。虽然目前已有很多研究对该议题进行了探讨，但大部分都是针对少数城市的局部分析，缺少全球尺度的结果。本节对全球 682 个城市的地表温度与不透水面比例的关系进行了系统的分析，填补了这一研究空白。地表温度和不透水面比例的关系使用线性回归模型的系数（δLST，ΔLST/ΔISF）进行量化，δLST 表示每 1%地表温度和不透水面比例的增加所对应的地表温度变化量。地表温度数据来自 2014～2016 年逐日分布的 MODIS 地表温度数据产品，共包含覆盖日夜的 4366 幅影像，不透水面比例数据则来源于 2015 年的全球人造不透水面产品。此外，本节使用了 MODIS 增强型植被指数（EVI）和白空反照率（WSA）产品及 VIRRS/DNB 夜间灯光强度（NLI）产品，利用与 δLST 类似的方法计算了 δEVI、δWSA 和 δNLI，以探索地表温度和不透水面比例关系时空变化的可能影响因素。

结果表明，全球大部分（超过 90%）城市的年均 δLST 为正值，说明地表温度随不透水面比例的增加总体呈上升趋势，但 δLST 的大小（即地表温度随不透水面比例的变化速率）存在较为明显的时空变化。在白天，位于热带和温带气候区城市的年均 δLST 往往较高，干旱气候区城市的年均 δLST 相对较低，且有超过 2/3 的干旱气候区城市的年均 δLST 为负值；在夜间，年均 δLST 较大的城市一般位于寒带气候区。在季节变化规律上，δLST 在暖季一般高于冷季，这种季节差异在温带和寒带气候区城市中表现最为明显。就全球城市平均而言，日间和夜间年均 δLST 分别为 0.0219℃/% 和 0.0168℃/%。相关因素分析发现，δEVI 和 δWSA 分别是日间 δLST 和夜间 δLST 时空变化的主要影响因素。总体而言，本节通过对全球城市的比较分析，为地表温度和不透水面比例的关系提供了首个全球尺度的定量分析结果，有助于加深对城市化与局部气候之间关系的认识，也为全球持续变暖背景下城市的可持续发展提供了宝贵的信息。

3.2 城市树木降温效率的遥感评估

3.2.1 概述

植被是城市中影响地表热环境空间分布的另一种重要因素。众多基于遥感数据的研究已经表明，城市中植被覆盖的区域往往有着更低的地表温度（唐泽 等，2017；Gunawardena et al.，2017；Maimaitiyiming et al.，2014；Li et al.，2013，2012；张小飞 等，2006），这意味着提高城市中植被的覆盖率能够起到缓解城市热岛效应的作用。树木是最为重要的植被类型之一，相对于其他低矮植被（如草地等）通常具有更强的蒸腾作用和降温效应（Li et al.，2015）；另外，树木的枝叶能够抵挡太阳的辐射，形成的阴影也能起到降温效果（Jiao et al.，2017；王艳霞 等，2005）。因此，树木对地表热环境的影响已受到众多学者的关注。例如，Wang 等（2019）利用 MODIS 地表温度数据产品，在美国 11 个城市中分析了极端温度条件下城市树木的降温效率，并指出树木覆盖率每增加 1%，会使极端高温条件下地表温度平均降低约 0.202℃。Wang 等（2020）利用 Landsat 反演得到的地表温度数据，在美国 118 个城市中评估了树木的降温效率，指出城市树木覆盖率每增加 1%，会使夏季日间地表温度降低约 0.168℃。此外，还有众多局部区域的研究，利用遥感地表温度数据在全球不同城市中分析了树木的降温效率（Javiera et al.，2021；Jc et al.，2021；刘海轩 等，2019；Zhou et al.，2017；高吉喜 等，2016；Loughner et al.，2012）。这些研究极大地丰富了人们对城市树木与地表热环境关系的认识，但还存在一些不足。首先，现有研究大多是针对某个或某些城市的局部分析，考虑树木的生长和活动会受到树木种类和局部气候的影响，这种局部研究的结论可能适用于所关注的城市对象，但无法全面反映城市树木对地表温度的影响特征。例如，Zhou 等（2017）对处于美国不同生态区的两个城市（巴尔的摩和萨克拉门托）进行了对比分析，发现树木对地表温度的影响规律在两个城市中存在明显差异。其次，现有研究在数据类型、分析方法、分析尺度和研究时间段等方面存在差异（Jia and Zhao，2020），这使得不同研究得到的结论缺乏可比性，使人们无法通过对现有局部研究结果归纳得到一个整体的结论。更为重要的是，现有研究在量化树木对地表温度影响时，没有控制其他因素（如冰雪、高程变化及人为热源等）的影响，可能会导致求得的树木降温效率结果的偏差。例如，Wang 等（2020，2019）直接通过地表温度和树木覆盖率（tree cover fraction，TCF）之间的二元回归系数量化树木的降温效率（即每 1% TCF 变化对应的地表温度变化量）。然而，这种量化方式忽略了人为热源本身引起的地表温度差异，会引起对城市树木降温效率的高估，甚至会造成城市树木在冬季或夜间出现"伪降温效应"。

3.2.2　数据与方法

1. 研究区域

采用与 3.1 节研究相同的数据与方法，在全球共选取 713 个独立的城市。对这些城市进行进一步筛选，去除 MODIS 地表温度数据缺失较为严重和缺少气象站点的城市，最终保留下来的城市共 510 个（图 3-16）。根据世界自然基金会（World Wildlife Fund，WWF）陆地生态分区数据，将这 510 个城市进一步划分至 9 个不同的生态区（biome）中，各生态区的具体信息和所包含的城市数量如表 3-3 所示。

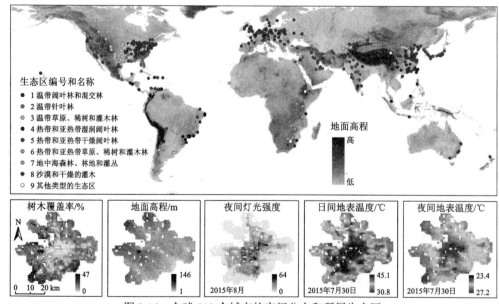

图 3-16　全球 510 个城市的空间分布和所属生态区

下方小图为以合肥市为例，城市中树木覆盖率、地面高程、夜间灯光强度及地表温度的分布情况，
其中夜间灯光强度的单位为 nanoW/（cm²·sr·%）。

表 3-3 生态区编号、名称和城市数量信息

编号	中文名称（英文名称）	城市数量/个
1	温带阔叶林和混交林（temperate broadleaf and mixed forests）	211
2	温带针叶林（temperate conifer forests）	42
3	温带草原、稀树和灌木林（temperate grasslands，savannas and shrublands）	52
4	热带和亚热带湿润阔叶林（tropical and subtropical moist broadleaf forests）	48
5	热带和亚热带干燥阔叶林（tropical and subtropical dry broadleaf forests）	16
6	热带和亚热带草原、稀树和灌木林（tropical and subtropical grasslands，savannas and shrublands）	18
7	地中海森林、林地和灌丛（mediterranean forests，woodlands and scrub）	57
8	沙漠和干燥的灌木（deserts and xeric shrublands）	59
9	其他类型的生态区（other biomes）	7

2. 数据选择与处理

地表温度数据与 3.1 节相同。在每个城市中，对每幅地表温度影像进行如下处理：①根据地表温度数据质量控制图层，去除观测质量较差或无观测值的像素；②利用欧盟委员会联合研究中心（JRC）生产的全球年度水体最大覆盖范围数据集，去除含有水体覆盖的像素；③基于 MODIS 每日冰雪覆盖率产品，去除含有冰雪覆盖的像素。

以上操作有效减少了由地表温度观测误差、水体及冰雪等因素带来的影响，但同时也可能会造成某些城市中地表温度影像像素的严重缺失，进而引起树木降温效率计算的不稳定性。因此，对于某一城市范围内的任意一幅地表温度影像，要求其在经过上述步骤处理后，剩余像素数量必须达到或超过城市中全部像素的一半，否则就去除该地表温度影像。另外，树木的降温效率会受季节变化的影响，若某个城市中地表温度影像缺失过多，造成研究时间段内某个季节地表温度影像的完全缺失，则会在接下来的分析中去除该城市。

全球城市的树木覆盖率（TCF）数据来自 2015 年度的哥白尼全球土地服务（Copernicus Global Land Service，CGLS）数据集，空间分辨率为 100 m。为使树木覆盖率数据在空间分辨率上与地表温度数据保持一致，将城市中每个 MODIS 地表温度像素覆盖范围（1 km×1 km）内对应的树木覆盖率均值作为该像素的树木覆盖率。

温度、湿度、风速等气象因素会显著影响树木的生长活动，进而有可能会对城市树木降温效率产生影响。为了探究城市树木降温效率与各气象因素的关系，本节使用来自 HadISD 的全球气象数据集。该数据集包含了全球 6 103 个站点自 1931 年以来的逐小时气象观测数据，记录的变量包含空气温度（air temperature，T_a，℃）、露点温度（dew-point temperature，T_d，℃）、风速（wind speed，WS，m/s）等。本节所选用的 HadISD 气象观测数据的时间范围为 2014～2016 年，与 MODIS 地表温度数据保持一致。为了使 HadISD 气象观测数据能够尽可能反映城市中 MODIS 地表温度观测时间点的气象条件，还对 HadISD 气象数据进行时空处理，具体如下。

（1）空间上的处理。对于任一城市，要求其内部或周边 10 km 范围内必须至少包含一个有连续观测值的 HadISD 气象站点，否则就在接下来的分析中去除该城市。经过数据处理与城市筛选，共有 510 个城市被最终保留下来。若某个城市中包含多个气象站点，则计算这些站点各气象变量观测值的均值，用于描述该城市的气象情况。

（2）时间上的处理。HadISD 为逐小时观测数据集，与 MODIS 地表温度数据的观测时间（1:30，10:30，13:30 或 22:30）并不完全一致。因此，对于某日任一观测时间点的 MODIS 地表温度影像，将该观测时间点前后的两个 HadISD 气象观测值取均值，以描述在该观测时间点上 MODIS 地表温度影像对应的气象条件。例如，MODIS 地表温度观测时间是 11:30，则将观测时间为 11:00 和 12:00 的 HadISD 气象数据取均值。

为了更好地理解树木降温效率与气象因素之间的关系，进一步计算其他与植被活动联系紧密的气象变量，包括相对湿度（relative humidity，RH，%）、饱和水汽压（saturation vapor pressure，SVP，kPa）、实际水汽压（actual vapor pressure，AVP，kPa）和饱和水汽压差（vapor pressure deficit，VPD，kPa）。它们的计算公式如下：

$$SVP = 6.109\,4\exp\left(\frac{17.625T_d}{243.04 + T_d}\right) \tag{3-2}$$

$$AVP = 6.109\,4\exp\left(\frac{17.625T_a}{243.04 + T_a}\right) \tag{3-3}$$

$$RH = \frac{AVP}{SVP} \times 100\% \tag{3-4}$$

$$VPD = SVP - AVP \tag{3-5}$$

3. 城市树木降温效率的遥感定量评估与分析方法

以往基于遥感数据的研究，通常将地表温度对树木覆盖率影响的变化率（即每 1% 树木覆盖率的增加对应的地表温度的减少量）定义为城市树木的降温效率（cooling efficiency，CE）（Wang et al.，2020，2019）。本节继续沿用该定义，但在计算方法上对以往研究进行了改进。在以往研究中，通常是将地表温度作为因变量，树木覆盖率作为自变量，建立二元线性回归模型，将回归系数的相反数定义为降温效率。但这种计算方式没有考虑冰雪、地形变化及人为热源等因素的影响，进而可能会对城市树木降温效率产生高估，甚至会造成"伪降温效应"（Wang et al.，2019）。因此，本节在去除冰雪像素的前提下，将地表温度作为因变量，同时将树木覆盖率、地面高程和夜间灯光强度作为自变量，构建多元回归模型，并将该多元回归模型中的树木覆盖率回归系数的相反数作为树木的降温效率，即 CE=$-\partial$LST/∂TCF。在每个城市中，对每幅经过 3.1 节数据处理后保留下来的 MODIS 地表温度影像，均采用上述方法计算降温效率，并计算在不同时段（日夜）、不同季节（春夏秋冬）的平均值。

与降温效率类似，本节也计算了不同时段和不同季节城市中各气象要素（T_a，RH，WS 和 VPD）的平均值，并分析它们对城市降温效率在时间和空间分布上的影响。在进行空间关系的分析时，分别采用一次函数（$y=ax+b$）和二次函数（$y=ax^2+bx+c$）两种回归方程建立各城市降温效率均值与各气象要素均值的关系模型，并利用赤池信息量准则（Akaike information criterion，AIC）评价两种模型的优劣。赤池信息量准则越低，则说明模型的拟合效果越好，更能反映各气象要素对降温效率空间分布的影响。本节的数据处理与分析均在 R 软件中完成。

3.2.3 研究结果

1. 城市树木降温效率的空间分布特征

在白天，全球 510 个城市降温效率的年平均值为 0.063[0.057, 0.059]℃/%（图 3-17）。这意味着就全球平均而言，城市树木覆盖率每增加 1%，会导致日间地表温度平均降低 0.063℃。从空间分布上看，位于中国西北部、美国西南部及中东地区的城市通常有着更高的降温效率（图 3-18）。通过对不同生态区结果的对比可以发现，沙漠和干燥灌木生态区（编号为 8，记为生态区 8，下同）城市的日间年均降温效率达 0.170[0.139, 0.201]℃/%，

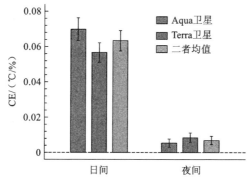

图 3-17　全球城市树木降温效率的年度平均值和 95% 置信区间

Aqua 卫星获取 MODIS 影像的时间为 13:30 和 1:30，Terra 卫星获取 MODIS 影像的时间为 10:30 和 22:30

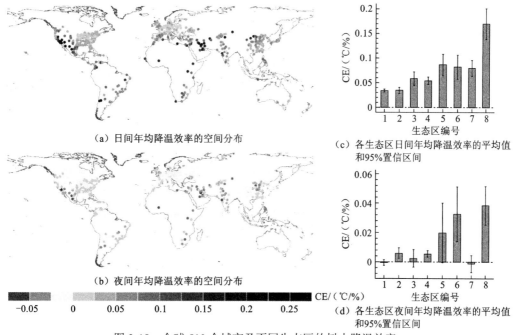

（a）日间年均降温效率的空间分布

（b）夜间年均降温效率的空间分布

（c）各生态区日间年均降温效率的平均值和 95% 置信区间

（d）各生态区夜间年均降温效率的平均值和 95% 置信区间

图 3-18　全球 510 个城市及不同生态区的树木降温效率

显著地（$p < 0.05$，t 检验，下同）高于其他生态区（图 3-18）。值得注意的是，在以低矮植被（如草原和灌木等）为主的城市的日间年均降温效率高于以森林等高大植被为主的城市（例如，生态区 3 高于生态区 1；生态区 6 高于生态区 4）。此外，生态类型相同但气候条件不同的城市的降温效率也存在显著的差异。最为典型的例子就是生态区 4 和生态区 5 均为热带和亚热带阔叶林生态区，但由于干湿条件不同，它们之间日间年均降温效率的差异也十分明显，其值分别为 0.054[0.047，0.061] ℃/% 和 0.087[0.064，0.109] ℃/%（$p < 0.05$，图 3-18）。

城市树木对夜间地表温度的影响比较复杂，如图 3-18 所示，夜间年均降温效率的空间分布表现出较为明显的空间异质性。在夜间，降温效率较高的城市主要位于低纬度的热带和亚热带地区或中东等气候较为干旱的地区，而在其他地区，降温效率普遍比较低。值得注意的是，降温效率在位于温带气候区中的大部分欧美城市及部分中国城市中表现为负值，说明树木对这些城市的夜间地表温度的降温效果较弱，甚至会表现出微弱的升温效应。比较各生态区而言，夜间年均降温效率在沙漠和干燥灌木生态区（生态区 8）最高，但也仅为白天的 1/4 左右，并且其他生态区在夜间的年均降温效率也都远远低于日间（图 3-18）。就全球平均而言，夜间年均降温效率仅为 0.007[0.004，0.009] ℃/%（图 3-17）。

2. 城市树木降温效率的季节变化规律

如图 3-19 所示，城市树木的降温效率存在明显的季节变化。在白天，全球城市降温效率的均值在夏季最高，达到 0.087[0.079，0.095] ℃/%，接下来是春季（0.070[0.063，0.095] ℃/%）、秋季（0.062[0.056，0.068] ℃/%）和冬季（0.034[0.031，0.038] ℃/%）。降温效率这一季节变化规律在不同生态区总体一致，但变化幅度存在差异。沙漠和干燥灌木生态区（生态区 8）城市中降温效率的季节变化幅度最为明显，其夏季降温效率的均值是冬季的两倍以上，分别为 0.231[0.189，0.274] ℃/% 和 0.092[0.072，0.112] ℃/%）。而在热带和亚热带生态区（生态区 4、生态区 5 和生态区 6），各季节降温效率平均值的差异相对较小。在夜间，全球城市降温效率均值的季节变化规律与白天一致（即夏季>春季>秋季>冬季），但在不同生态区之间存在一定的差别。例如，热带和亚热带生态区（生态区 5 和生态区 6）会出现夏季夜间降温效率的平均值低于冬季的现象。

3. 气象要素的时空变化及对城市树木降温效率的影响

图 3-20 展示了空气温度（T_a）、相对湿度（RH）、风速（WS）和饱和水汽压差（VPD）等气象要素的时空分布情况。T_a 的季节变化规律十分明显，几乎在所有生态区的城市中，其均值都表现为夏季高于冬季的规律，但在热带和亚热带生态区（生态区 4、生态区 5 和生态区 6）城市中，T_a 的季节性差异相对较低。在空间分布上，温带生态区（生态区 1、生态区 2 和生态区 3）城市的 T_a 均值显著低于热带和亚热带生态区（生态区 4、生态区 5 和生态区 6）及沙漠和干燥灌木生态区（生态区 8）。总体而言，T_a 与降温效率在时空分布模式上有较好的一致性。对相对湿度而言，其均值在沙漠和干燥灌木生态区（生态区 8）较低，并且在除热带和亚热带生态区（生态区 4、生态区 5 和生态区 6）外的其他生态区中均表现为夏季低于冬季的季节变化规律。与相对湿度相反，饱和水汽压差则在沙漠和干燥灌木生态区（生态区 8）城市中的均值最高，且表现为夏季高于冬季的特

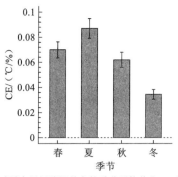

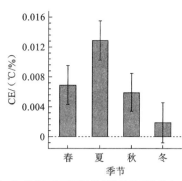

（a）全球城市日间降温效率的季节平均值和95%置信区间　　（b）全球城市夜间降温效率的季节平均值和95%置信区间

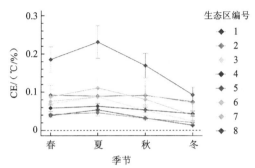

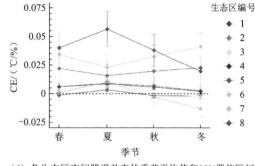

（c）各生态区日间降温效率的季节平均值和95%置信区间　　（d）各生态区夜间降温效率的季节平均值和95%置信区间

图3-19　城市树木降温效率的季节变化规律

征。总的来说，相对湿度和饱和水汽压差的空间分布与日间降温效率的空间分布都表现出较高的一致性。对风速而言，其均值在以低矮植被为主的生态区要高于以森林等高大植被为主的生态区（例如，生态区 1 和生态区 2 小于生态区 3；生态区 4 和生态区 5 小于生态区 6），这也与日间降温效率的空间分布相吻合。

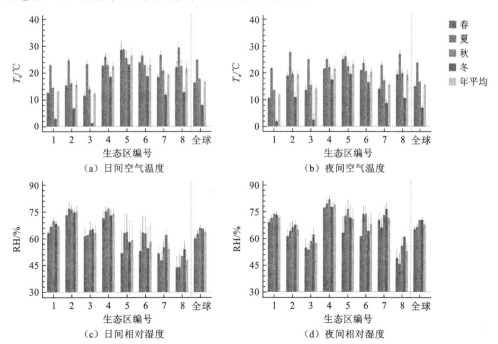

（a）日间空气温度　　　　　　　　　　　　　　　（b）夜间空气温度

（c）日间相对湿度　　　　　　　　　　　　　　　（d）夜间相对湿度

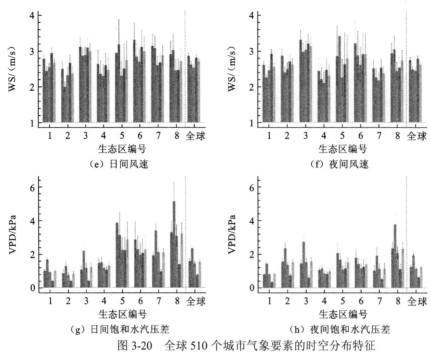

（e）日间风速　　　　　　　　　　　　（f）夜间风速

（g）日间饱和水汽压差　　　　　　　　（h）夜间饱和水汽压差

图 3-20　全球 510 个城市气象要素的时空分布特征

误差棒为 95%置信区间

　　图 3-21 展示了日间年均降温效率与日间年均空气温度、相对湿度、风速和饱和水汽压差之间的散点图和回归分析结果。从散点图和回归曲线可以明显看出，随着空气温度的增加，日间降温效率逐步增强，并且其增强的速度随温度升高也缓慢加快，这说明高温环境中城市树木有更强的降温效率。与空气温度相反，日间降温效率随相对湿度增加而快速降低，并且降低速度在逐渐减弱，这表明处于干燥条件下的城市树木有更强的降温效率。随着风速的上升，日间降温效率似乎呈现出了上升的趋势，但它们之间的关系比较微弱。日间降温效率与饱和水汽压差的关系与预期一致，即日间降温效率会随着饱和水汽压差的升高而显著增加。夜间的结果与日间基本一致，但模型的解释度（R^2）相对于日间要低得多（图 3-22），说明相较于夜间，各气象要素对日间城市树木降温效率有着更强的影响。

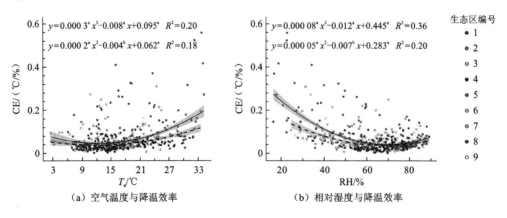

（a）空气温度与降温效率　　　　　　　（b）相对湿度与降温效率

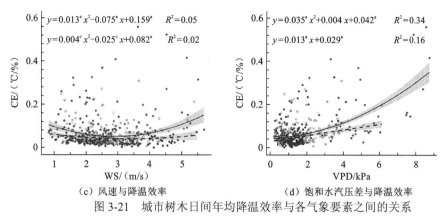

（c）风速与降温效率　　　　　　　（d）饱和水汽压差与降温效率

图3-21　城市树木日间年均降温效率与各气象要素之间的关系

实线为全球510个城市的总体回归结果（对应上方回归方程）；虚线为去除位于生态区8和生态区9中的城市后，剩余城市的回归结果（对应下方回归方程）；回归方程中各系数右上方的字符表征回归系数的显著性，a，b，c分别代表99.9%、99%和95%的显著性水平

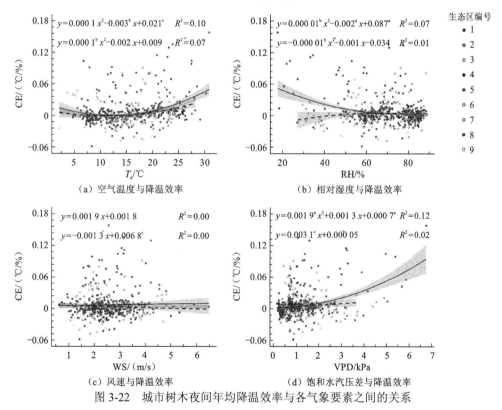

（a）空气温度与降温效率　　　　　　　（b）相对湿度与降温效率

（c）风速与降温效率　　　　　　　（d）饱和水汽压差与降温效率

图3-22　城市树木夜间年均降温效率与各气象要素之间的关系

实线为全球510个城市的总体回归结果（对应上方回归方程）；虚线为去除位于生态区8和生态区9中的城市后，剩余城市的回归结果（对应下方回归方程）；回归方程中各系数右上方的字符表征回归系数的显著性，a，b，c分别代表99.9%、99%和95%的显著性水平

3.2.4　讨论与分析

1. 城市树木降温效率的时空变化原因

本节研究结果表明，增加城市的树木覆盖率能够较为有效地降低白天的地表温度，

特别是处于沙漠和干燥灌木生态区中的城市,增加树木覆盖率带来的降温收益最为显著。城市树木降温效率的这种空间分布模式与气象因素紧密相关。全球城市总体分析结果表明,城市树木日间降温效率与空气温度(T_a)表现出较强的正相关关系,而与相对湿度表现为显著的负相关关系。这说明在高温干燥的城市(例如处于沙漠和干燥灌木生态区中的城市)中,增加树木覆盖率能够更有效地降低地表温度。这是由于在一定的湿度条件下,温度的增加会造成饱和水汽压的快速升高,进而会引起饱和水汽压差的上升[式(3-5)]。同理,在一定的温度条件下,湿度的下降也会造成饱和水汽压差的上升。一般来说,饱和水汽压差的升高会促进叶片的蒸腾作用,进而会带走更多的地表热量,起到降低地表温度的作用。相关模拟研究表明,日平均气温每增加 2.9℃,净光合速率、蒸腾速率和气孔导度分别增加 17.4%、21.4%和 33.9%(徐振锋 等,2010)。饱和水汽压差与降温效率之间显著的正相关关系也得到了本节研究的证实。另外,风速的升高会增强植被叶片表面的湍流交换速率,加快叶片表面水分蒸发,进而起到增强蒸腾作用和降温效率的效果。但是本节研究的分析表明,相对于空气温度和相对湿度,风速对降温效率的影响作用要低得多。总的来说,本节研究结果证实了增加城市的树木覆盖率能够较为有效地缓解日间城市热岛效应,特别是处于高温干旱环境中的城市,增加树木覆盖率能够取得十分明显的降温效果。

在夜间,虽然城市中树木覆盖率的增加总体上仍然能起到降低地表温度的作用,但是降温效果很弱。这主要是由于夜间树木活动(如蒸腾作用)显著减弱。相应地,夜间降温效率与各气象因素间的关联程度也弱得多。另外,值得注意的是,对于众多位于欧洲、美国及中国温带区域的城市,树木覆盖率的增加可能会造成夜间地表温度总体上的升高(图 3-18)。这种现象可能与植被增加导致的地表反照率的变化有关。相关研究表明,深色树木的反照率可能低于其他地物类型(如裸土、耕地和建筑等)(Kuusinen et al.,2016;Lukeš et al.,2013)。因此,树木覆盖率的增加可能会造成地表反照率的下降,进而使地表在白天吸收更多的太阳光能。而这些白天吸收的能量会在夜间释放,进而造成夜间地表温度的升高(Peng et al.,2014)。另外,树木的增加会阻碍城市中空气的流动和热量的散失,也可能造成城市温度的升高(Wujeska-Klause and Pfautsch,2020)。因此,对于某些城市,仅依靠增加树木覆盖率可能无法达到降低夜间地表温度、缓解夜间热岛效应的目的,甚至有可能会造成夜间城市温度的上升。

不同季节间的比较结果表明,降温效率一般在夏季最强,冬季最弱。降温效率的这种季节变化与树木本身及气象条件的季节变化有关。首先,在除热带以外的绝大部分地区,植被(包括树木)的活动都会存在较为明显的季节变化。在夏季,树木枝叶繁茂,强烈的蒸腾作用能够有效地降低植被及周边区域的温度。而在冬季,伴随着落叶等生理活动,树木的活动会显著减弱,其对地表温度的影响就会小得多。此外,虽然一些热带地区的树木(如常绿林)本身不会出现显著的季节变化(如落叶),但气象条件(如温度和湿度)的改变仍会影响植被的活动,进而导致不同季节降温效率的差异。

2. 城市树木降温效率计算方法的比较

需要指出的是,本节在树木降温效率的计算上与以往研究有所不同。以往研究通常直接将地表温度作为因变量、树木覆盖率作为自变量建立二元回归模型,并将回归模型的系数（或其相反数）视为降温效率（Wang et al.，2020，2019）。但这种方式忽视了其他因素（包括地形和人为热源等）对结果的影响。众所周知，温度会随着高程的改变而变化，忽视高程的影响可能会造成计算降温效率的偏差。此外，城市是人口的聚集地，城市居民生产生活过程中会产生大量的人为热源，进而会引起局部地区温度的升高，形成与邻近郊区的温差。忽视人为热源的影响会造成对降温效率的高估，甚至会导致"伪降温效应"（Wang et al.，2019）。因此，本节在降温效率的计算方式上对以往研究进行了改进，同时将树木覆盖率、地面高程及夜间灯光强度纳入多元回归模型中，实现在求解降温效率的同时抑制地形和人类活动等因素影响的目标。

通过对比可以发现，本节采用多元回归模型计算的降温效率要明显低于以往研究中使用二元回归模型计算的降温效率，特别是夜间的结果（图 3-23）。这是因为在夜间时，树木活动（蒸腾作用等）大大减弱，地表温差实际上更多由人为热源等其他因素造成，仅仅通过地表温度和树木覆盖率之间的二元回归模型得到的降温效率无法真实反映树木本身对城市地表热环境的影响。总的来说，该对比实验的结果表明以往研究存在对城市树木降温效率的高估，特别是在夜间植被活动较弱的时候。

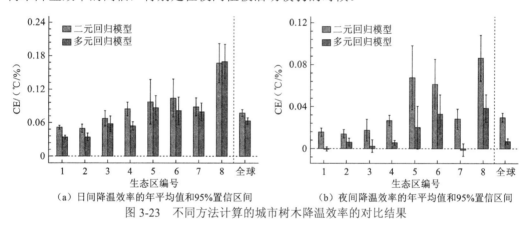

（a）日间降温效率的年平均值和95%置信区间　　　（b）夜间降温效率的年平均值和95%置信区间

图 3-23　不同方法计算的城市树木降温效率的对比结果

3.2.5　小结

增加树木覆盖率一直被认为是缓解城市热岛效应的有效手段，但对于城市树木降温效率，目前还缺少基于遥感观测数据的全球尺度的定量分析。因此，本节利用 MODIS 地表温度数据，在全球 510 个城市中，对降温效率的时空分布特征进行了详细的分析。在分析方法方面，在以往研究的基础上进行了改进，采用多元回归模型量化树木降温效率的同时，也抑制了地表起伏和人为热源等因素的影响。

结果表明，城市中树木覆盖率的增加能够显著地降低日间地表温度，全球日间降温效率的年平均值为 0.063℃/%。但在夜间，城市中树木覆盖率增加取得的降温效果较弱，在个别城市甚至会引起微弱的升温效应，全球夜间降温效率的年平均值仅为 0.007℃/%。更为重要的是，降温效率有着明显的空间变化特征，在位于中国西北部、美国西南部及中东和非洲等地区的高温干旱城市中，降温效率的值一般较高，说明在这些城市中，增加树木覆盖率能够取得更高的降温收益。降温效率的这种空间分布模式与城市气象要素

（温度和湿度等）紧密相关，温度的升高和湿度的下降会增强树木叶片的饱和水汽压差，促进树木的蒸腾作用，进而引起城市中树木降温效率的提升。从季节变化来看，城市树木降温效率一般表现为夏季最高、冬季最弱的规律，这与树木自身生长状态的季节变化模式契合。总的来说，本节利用遥感数据完成了对城市树木降温效率的全球尺度定量评估工作，研究结果为应对气候变化和城市发展过程中产生的热岛效应提供了重要信息。

3.3 人造地表和植被对地表温度的综合作用

3.3.1 概述

以往研究表明，城市地表温度在很大程度上取决于地表土地覆盖的构成，尤其是植被（vegetation，简写为 Veg）和人造地表（artificial surface，AS）（Ziter et al.，2019；Maimaitiyiming et al.，2014；Zhou et al.，2014；Weng，2009）。在城市中，植被主要包括树木和草地两种地物类型，能够通过蒸腾作用，降低城市的地表温度（Oke，1989）。蒸腾作用描述了水从植物中流失到大气中的过程，这个过程增加了潜热而不是显热，从而降低了叶子周围的温度（Voogt and Oke，2003）。此外，树木的遮蔽是指通过直接地拦截太阳辐射来冷却土地表面（Oke，1989）。相比之下，被人造地表覆盖的地区的地表温度通常比其他地区更高。这主要是由于城市人造地表使用的不透水材料不能保留水分，并且会在暴露于太阳辐射时迅速吸收热量（Yuan and Bauer，2007）。城市化过程中大量的人造地表取代了植被，改变了地表吸热和散热的效率，这是城市变暖的主要原因（Bowler et al.，2010）。

在这种情况下，可认为这两类土地覆盖物对地表温度表现出"竞争性"效应，这种竞争结果（即净效应）决定了地表温度的变化。该假设的主要思想是人造地表和植被对地表温度影响作用的强弱会随着二者比例的变化而发生改变。图 3-24 较为直观地展示了该假设的基本原理：当人造地表比例较低时，植被的降温作用强于人造地表的升温作用，此时植被是主导变量；随着人造地表比例的增加，人造地表对地表的升温作用逐渐增强，当其比例高于某一阈值（称为"转折点"）时，人造地表的升温作用会强于植被的降温作用。类似的结论在一些相关研究中也有提及（Jia and Zhao，2020；Ziter et al.，2019；Estoque et al.，2017；Maimaitiyiming et al.，2014）。例如，Moriyama 等（2009）及 Ng 等（2012）通过现场调查和数值建模，发现中国香港和日本大阪的树木覆盖率达到 30%左右时，地表温度明显下降。Ziter 等（2019）采用自行车测量系统，在美国麦迪逊观察发现当树冠覆盖率超过 40%时，地表温度降幅最大。然而，这类研究往往在单个城市的局部区域进行，且观察时长有限，因此一些研究引入了遥感数据作为补充，实现了对地表温度和土地覆盖的长期和大规模监测。例如，Alavipanah 等（2015）利用 Corine Land Cover 2006 数据（分辨率为 926.6 m），发现在德国慕尼黑 70%～80%的植被覆盖率对降低地表温度有最佳效果。Xu 等（2013）利用 Landsat 5 影像（分辨率为 120 m）中的不透水表面（impervious surface area，ISA）分布图和地表温度分布图，发现当中国厦门的不透水表面积超过城市总面积的 70%时，地表温度会出现明显上升。截至目前，中低分辨率遥感影像仍然是大多数研究的主要数据来源。基于这些粗分辨率的分类数据集，降低城市地表温度所需的最佳植被覆盖率可能会被高估，因为一些小而分散的植被斑块可能会被忽略。应该注意到，城市地区通常被认为是各种景观的混合体。在同一地区，地表温度不仅受单一的植被或人造地表景观的影响，还受它们复杂的相互作用的影响（Ziter et al.，2019），这在以往的研究中往往被忽略。此外，不同空间分辨率的地表温度数据、不同的研究区域及不一致的统计方法，都是造成结果差异的原因。

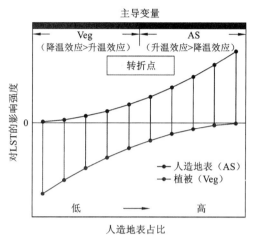

图 3-24　城市中植被和人造地表对地表温度影响的竞争机制

　　因此，为了解决现有研究中存在的这些问题，本节选择分布于我国不同区域的 35 个典型城市作为研究区域，这些区域有着不同的气候特点和发展层次。基于资源三号（ZY-3）高分辨率遥感影像（分辨率为 2.1 m）制作 35 个城市的地表覆盖分类图，能够更精确地描述城市中人造地表和植被的分布特征。此外，从"竞争关系"的角度研究人造地表和植被对地表温度的共同影响，并定量地获取该过程中的转折点。本节提出的转折点反映城市地表温度对不同比例的植被与人造地表的响应，可以更好地分析城市中不同土地覆盖物对地表热环境复杂的相互作用，从而为城市规划过程中人造地表和植被的组成和分布提供科学指导。

　　总体而言，本节的目的为：①通过定量探讨对地表温度有主导作用的植被（树木或草地）或人造地表的比例，评估植被和人造地表对地表温度的综合作用；②通过对中国 35 个主要城市的联合分析，揭示植被和人造地表对地表温度综合作用的一般规律及在不同气候区和不同的城市发展水平下的变化。

3.3.2　数据与方法

1. 研究区域

　　我国是世界上土地面积第三大的国家（约 960 万 km²），横跨 73°33′E～135°05′E，纵跨 3°51′N～53°33′N。这片广阔的土地为植物的生长提供了充足的空间，多种气候类型也有利于保持植物物种的多样性。根据 Olson 等（2001）生物群落划分标准，我国跨越了三个气候区：热带气候区（主要是常绿阔叶林和红树林）、温带气候区（主要是落叶阔叶林和混交林）和干旱/半干旱气候区（主要是针叶林和草地）。此外，城市化作为人类活动导致土地覆盖变化的重要方面，广泛且长期地存在于我国的城市地区。植被的生长或变化状况（转变为人造地表）在很大程度上会受到城市化强度的影响，从而表现出强烈的空间异质性。考虑我国城市众多且不同城市景观差异明显，我国无疑是探索城市植被、人造地表和地表温度关系（以下简称"Veg-AS-LST 关系"）的理想研究地区。

本节选取中国 35 个主要城市作为研究区，包括 22 个省会城市、4 个直辖市、1 个经济特区及 8 个大型城市。所有这些城市都见证了我国快速的城市化进程及该进程中城市景观和热环境的变化。根据上海第一财经传媒有限公司发布的《中国城市分级名单（2019）》，将这些城市按照商业资源集中度、城市中心度、城市居民活力、生活方式多样性和未来潜力 5 个维度划分为 4 个超一线城市、12 个一线城市、14 个二线城市和 5 个三线城市（表 3-4），便于比较不同发展水平的城市的社区宜居性。此外，将这些城市进一步分为 8 个热带城市、23 个温带城市及 4 个干旱/半干旱带城市（表 3-5）。

表 3-4 35 个城市的城市发展等级

城市发展等级	数量/个	城市名
超一线城市	4	北京，广州，上海，深圳
一线城市	12	长沙，成都，重庆，杭州，南京，青岛，沈阳，天津，武汉，苏州，西安，郑州
二线城市	14	长春，大连，福州，哈尔滨，合肥，昆明，南昌，石家庄，太原，乌鲁木齐，厦门，烟台，南宁，无锡
三线城市	5	海口，呼和浩特，唐山，银川，西宁

表 3-5 35 个城市所属气候带

气候带	数量/个	城市名
热带	8	长沙，福州，广州，海口，昆明，南宁，深圳，厦门
温带	23	北京，长春，成都，重庆，大连，杭州，哈尔滨，合肥，南昌，南京，青岛，上海，沈阳，石家庄，苏州，太原，唐山，天津，武汉，无锡，西安，烟台，郑州
干旱/半干旱带	4	呼和浩特，乌鲁木齐，西宁，银川

各城市的主城区边界提取主要参照 Zhou 等（2014）提出的方法。具体而言，首先使用 1 km×1 km 的移动窗口从每个城市的土地覆盖图中生成建筑密度（building intensity，BI）图。随后，按照 50%的阈值标准将建筑密度图划分为高密度和低密度的建筑斑块。紧接着，聚集高强度的建筑斑块得到一个紧凑的城市区域，即主城区。这 35 个城市的主城区面积从 221.6 km²（厦门）到 3 518.21 km²（北京）不等。

2. 高分辨率地表覆盖制图

2012 年 1 月发射的资源三号（ZY-3）卫星是中国第一颗高分辨率立体测绘卫星，其全色（panchromatic，PAN）和多光谱（multi-spectrum，MS）相机可以提供一个 2.1 m 空间分辨率的全色波段和 4 个 5.8 m 空间分辨率的多光谱波段（Huang et al.，2020）。本节采集 61 幅在 2015 年前后的生长季（4~10 月）拍摄的无云 ZY-3 影像以确保植被条件的一致性，并且这些影像可以覆盖所有 35 个城市的主城区。数据处理流程：首先，将多光谱影像与全色正射影像进行地理配准，使其均方根误差小于 1 个像素；然后，应用格拉姆-施密特（Gram-Schmidt）泛解析法将多光谱影像与全色正射影像融合，提高其空间分辨率；最后，使用一系列包括 A-map、Map World 和 Open Street Map（OSM）在内的辅助数据集来帮助从地理配准后的锐化多光谱影像中提取各类土地覆盖类型。

Map World 是水资源信息的主要来源，它也被用作 A-map 和 OSM 的补充，以提取建筑物和道路。在获得这三个土地覆盖类型后，它们被用作 ZY-3 影像的掩膜层。然后，使用随机森林分类器，将影像的剩余部分分为 4 种土地覆盖类型：草地、树木、裸土和其他不透水表面（other impervious surface areas，OISA，如广场、空地、路面）。将建筑物、道路和其他不透水表面合并作为人造地表。精度检验结果显示，基于 41 571 个空间独立验证样本的总体精度为 88%，所有土地覆盖类型的生产者精度和使用者精度均超过 85%，这意味着制图结果是可靠的。此外，为了解 35 个城市的土地覆盖类型的构成和空间分布，进一步计算它们的总比例和聚集指数（aggregation index，AI），用于后续分析。

3. 地表温度反演

为制作 35 个城市的地表温度分布图，从美国地质调查局获得了 2013～2018 年 6～8 月所有云量小于 70% 的 Landsat 8 Surface Reflectance Tier 1 产品（L8_SR）。L8_SR 是由空间分辨率为 30 m 的 Landsat 8 陆地成像仪（OLI）和重采样后空间分辨率为 30 m 的热红外传感器（TIRS）获取的经过了大气校正的表面反射率产品。此外，该产品由 5 个可见光和近红外（visible and near-infrared，VNIR）波段和 2 个短波红外（short-wave infrared，SWIR）波段组成，这些波段已被处理为正射表面反射率，2 个热红外（TIR）波段也已被处理为正射亮度温度。根据质量评估波段过滤掉影像中的云层和云影，然后基于《Landsat 数据用户手册》对地表温度进行反演，公式如下：

$$\text{LST} = \frac{T_B}{1 + (\lambda \times T_B / \rho)\ln \varepsilon} \tag{3-6}$$

式中：T_B 为正射亮度温度，单位为 K，由 L8_SR 第 10 波段的像素值得到（比例因子为 0.1）；λ 为辐射波长，此处采用 L8_SR 第 10 波段的中心波长 10.8 μm；$\rho = \frac{h \times c}{k} = 1.438 \times 10^{-2}$ mK，其中 h 是普朗克常数（$6.626\,1 \times 10^{-34}$ J·s），c 是光速（$2.997\,92 \times 10^8$ m/s），k 是玻尔兹曼常数（$1.380\,6 \times 10^{-23}$ J/K）（Peng et al.，2018）；ε 为表面发射率，其值由归一化植被指数（NDVI）决定（Valor and Caselles，1996；Defries and Townshend，1994）。

每个城市的最终的地表温度分布图是通过对所选时期的所有地表温度分布图进行平均得到的。使用平均温度的原因为：①从单一日期的影像中获取的地表温度在很大程度上可能会受到气象条件（如降水、风速、风向）的影响；②对单景影像去云处理往往会导致一些地表温度值的缺失。

4. 人造地表和植被对地表温度综合作用模型

在每个城市建立一系列 360 m×360 m 的网格单元样本，然后获取每个样本中树木、草地和人造地表的组成情况。网格大小（即 360 m×360 m）是参照 Myint 等（2010）的方法确定的，该值较好地权衡了本节保留土地覆盖细节及分析对地表温度的影响的需求。

通过在高分辨率的土地覆盖图和地表温度分布图上叠加网格层，可以计算出每种土地覆盖类型的比例和每个网格单元的平均地表温度。注意只选取"纯网格单元"，即只包含树木、草地和人造地表的单元，以避免其他土地覆盖类型的影响。所选网格样本按照人造地表的比例梯度分为 10 组，即 0%~10%（第 1 组），10%~20%（第 2 组），…，90%~100%（第 10 组）。图 3-25 以某地的网格单元样本为例，展示了分组结果。将每组分为100 个间隔，增量为 0.1%。由于每个间隔的网格单元样本数量可能不同，只取其中一个网格样本（其人造地表比例为所有样本的中位数）作为每个间隔的代表[图 3-25（c）]，这确保了每组的网格单元样本数量相等（即间隔数，100）。

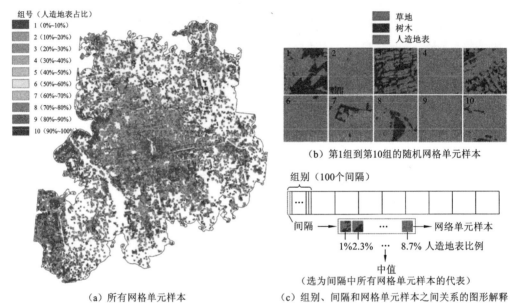

图 3-25　网格单元样本分组示例

基于每组的网格单元样本，为各个组别建立回归模型。将植被（树木或草地，Veg）和人造地表（AS）的比例设定为自变量，将平均地表温度（LST）设定为因变量。对于每个模型，回归系数最大的变量被认为是影响地表温度的主导变量。由于网格中只包括树木、草地和人造地表，当同时输入这三个自变量时，往往存在严重的多重共线性。为了减轻这种多重共线性，采用分层回归模型（hierarchical regression model，HRM）（Lankau and Scandura，2002），通过控制第三个自变量来分别分析"树木-AS-LST"的关系和"草地-AS-LST"的关系。分层回归模型是一种双层线性回归模型，其第一层由控制变量和因变量组成，第二层以"进入"的形式将自变量加入，如下式所示：

$$\mathrm{LST}_i = \alpha_i \mathrm{Veg}_i + \beta_i \mathrm{AS}_i + \varepsilon_i \tag{3-7}$$

式中：α_i 为植被（树木或草地）的系数；β_i 为人造地表的系数；ε_i 为第 i 组的截距（$i=$1，2，…，10）。此处，回归系数衡量植被和人造地表对地表温度的影响强度。根据假设（图 3-24），当人造地表的比例较低（如第 1 组到第 N 组）时，如果 $\alpha_1 > \beta_1$，…，$\alpha_N > \beta_N$，植被被认为是主导变量；当人造地表的比例较高[如第（$N+1$）组到第 10 组]时，如果 $\alpha_{N+1} < \beta_{N+1}$，…，$\alpha_{10} < \beta_{10}$，则人造地表被认为是主导变量。对于某个城市，$10 \times N\%$ 就是该城市"Veg-AS-LST 关系"的"转折点"。

3.3.3　研究结果

1. 我国 35 个主要城市人造地表、植被和地表温度的分布特点

在城市尺度下分别计算了我国 35 个主要城市的人造地表、树木和草地的占比和聚集指数（AI），以及地表温度值（表 3-6），以便了解不同城市中三类典型地表景观的组成、空间分布特征及热环境的基本情况，并对结果按其所属气候带和城市发展等级进行进一步分组（图 3-26）。在这里，聚集指数用于描述景观斑块的聚集程度，其值越接近100，意味着景观分布越紧凑（Estoque et al.，2017；Li et al.，2017）。结果表明，在这些城市中，人造地表、树木和草地三类景观的占比分别为 33.05%（成都）～58.01%（唐山）、4.14%（唐山）～31.92%（石家庄）和 4.35%（天津）～36.67%（杭州），聚集指数分别为 93.00（重庆）～97.26（深圳）、81.41（天津）～95.78（深圳）和 78.75（昆明）～93.69（合肥）。各城市地表温度变化范围为 27.16℃±5.09℃（昆明）～36.35℃±2.38℃（合肥）。

表 3-6　我国 35 个主要城市的人造地表、植被（树木和草地）的
组成和空间分布特征及地表温度的统计值

城市名称（缩写）	人造地表		树木		草地		地表温度
	总占比/%	AI	总占比/%	AI	总占比/%	AI	平均值±标准差/℃
北京（BJ）	46.98	96.21	12.67	90.73	24.52	90.90	32.85±2.52
长春（CC）	45.37	95.46	9.51	85.39	31.22	93.34	30.72±2.84
长沙（CS）	46.09	94.17	22.44	89.89	19.53	86.90	33.02±2.19
成都（CD）	33.05	94.20	24.46	87.33	17.86	85.60	31.48±2.43
重庆（CQ）	48.26	93.00	21.69	92.01	13.31	84.73	34.86±2.58
大连（DL）	41.61	95.81	16.84	91.88	13.43	86.07	30.79±3.92
福州（FZ）	51.08	95.49	23.06	89.33	7.73	79.10	34.27±2.67
广州（GZ）	41.13	94.05	28.22	90.98	11.72	86.50	33.33±2.81
海口（HK）	44.33	96.74	6.72	88.37	26.98	88.04	28.41±2.21
杭州（HZ）	38.84	94.31	8.36	85.19	36.67	85.50	33.27±2.70
哈尔滨（HB）	39.03	95.35	16.96	83.29	23.60	91.65	31.25±3.05
合肥（HF）	51.10	95.92	9.92	88.97	15.57	93.69	36.35±2.38
呼和浩特（HH）	50.69	95.34	18.27	91.19	15.56	90.55	35.42±3.56
昆明（KM）	48.25	95.45	21.62	89.70	8.25	78.75	27.16±5.09
南昌（NC）	44.80	95.82	15.66	86.61	13.50	83.97	35.75±2.12
南京（NJ）	43.28	95.86	14.15	94.68	25.06	92.11	32.25±2.79

城市名称（缩写）	人造地表		树木		草地		地表温度
	总占比/%	AI	总占比/%	AI	总占比/%	AI	平均值±标准差/℃
南宁（NN）	40.84	94.98	21.84	91.76	12.83	85.36	34.85±3.10
青岛（QD）	40.07	94.05	11.32	88.64	11.53	85.53	30.04±2.84
上海（SH）	49.36	94.35	17.41	87.36	15.47	84.72	34.12±2.32
沈阳（SY）	42.94	95.17	20.13	93.77	19.92	90.29	32.36±3.07
深圳（SZ）	47.54	97.26	12.18	95.78	19.85	90.09	32.74±2.65
石家庄（SJZ）	40.82	95.13	31.92	90.24	16.62	90.64	32.46±2.23
苏州（SuZ）	47.87	95.32	26.92	90.00	15.55	88.80	34.27±2.61
太原（TY）	44.99	93.80	5.76	92.07	6.12	82.52	31.67±3.53
唐山（TS）	58.01	97.20	4.14	92.90	16.09	93.19	33.31±2.43
天津（TJ）	50.51	93.66	18.31	81.41	4.35	84.91	32.11±2.10
乌鲁木齐（UQ）	46.43	95.58	6.96	86.52	20.11	90.12	32.05±2.96
武汉（WH）	42.62	95.42	12.77	91.20	16.30	87.06	34.07±2.55
无锡（WX）	46.17	95.12	16.04	88.39	24.43	88.69	33.16±2.55
厦门（XM）	50.62	96.10	14.68	91.26	19.22	83.75	31.32±2.40
西安（XA）	40.14	96.39	15.55	88.71	12.01	86.59	34.32±2.42
西宁（XN）	33.16	93.22	21.70	90.28	24.19	89.00	28.82±3.11
烟台（YT）	38.76	94.20	18.69	94.15	18.26	89.15	31.05±2.91
银川（YC）	49.39	93.02	4.68	88.57	24.73	80.21	32.10±3.38
郑州（ZZ）	46.78	95.83	11.65	89.44	27.00	90.05	34.56±1.85

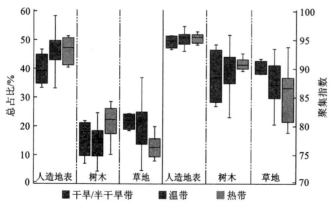

（a）各气候区城市中人造地表、植被（树木和草地）的比例和聚集指数

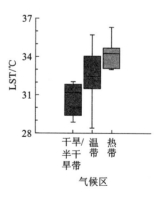

（b）各气候区城市的地表温度箱体图

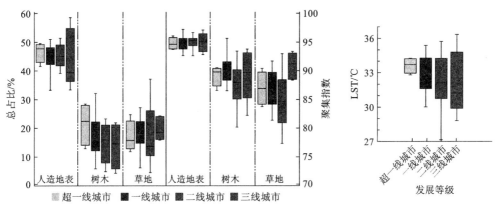

（c）各发展等级城市中人造地表、植被（树木和草地）的比例和聚集指数　　（d）各发展等级城市的地表温度箱线图

图 3-26　城市中人造地表、植被（树木和草地）的比例和聚集指数及地表温度的箱线图

每个箱体中从上到下的横线（包括方框和须线）分别是最大值、第一四分位数（Q1）、中位数、

第三四分位数（Q3）和最小值

如图 3-26 所示，热带城市的人造地表和树木的占比分别为 45.81%±4.26% 和 21.20%±5.55%，高于温带城市（人造地表 45.52%±4.97%，树木 14.32%±6.48%）和干旱/半干旱带城市（人造地表 39.35%±4.72%，树木 16.08%±5.53%）；而干旱/半干旱带城市的草地占比为 21.54%±2.45%，高于热带城市（12.90%±3.69%）和温带城市（19.12%±7.51%）。对于聚集指数，也可以观察到类似的结果：热带城市的人造地表（95.22±0.80）和树木（89.92±1.02）的聚集度最高，其次是温带城市（人造地表 95.17±1.20；树木 89.76±3.35）和干旱/半干旱带城市（人造地表 94.59±1.09；树木 88.56±4.70）。相比之下，干旱/半干旱带城市的草地聚集指数为 89.98±1.22，比温带城市（87.50±3.58）和热带城市（85.71±4.90）的草地分布更为紧凑。此外，热带城市的平均地表温度分别比温带和干旱/半干旱带城市高 1.05℃ 和 2.86℃。结果表明，由于温暖湿润的背景气候，我国热带城市与干旱/半干旱带城市相比，其人造地表和树木占比更高，且分布更为集中。

图 3-26 还显示出发展水平较高的城市的人造地表和树木的占比明显高于其他城市。此外，值得注意的是，在超一线城市中，人造地表的聚集指数相对较低，而树木和草地的聚集指数较高，这说明在这些地区已经实施了有针对性的植被种植策略，以避免城市中人造地表的分布过于密集。然而，发达城市的平均地表温度仍然高于其他城市，这主要归因于城市中密集的人口和各种导致高热量排放的人为活动，如工业生产、生活排放和商业贸易等（Jia and Zhao，2020）。

图 3-27 显示了我国 35 个城市内部沿人造地表比例梯度下的植被（树木或草地）占比与地表温度均值。可以看出，随着人造地表比例的增加，大多数城市的树木和草地比例呈非线性下降，而在部分城市（如长春、呼和浩特和石家庄）中呈现线性下降趋势。特别地，对于一些东南沿海城市，如广州、海口、杭州、南京、深圳、烟台等，草地占比的变化曲线在一些人造地表覆盖率为 10%～30%的地区显示出轻微的上升趋势，这可能是城市规划和管理的结果。另一方面，除杭州、天津、乌鲁木齐、西宁外的大多数城市的地表温度与人造地表的比例呈线性正相关关系。

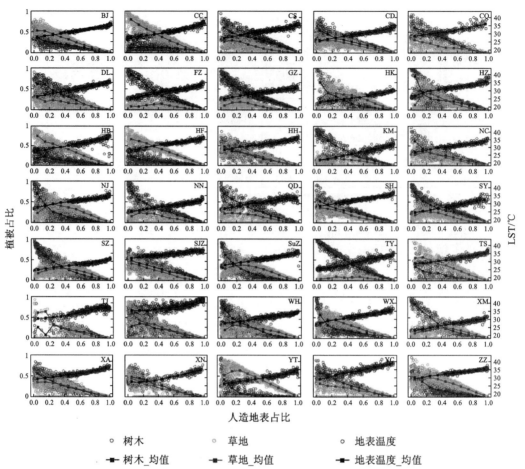

图 3-27　我国 35 个城市主城区内树木占比、草地占比及平均地表温度随人造地表比例梯度的变化情况

该结果以网格单元样本为统计单元；图中圆圈代表每个间隔中的网格单元样本值，方块代表每组样本的平均值

2. 人造地表和植被对地表温度的综合影响

图 3-28 分别展示了每个城市中树木和人造地表对地表温度的综合作用，可以看出除了个别城市（如重庆、天津等），在绝大多数城市中表现出随着人造地表比例增加，树木对地表温度的影响作用逐渐减弱、人造地表对地表温度的影响作用逐渐增强的规律，但二者对地表温度影响程度的"转折点"在不同城市中存在较大差异。类似地，图 3-29 展示了各个城市中草地和人造地表对地表温度的综合作用，与树木的结果类似，草地和人造地表对地表温度的影响也存在"转折点"。

为了更好地总结植被（树木和草地）对地表温度的影响，进一步统计 35 个城市的总体回归结果。如图 3-30 所示，随着人造地表比例的增加，树木和草地对地表温度的影响逐渐减弱，人造地表的影响缓慢增强，这与以往的研究结果一致（Ziter et al.，2019；Estoque et al.，2017）。由此可以看出，人造地表和植被对地表温度的确表现出一种"竞争性"的影响：当人造地表比例较低时，植被（树木或草地）对地表温度的影响强于人造地表；而当人造地表比例增加到一定阈值（即"转折点"）时，该地物取代植被（树木或草地）成为对地表温度具有主导作用的土地覆盖类型。图 3-30 表明，基于 35 个城市

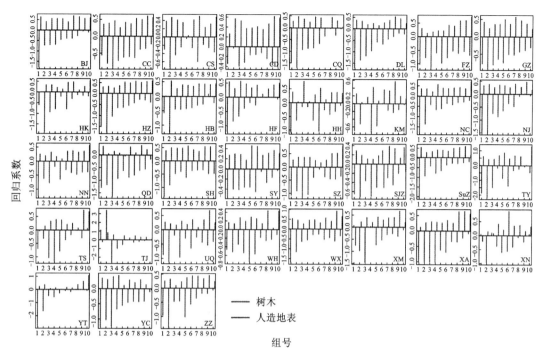

图 3-28 各城市的树木-人造地表-地表温度的 HRM 回归结果

第 1~10 组分别代表 0%~10%、10%~20%、20%~30%、30%~40%、40%~50%、50%~60%、60%~70%、

70%~80%、80%~90% 和 90%~100% 的人造地表比例

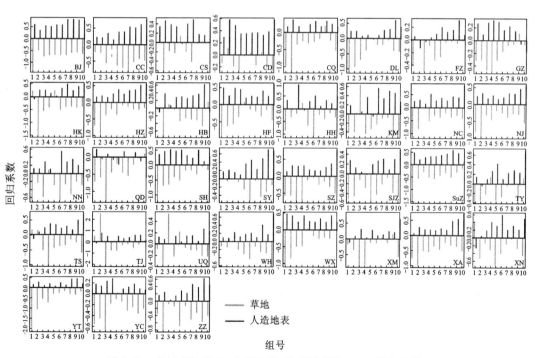

图 3-29 各城市的草地-人造地表-地表温度的 HRM 回归结果

第 1~10 组分别代表 0%~10%、10%~20%、20%~30%、30%~40%、40%~50%、50%~60%、60%~70%、

70%~80%、80%~90% 和 90%~100% 的人造地表比例

的分层回归模型（HRM）回归结果与图 3-24 展示的概念模型基本一致，表明本节提出的假设是成立的。此外，回归结果还显示，就树木而言，"转折点"出现在 70%人造地表处[图 3-30（c），$R^2 = 0.43$，$p < 0.05$]；对于草地，"转折点"出现在 60%人造地表处[图 3-30（d），$R^2 = 0.38$，$p < 0.05$]。

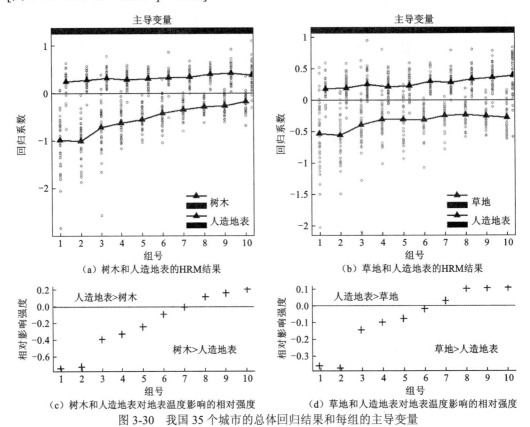

（a）树木和人造地表的HRM结果　　　　　　（b）草地和人造地表的HRM结果

（c）树木和人造地表对地表温度影响的相对强度　　　（d）草地和人造地表对地表温度影响的相对强度

图 3-30　我国 35 个城市的总体回归结果和每组的主导变量

空心圆代表每个城市的回归系数，实心三角形代表所有城市的回归系数的平均值；第 1~10 组分别代表 0%~10%、10%~20%、20%~30%、30%~40%、40%~50%、50%~60%、60%~70%、70%~80%、80%~90%和 90%~100%的人造地表比例；在每幅图上方的分段图中，红色、深绿色和蓝色分别意味着树木、草地和人造地表是该组的主导变量

　　3 个气候区（图 3-31）和 4 种城市发展水平（图 3-32）的分层回归模型（HRM）的回归系数沿人造地表比例梯度的变化趋势与 35 个城市的总体回归结果（图 3-30）相似。其中，干旱/半干旱带城市和三线城市的结果存在一些波动，这可能与这些城市的数量较少有关，但"竞争现象"和"转折点"仍然存在。

　　对于位于干旱/半干旱带、温带和热带地区的城市，树木-人造地表-地表温度关系的"转折点"分别为 90%[图 3-31（a），$R^2 = 0.28$，$p < 0.05$]、60%[图 3-31（b），$R^2 = 0.56$，$p < 0.05$]和 60%[图 3-31（c），$R^2 = 0.45$，$p < 0.05$]；草地-人造地表-地表温度关系的"转折点"分别为 90%[图 3-31（d），$R^2 = 0.19$，$p < 0.05$]、50%[图 3-31（e），$R^2 = 0.49$，$p < 0.05$]和 50%[图 3-31（f），$R^2 = 0.46$，$p < 0.05$]。就不同的城市等级而言，超一线城市、一线城市、二线城市和三线城市中树木-人造地表-地表温度关系的"转折点"分别为 60%[图 3-32（a），$R^2 = 0.36$，$p < 0.05$]、70%[图 3-32（b），$R^2 = 0.47$，$p < 0.05$]、70%[图 3-32（c），

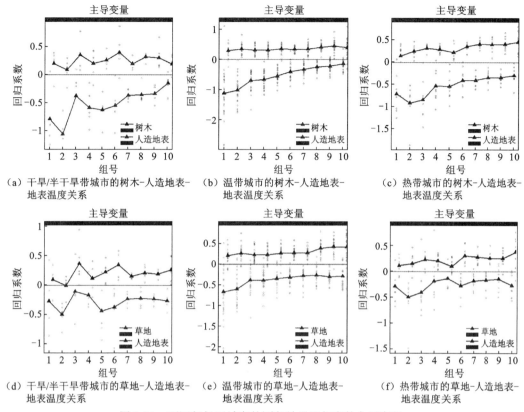

图 3-31 不同气候区城市的回归结果及相应的主导变量

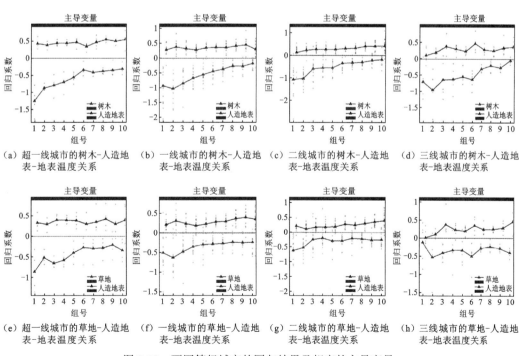

图 3-32 不同等级城市的回归结果及相应的主导变量

$R^2=0.49$，$p<0.05$]和 70%[图 3-32（d），$R^2=0.40$，$p<0.05$]；草地与人造地表、地表温度关系的"转折点"分别为 50%[图 3-33（e），$R^2=0.31$，$p<0.05$]、50%[图 3-32（f），$R^2=0.41$，$p<0.05$]、60%[图 3-33（g），$R^2=0.43$，$p<0.05$]和 70%[图 3-32（h），$R^2=0.37$，$p<0.05$]。

3.3.4 讨论与分析

1. 研究结果对城市规划与管理的启示

为抵消城市中各类人为活动造成的大量热量排放，中国在城市绿化方面做出了巨大的努力（Zhao et al.，2016）。如何在城市发展的人造地表建设需求和适应气候的植被种植紧迫性之间实现权衡和妥协，是当前决策者密切关注的问题。本节从景观配置和温度调节两方面出发，先提出假设，再验证假设，从而定量地获取了人造地表和植被对地表温度的"竞争效应"的"转折点"。尽管以往的一些研究也对维持城市热环境舒适度的植被或人造地表比例进行了讨论，例如：Moriyama 等（2009）和 Ng 等（2012）通过现场调查和数值建模，分别发现中国香港和日本大阪的树木覆盖率达到 30%左右时，地表温度出现明显下降；Alavipanah 等（2015）在德国慕尼黑发现缓解城市升温的最佳植被覆盖度为 70%～80%；Xu 等（2013）建议中国厦门的不透水面覆盖率应不超过城市面积的 70%，以缓解城市热岛效应。然而，需要注意的是，城市地区通常被认为是各种景观的混合体。在同一地区，地表温度不仅受到单一景观的影响，而且受到它们复杂的相互作用影响（Trlica et al.，2017）。因此，与以往研究得到的阈值相比，本节得到的"转折点"可以反映城市地表温度对不同比例的人造地表-植被组合变化的响应，而非单一的景观类别，从而更好地体现了复杂的景观协同作用下的动态热环境变化。

人造地表占比"转折点"的存在对城市管理有重要的意义。例如，它可以被看作城市地区人造地表占比的"预警线"。根据本节的结果，在人造地表覆盖率超过 60%或 70%的地区，可能需要采取一些针对性的措施，如优化人造地表的空间分布模式，以弥补植被降温能力的不足。诚然，在当前社会经济快速发展的过程中，人造地表的增加是不可避免的，但深入了解不同景观对地表温度的联合影响将为密集化建设敲响警钟，理解"转折点"的意义也将为利益相关者平衡城市建设和温度调节提供一定的启发。

对"转折点"的研究结果进一步显示，不同地区的城市气候适应工作需要结合当地气候背景和建设发展的实际情况进行精心设计。对气候温和湿润的城市而言，提高植被（尤其是树木）覆盖率是首选的主要降温手段，而对发展水平较高的城市而言，可以通过使用可渗透的路面材料（Li et al.，2014）、增加植被连通性（Maimaitiyiming et al.，2014）、增加垂直空间的绿色覆盖度（如绿墙和绿色外墙）（Koc et al.，2018）和在有限的高层建筑之间实施植被的分散种植（Huang and Wang，2019）等措施来阻止夏季日间地表温度的进一步升高。

此外，可以注意到树木-人造地表-地表温度关系的"转折点"（70%）和草地-人造地表-地表温度关系的"转折点"（60%）是不同的，这标志着在人造地表的竞争中，城市树木在夏季白天的降温效果强于城市草地。Myint 等（2015）在美国西南部的拉斯维加斯和菲尼克斯观察到类似的现象。与草地相比，树木的表面粗糙度（Miranda et al.，1997）、生根深度（Jackson et al.，1997）和叶面积指数通常更高，因此在相同的气候环境下，其降温能力更强。一些研究表明，在热带地区，当较高的木本植被（如树木）向草地演变时，空气温度和地表温度均会升高（Lee et al.，2011），而当草地向树木演变时，整个季节都会出现持续的降温（Abera et al.，2019）。因此，为了最大限度地提高植被在夏季白天的降温效率，在规划城市绿化景观时优先考虑种植树木将是更好的选择。

2. 影响人造地表和植被对地表温度综合作用的因素

景观的演变改变了城市地区土地表面的生物物理特性（如 CO_2、反照率等）。这些地表属性与反照率相关的辐射强迫和碳储存能力相关，是影响地表温度的主要因素。Schaeffer 等（2006）的研究发现反照率和 CO_2 对地表温度的影响在每个气候区存在明显不同。类似的现象在城市化强度梯度上也同样存在（Trlica et al.，2017）。因此，本节主要从背景气候和城市发展水平这两个方面来讨论"转折点"的影响因素。

一个城市的背景气候决定了当地的土地利用模式和主要植被类型。可以看到，无论是树木-人造地表-地表温度关系还是草地-人造地表-地表温度关系，在较冷和较干的地区（如干旱/半干旱气候区）的城市的"转折点"比较热和较湿的地区（如温带和热带气候区）更高。更高的"转折点"意味着需要更少的植被来抵消人造地表引起的升温效应。这可以从两个方面来解释。一方面，干旱/半干旱气候区城市植被的热缓解能力较强。在夏季，干旱地区的植物，特别是浅根类草地，对长期干旱环境的抵抗力更强（Wu et al.，2019；Stéfanon et al.，2012）。相比之下，温带和热带城市的植被遭受干旱和高温造成的损失更大，这削弱了其降温效率。并且，干旱气候区的高照度和低湿度为植被的蒸腾作用提供了有利条件（Yu et al.，2018）。另一方面，与赤道附近的热带城市相比，干旱城市的人造地表接收太阳辐射的时间较短，强度较低，因此在夏季白天的升温潜力较低。此外，在我国，干旱/半干旱气候区完全位于"胡焕庸线"以西的人口稀少地区，因此这些地区的人为热量排放相对更少。

城市发展水平直接关系土地利用模式和碳排放量。据文献报道，高密度的城市地区往往具有较低的反照率、较高的人造地表覆盖率、较少的植被覆盖率和较高的地表温度（Yue et al.，2019；Trlica et al.，2017）。相反，随着城市发展，热环境的恶化进一步增加了夏季的能源消耗（如空调、冰箱等）（Hirano and Fujita，2012）。这样的恶性循环导致了发达城市的单位面积热排放量远高于欠发达城市。本节的研究从"转折点"的角度证实了这一现象：一个城市的发展水平越高，"转折点"越低，这意味着与欠发达城市相比，发达城市中即使是相对较低的人造地表覆盖率也能使地表温度出现明显升高。以超一线城市为例，当人造地表的比例超过60%或50%时，其增温效果就强于树木或草地的降温效果。

3.3.5 小结

植被和人造地表是城市地区最主要的土地覆盖类型，它们在调节城市微气候和控制地表与低层大气之间的热循环方面起着关键作用。理解植被和人造地表如何共同影响地表温度，特别是在不同的地理位置，对城市规划具有重要意义。本节利用 ZY-3 高分辨率遥感影像获得了精细尺度的土地覆盖图（分辨率为 2.1 m），并在此基础上分析了我国 35 个主要城市的树木和草地的特征及热环境。此外，还采用分层回归模型方法分别探讨了树木–人造地表–地表温度的关系和草地–人造地表–地表温度的关系。

研究结果表明：①植被组成（树木和草地的比例）及其沿人造地表比例梯度的空间分布显示出明显的区域差异，这与当地的背景气候和城市规划有关；②植被引起的降温效应和人造地表引起的升温效应对地表温度有竞争性影响，它们的占比决定了二者中哪一个对地表温度有主导作用；③我国 35 个主要城市的总体回归结果表明，当人造地表的比例分别达到 60%或 70%的"转折点"时，其对地表温度的升温效应要强于草地或树木的降温效应，同时还发现，大多数城市中树木的降温效应要强于草地；④发展水平较高的城市的"转折点"较低，这表明即使这些地区的人造地表覆盖率较低，也会导致地表温度的明显上升；⑤与温带和热带气候区的城市相比，干旱/半干旱气候区的城市植被在降温方面表现得更好（即"转折点"更高）。

与以往研究不同，本节研究从竞争关系的角度探讨了城市植被和人造地表对地表温度的综合影响。利用全国 35 个城市高分辨率的地表覆盖数据，全面而深入地分析了植被–人造地表–地表温度的关系，定量地获取了植被和人造地表对地表温度影响的"转折点"，并总结了其在不同气候区和不同城市发展水平下的分布规律，为城市中的绿化政策提供了科学建议。

3.4 农业灌溉对地表温度的影响

3.4.1 概述

灌溉是城市化之外的另一个对地表生物物理性质造成影响的重要的人类活动。灌溉是目前人类影响范围最为广泛的土地管理活动之一。1961～2009 年，全球灌溉面积增加了一倍以上（Dubois，2011）。灌溉用地约占全球农业用地的 20%，贡献了全球粮食产量的 40%（Alexandratos and Bruinsma，2012）。全球 70%的河流、湖泊和地下的淡水资源被用于农业灌溉（Steduto et al.，2012）。为应对持续增加的人口所造成的粮食压力，未来灌溉面积和灌溉用水都将会进一步增加（Alexandratos and Bruinsma，2012）。虽然灌溉不会直接改变土地覆盖或土地利用的类型，但是大量的灌溉用水会显著增加土壤湿度，影响植被生长，进而改变灌溉区域的地表能量平衡和水循环（Cook et al.，2011；Sacks et al.，2009）。这表明灌溉可能会显著地影响局部地区的温度，甚至会对全球变暖效应产生影响。由于灌区分布广泛，许多城市实际上是分布于灌区中间，其气候会受到周围灌区的显著影响。因此，深入理解灌溉对温度的作用规律，有助于更加全面地获取城市热环境的影响因素。

目前已有众多研究对灌溉对温度的影响进行了探究，从研究方法上，可以将现有研究分为两类：一类是基于地球系统模型的模拟研究，另一类是基于观测数据的直接分析研究。

基于地球系统模型的模拟研究是目前大尺度研究中使用最为普遍的方法。基于模型的众多研究表明，尽管灌溉会使地表反照率略有下降，但灌溉引起蒸散发效应的增强会对地表温度起到降低的作用（Wu et al.，2018；Sacks et al.，2009；Biggs et al.，2008）。这些基于模型的结果有助于理解灌溉对气候影响的生物物理机制，但由于模型本身高度依赖其结构和参数，通过模型得到的结果往往存在较大的不确定性（de Vrese and Hagemann，2018）。例如，Sack 等（2009）的全球模型显示，灌溉使大部分中纬度北部地区降温约 0.5 K，但使加拿大北部变暖约 1 K；然而，Lobell 等（2009）指出灌溉引起的降温效应在全球的大部分地区都很强，降温幅度甚至超过 5℃。因此，利用观测数据直接分析灌溉对温度的影响就显得十分重要。

气象站点观测数据已被大量研究使用，为灌溉对温度的影响提供了直接的观测证据。例如，Lobell 等（2008）利用站点观测数据发现灌溉对加利福尼亚州最高气温的影响显著，这一结论与美国威斯康星州（Nocco et al.，2019）和中国黄淮平原（Shi et al.，2014）等地的局部观测结果相似。气象站点观测数据具有时间序列长和观测稳定等优势，可以为模型结果提供局部证据。但稀疏且不均匀的空间分布使站点观测数据不适合研究灌溉对温度影响的空间模式（Bonfils and Lobell，2007）。随着遥感技术的发展，卫星采集的地表温度数据为理解灌溉对温度的影响引入了新的视角。例如，Zhu 等（2011）利用遥感反演的地表温度数据发现灌溉对我国吉林省部分地区有明显的降温效应。然而，与以往基于建模方法和气象观测的研究相比，利用卫星观测的研究仍然较少，且多数研究仅限于相对较小的地区。因此，十分有必要在全国或全球尺度上，利用遥感观测数据对灌溉对地表温度影响的时空分布模式及其影响因素进行定量的评估。

3.4.2　数据与方法

1. 研究数据

地表温度、反照率和蒸散发数据均来自 MODIS 第 6 代产品，其中 MODIS 地表温度包含 MOD11A1 和 MYD11A1 两种数据类型。根据数据质量控制图层，去除 MODIS 地表温度误差大于 1K 的数据。MODIS 反照率产品（MCD43B3）包括黑空反照率（BSA）和白空反照率（WSA），将它们的均值作为地表实际反照率。MODIS 蒸散发产品（MOD16）是由一系列独立于地表温度信息的参数模拟的，具有较高的精度。根据质量控制图层，去除 MODIS 反照率和蒸散发产品中受到云层影响的数据。这些 MODIS 数据产品的时间范围均为 2007～2012 年，且都计算了月均值和年均值。

全球范围内的灌溉情况可以从 5 个产品中获得，由于空间分辨率、时间范围和数据来源的差异，这些产品在灌溉范围上存在不一致性（图 3-33）。为了充分利用这些产品，采用一种基于众数投票思想的数据融合方法，其主要流程如图 3-34 所示，主要步骤为：①所有的产品均被重采样至 1 km，并进行二值化（分为灌溉像素和非灌溉像素）；②对于全球范围内的任一像素，如果有一半以上的产品标记为灌溉（非灌溉）像素，则视为灌溉（非灌溉）像素，否则视为其他土地覆盖类型像素；③利用 2012 年的 MODIS 土地覆盖数据（MCD12Q1），将灌溉和非灌溉的范围在空间上限定为耕地/草地，以减少不同土地覆盖类型之间固有地表温度差异造成的偏差；④去除孤立且微小的像素斑块（<4 像素），得到全球灌区和非灌区最终的空间分布（称为全球综合灌溉图，如图 3-34 所示）。该方法通过整合所有的全球灌溉产品，能够尽可能保证提取到最可信的灌区和非灌区。

数据产品（参考文献）	分辨率	时间范围/年
GFSAD1KCD (Teluguntla et al., 2015)	1 000 m	2007~2012
GFSAD1KCM (Teluguntla et al., 2015)	1 000 m	2007~2012
迈耶(Meier)灌溉地图 (Meier et al., 2018)	1 000 m	1999~2012
ESACCI 陆地覆盖地图 (Bontemps et al., 2013)	300 m	2008~2012
GIMA (Siebert et al., 2013)	5 min	2005

图 3-33　全球 5 种灌溉产品的基本信息和分布范围

GFSAD1KCD（global food security support analysis data crop dominance global 1km，全球粮食安全支持分析数据——全球作物主导 1 km 分辨率数据）；GFSAD1KCM（global food security support analysis data crop mask global 1km，全球粮食安全支持分析数据——全球作物掩膜 1 km 分辨率数据）；ESACCI（European Space Agency Climate Change Initiative，欧洲航天局气候变化倡议）；GIMA（global map of irrigation areas，全球灌溉区地图）

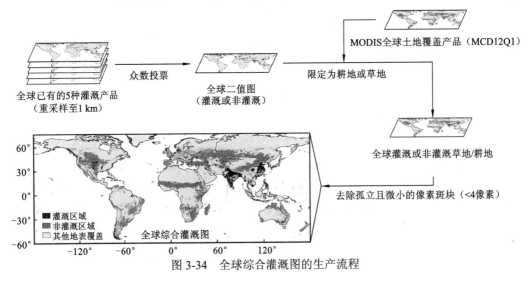

图 3-34　全球综合灌溉图的生产流程

降水和入射太阳辐射来自气候研究组（Climatic Research Unit，CRU）的时间序列数据集 CRU Ts4.0，两者的空间分辨率均为 0.5°。反照率和入射太阳辐射的联合使用可以得到地表吸收的太阳辐射。在量化灌溉对地表温度的影响时，使用来自 SRTM30（shuttle radar topography mission，航天飞机雷达地形测绘使命）的海拔数据，以减少地形起伏的影响。

2. 灌溉对地表温度影响的遥感量化方法

通过计算灌区与相邻非灌区温度差值的方式量化灌溉对地表温度的影响。用于温度比较的灌区和非灌区像素采用窗口搜寻策略进行选取。该策略在全球综合灌溉图上创建一个方形搜寻窗口，窗口大小为 40 km×40 km，相邻的两个窗口是半重叠的。考虑温度受高程变化的影响，在每个搜寻窗口中，找到像素数量占优的类别（灌区或非灌区），计算其每个像素与窗口中另一类别平均高程的差值。根据高程差值进行像素筛选，仅保留绝对高程差值低于 100 m 的像素，其他像素予以删除。为了保证剩余像素具有代表性，要求窗口中剩余的灌溉像素和非灌溉像素的数量均大于窗口总像素数量的 10%。例如，对于 1 km 分辨率的影像，40 km×40 km 的窗口中总像素数量为 1600，用于地表温度差值运算窗口中的灌溉和非灌溉像素的数量均要高于 160。通过该策略选取的窗口既能保证灌区和非灌区之间气候条件的相似性（空间距离近），同时可以有效减少地形起伏带来的偏差。最终，在全球范围内选择近 5000 个有效的搜寻窗口（图 3-35）。

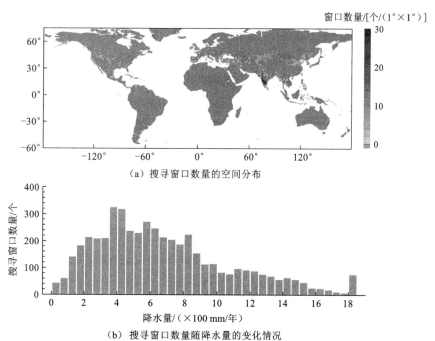

（a）搜寻窗口数量的空间分布

（b）搜寻窗口数量随降水量的变化情况

图 3-35　搜寻窗口数量的空间分布及与降水量的变化情况

灌溉对地表温度的影响可以用每个搜寻窗口中灌溉像素与相邻非灌溉像素平均地表温度的差值（ΔLST）来表示：

$$\Delta LST = LST_{iriigated} - LST_{non\text{-}iriigated} \tag{3-8}$$

式中：$LST_{iriigated}$ 为窗口中灌溉像素的平均地表温度；$LST_{non\text{-}iriigated}$ 为窗口中非灌溉像素的平均地表温度。ΔLST 为负值时，表示灌溉对地表具有降温效应；ΔLST 为正值时，表示灌溉对地表具有升温效应。此外，利用类似的方式计算窗口中灌溉像素和非灌溉像素平均反照率的差异（ΔAlbedo）和平均蒸散发的差异（ΔET, evapotranspiration），用于分析ΔLST时空变化的内在机理（Li et al., 2015; Peng et al., 2014; Lee et al., 2011）。

反照率低的地表吸收更多的太阳辐射（R_n），灌溉引起的 R_n 变化（ΔR_n）可以根据地表反照率变化进行计算，其计算方式如下：

$$\Delta R_n = -1 \times \Delta Albedo \times ISR \tag{3-9}$$

式中：ISR 为入射的太阳辐射能（incoming Solar radiation）。

与反照率相反，较高的蒸散发意味着有更多的地表能量被转化为潜热通量（LE），即

$$\Delta LE = \lambda \times \Delta ET, \qquad \lambda = 2.541 \text{ MJ}/(\text{m}^2 \cdot \text{mm}) \tag{3-10}$$

因此，ΔR_n 和 ΔLE 的差值（即 $\Delta R_n LE = \Delta R_n - \Delta LE$）能够反映灌溉对地表能量的综合影响。$\Delta R_n LE$ 的物理含义是灌区减去非灌区的能量余量，若 $\Delta R_n LE$ 为正值，意味着灌溉会导致用于加热地表的能量的增加，为负值说明灌溉会引起地表能量的减少。

3. 参数敏感性测试方案

窗口搜寻方法涉及一些参数的设定，具体包括搜寻窗口的大小、高程阈值及搜寻窗口中灌溉像素和非灌溉像素所占的百分比阈值等。为评估参数变化对结果的影响，对每个参数均设置不同的数值，具体包括：搜寻窗口大小（30 km×30 km、40 km×40 km、50 km×50 km 和 60 km×60 km）、高程阈值（±50 m、±100 m、±150 m 和 ±200 m）、搜寻窗口中灌溉像素和非灌溉像素所占的比例阈值（5%、10%、15% 和 20%）。在保证其他实验条件不变的前提下，测试实验结果对每个参数取值变化的敏感性。

3.4.3 研究结果

1. 灌溉对地表温度影响的时空变化规律

在全球范围内，几乎所有灌区的地表温度都比非灌区低（ΔLST 为负值），说明灌溉具有较为广泛的降温效应（图 3-36）。灌溉的这种降温效应表现出明显的昼夜差异。在白天，全球灌区的年平均日间降温幅度达到 0.96 K±1.66 K[图 3-37（a）]，灌溉降温效应较强的区域主要位于亚洲西北部、欧洲南部和北美西部等地区[图 3-36（a）]。在夜间，绝大部分灌区的地表温度仍低于非灌区，但灌溉的降温幅度相较于日间要低得多[全球夜间平均 ΔLST=-0.34 K±0.71 K，图 3-37（b）]。事实上，这种灌溉对地表温度影响的昼夜不对称性主要出现在相对干旱地区（图 3-37）。随着降水量的增加，白天的灌溉降温效应迅速减弱[图 3-37（a）]，然而，在夜间，降水对灌溉降温效果的影响很小[图 3-37（b）]。

将日间和夜间的结果相结合，可以得到灌溉对地表温度影响的总体效应[年度日均 ΔLST=-0.65 K±0.99 K，图 3-37（c）]。日均 ΔLST 的空间分布主要由白天 ΔLST 决定，其在干旱地区（如美洲西部和中国西北部）和潮湿地区（如印度大部分地区）有明显的差异[图 3-36（c）]。与白天的结果类似，在降水量低于 400 mm/年的地区，灌溉的日均降温幅度较大（年度日均 ΔLST=-1.35 K±1.11 K），而在降水量大于 1 200 mm/年的地区，灌溉对地表温度的影响可以忽略不计（年度日均 ΔLST=0.33 K±0.40 K）。

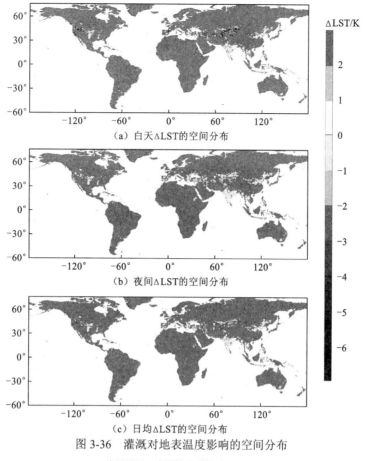

（a）白天ΔLST的空间分布

（b）夜间ΔLST的空间分布

（c）日均ΔLST的空间分布

图 3-36　灌溉对地表温度影响的空间分布

为了展示，本图被重采样至 1°×1°

灌溉对地表温度的影响呈现出季节性变化，且季节性变化在很大程度上与降水量有关（图 3-37）。在暖季，灌溉在相对干旱地区（即降水量<400 mm/年）的日间降温效应很强，再加上微弱的夜间降温效应，导致了较为强烈的日均降温效果。随着降水量增加，日间和夜间的降温效应都会减弱、消失，甚至发生逆转。在寒冷季节，灌溉对日间和夜间地表温度的作用效果相当，表现出微弱的降温效应。

2. 灌溉对地表温度影响的时空变化控制因素

灌溉除影响地表对太阳辐射能量的吸收（R_n）外，对植被活动有间接的促进作用，能够增强地表的蒸散发，重新分配地表的显热通量和潜热通量。由于太阳辐射和潜热通量是地表能量过程中的两个重要组成部分，它们的改变会对地表气候（特别是地表温度）产生影响。这一机制得到了已有研究（Sacks et al.，2009；Lobell et al.，2009）和本研究基于卫星观测数据分析结果的支持。

研究结果表明，全球灌区的反照率普遍低于非灌区[ΔAlbedo 多为负值，图 3-38（a）]。因此，在全球范围内，灌溉增加了吸收的太阳辐射能[ΔR_n 为正值，潜在升温效应，图 3-39（a）]；与此同时，灌溉还增强了地表蒸散发强度，这会增加潜热通量的耗散[ΔLE 为正值，潜在降温效应，图 3-39（b）]。因此，灌溉对地表温度的净作用可以看作低反照率引起的

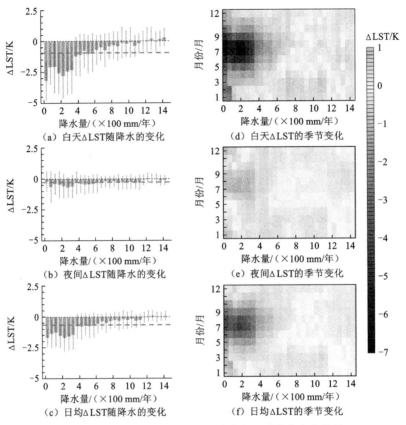

图 3-37 灌溉对地表温度影响随降水和季节的变化趋势

（a）～（c）中虚线表示全球平均值；（d）～（f）为北半球的结果

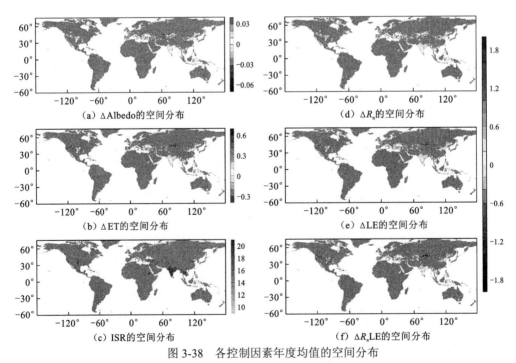

图 3-38 各控制因素年度均值的空间分布

为了展示，本图被重采样至 1°×1°；ΔET 单位为 mm/d；ISR 单位为 MJ/（m²·d）；ΔR_n、ΔLE 和ΔR_nLE 的单位为 MJ/（m²·d）

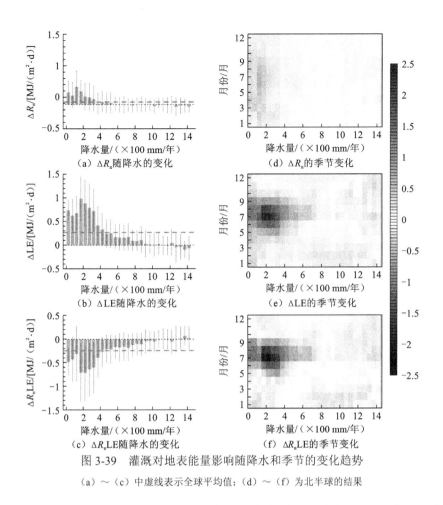

图 3-39 灌溉对地表能量影响随降水和季节的变化趋势

(a)～(c)中虚线表示全球平均值；(d)～(f)为北半球的结果

潜在升温效应与高蒸散发带来的降温效应之间的竞争结果。在相对干旱地区（降水量<400 m/年），ΔAlbedo 和ΔET 同时处于高位[图 3-39（a）、（b）]，这导致灌区和非灌区之间的 R_n 和 LE 均存在较大差异[年度日均ΔR_n=(0.24±0.35) MJ/（m²·d），年度日均 ΔLE=(0.51±0.36) MJ/（m²·d）]。显而易见，灌区较高的蒸散发热量损失超过了反照率较低引起的额外能量的吸收[ΔR_nLE 为负值，图 3-39（c）]，这为干旱地区灌溉强烈的降温效应提供了合理的解释。随着年均降水量增加，ΔAlbedo 和ΔET 及相应的能量因子（ΔR_n 和ΔLE）的幅度逐步减小（图 3-39），表明灌溉对湿润地区地表能量的影响相对较小。因此，在湿润地区（降水量>1 200 mm/年），灌区和非灌区之间的能量残差（ΔR_nLE）很小，这是湿润地区灌溉对地表温度影响相对较小的主要原因。在季节性变化方面，在相对干旱地区，暖季的ΔLE 明显高于冷季，而ΔR_n 在不同季节之间的差异相对较小[图 3-39(d)、(e)]。因此，ΔR_nLE 在暖季和冷季之间表现出较为明显的季节性差异，这也是相对干旱地区ΔLST 出现明显季节性变化的根本原因。

此外，ΔLST 和ΔR_nLE 之间的相关性分析进一步强化了上述认识。结果表明，ΔLST 与ΔR_nLE 有明显的正相关关系[R^2=0.90，$P<0.001$，图 3-40（a）]。ΔR_nLE 由ΔAlbedo 和ΔET 决定，可以推论，反照率和蒸散发是控制灌溉对地表温度时空变化影响的两个重要因素。此外，ΔLST 与ΔR_nLE 的关系在不同季节有很大差异[暖季的 R^2 较高，图 3-40（b）]，这可能是因为灌溉通常发生在作物快速生长的暖季。

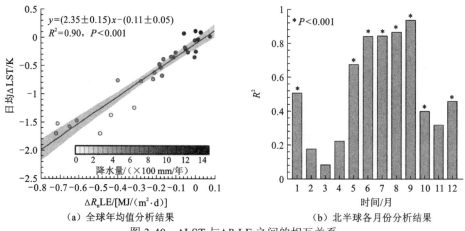

（a）全球年均值分析结果 （b）北半球各月份分析结果

图 3-40 ΔLST 与 ΔR_nLE 之间的相互关系

3.4.4 讨论与分析

1. 参数敏感性测试结果

通过对比窗口搜寻法的参数不同取值情况下对应的 ΔLST，评估研究结果对参数的敏感程度。如图 3-41 所示，搜寻窗口中灌溉像素和非灌溉像素所占的比例阈值越大，ΔLST 的强度也越高，这是因为灌溉对地表温度的影响与它所占比例有关。增加搜寻窗口的大小也会造成 ΔLST 强度的升高（图 3-42），而高程阈值的变化对 ΔLST 的影响不大（图 3-43）。总体而言，参数的改变没有对 ΔLST 的总体分布规律产生显著的影响，说明了本节研究结果的稳健性。

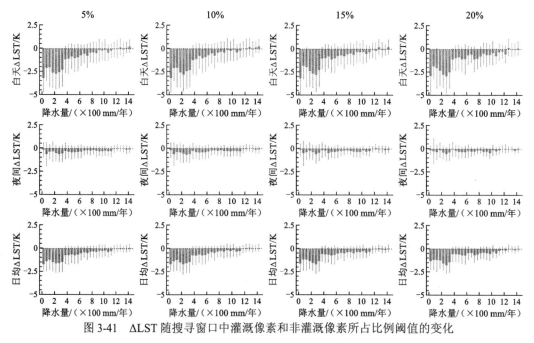

图 3-41 ΔLST 随搜寻窗口中灌溉像素和非灌溉像素所占比例阈值的变化

第 1～4 列子图的搜寻窗口中灌溉像素和非灌溉像素所占比例阈值分别为 5%、10%、15% 和 20%

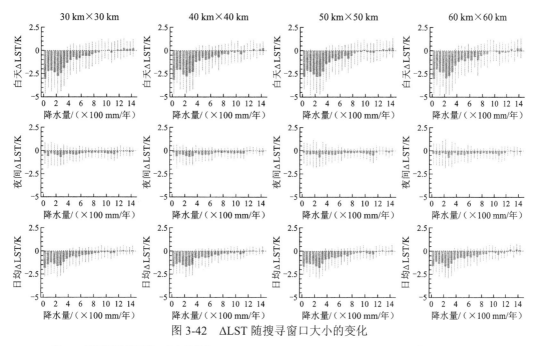

图 3-42 ΔLST 随搜寻窗口大小的变化

第 1～4 列子图的搜寻窗口大小分别为 30 km×30 km、40 km×40 km、50 km×50 km 和 60 km×60 km

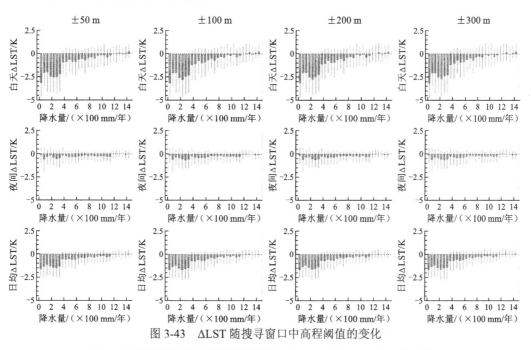

图 3-43 ΔLST 随搜寻窗口中高程阈值的变化

第 1～4 列子图的搜寻窗口中高程阈值分别为 ±50 m、±100 m、±200 m 和 ±300 m

2. 基于遥感数据研究的必要性

到目前为止，尽管许多区域性的研究已经评估了灌溉对气候的影响，但由于这些研究在方法、数据和研究区域等方面的差异，人们难以通过直接综合现有研究结果得到灌溉对地表影响的较为全面的认识。在相对干旱的地区，如我国西北部和美国北部及西部地区，一些区域性研究通过模型或观测的方法揭示了灌溉具有较为显著的降温效应（Zhang et al.，2017；Han and Yang，2013；Wen and Lin，2012；Bonfils and Lobell，2007）。但在其他地区，灌溉对地表气候的影响还缺乏清晰的结论，甚至在不同的研究中出现相互矛盾的结论。例如，Wu 等（2018）利用天气研究和预报（weather research and forecasting，WRF）模型分析了灌溉对华北平原气候的影响，发现灌溉具有较为明显的降温效应；而 Chen 和 Jeong（2018）利用联合模型和观测数据的研究表明，灌溉对华北平原总体上表现为升温效应。因此，使用统一方法和数据进行全球尺度的分析，对全面了解灌溉对气候的影响至关重要。考虑目前全球模拟结果具有较高的不确定性，基于卫星观测数据的分析是对现有研究的重要补充。本节研究结果表明灌溉会显著地降低干旱地区生长季的地表温度，但对湿润地区的地表温度影响较小；灌溉对地表温度影响的这种时空变化与由灌溉引起的地表反照率和蒸散发的改变密切相关。总的来说，本节研究强调了灌溉对地表温度的广泛影响，为气候变化预测和农业政策制定提供了重要信息。

3. 灌溉降温效应的实际意义

土地覆盖变化（如城市化）或土地管理活动（如灌溉）都会对地表的生物物理性质产生影响，并可能对当前和未来的气候产生强烈的反馈作用。以往的研究表明，城市化对区域升温和全球变暖均具有较大的影响（Sun et al.，2016；Zhou et al.，2014；Peng et al.，2012）。例如，有研究表明城市化引起的变暖贡献了我国变暖的三分之一（Sun et al.，2016）。与城市化引起的升温效应相反，灌溉的降温效应有望为缓解局部和全球变暖提供帮助。在一些干旱地区，如加利福尼亚，灌溉引起的降温已被证明能够减弱甚至超过温室气体或城市化引起的局部变暖（Bonfils and Lobell，2007；Kueppers et al.，2007；Mahmood et al.，2006）。在全球范围内，一些模拟结果也已表明灌溉对温室气体引起的变暖和极端气候具有缓解作用（Thiery et al.，2017；Cook et al.，2011）。本节通过对卫星观测数据的直接分析能够得到灌溉对地表温度影响更为精细的定量描述，并为全球范围内灌溉降温效应的广泛存在提供观测证据。总体而言，本节研究结果突出了灌溉对气候的广泛影响，强调了灌溉降温效应在缓解局部和全球变暖中所起的重要作用。

由于人口增加和气候变化，未来的粮食安全将遭受更大的压力（Godfray et al.，2010）。例如，到 2050 年，全球对粮食生产的需求预计将比现在增加 60%（Alexandratos and Bruinsma，2012）。更糟糕的是，作物很容易受到气候变化的影响，而气候变暖已被证实会对作物产量产生负面影响（Zhao et al.，2017；Wheeler and Von Braun，2013；Battisti and Naylor，2009）。例如，全球平均气温每升高 1℃，小麦的产量预计会减少约 6%（Asseng et al.，2014）。由于新的农业用地开发受到限制（Lambin and Meyfroidt，2011），灌溉是提高现有耕地生产力的有效方法，并已成为世界上普遍的农业活动。广泛的灌溉区不仅会直接促进作物产量的增加，它带来的气候反馈作用也会对作物产量产生间接的促进作用。如前所述，灌溉的降温效应可能会对气候变暖具有缓解作用，这反过来会起到降低气候变化引起的作物减产的作用。灌溉降温效应对作物产量的这种正向反馈作用，预计将在相对干旱的地区取得最大的收益。

为满足日益增长的粮食生产需求，未来的灌溉面积还将不断增大（Yoshikawa et al.，2014）。结合以往研究和本节研究的结果，建议尽量在相对干旱地区扩大灌溉面积，以实现作物产量和气候效益的最大化。更重要的是，在一些干旱地区，如撒哈拉以南的非洲地区，可用于扩大灌溉面积的潜在耕地非常丰富，然而仅有不到 5%的耕地得到了灌溉（Burney et al.，2013）。扩大灌溉面积的可行性与许多因素有关，包括可用淡水的供应、基础设施建设及政府政策和投资等（Turral et al.，2010）。因此，在不进一步开发水资源的情况下，改进灌溉技术和提高用水效率是提升作物产量更切实可行的途径（Mueller et al.，2012）。

3.4.5　小结

灌溉是目前人类影响范围最广泛的土地管理活动之一。深入了解灌溉对地表温度的影响对全球气候变化和农业的可持续发展具有重要意义。目前的相关研究大多使用地球系统模型或基于站点观测数据进行分析。模型结果会受到模型结构和参数的影响，具有较大的不确定性。虽然站点数据可以提供可靠的结果，但稀疏的空间分布限制了它在大尺度范围的应用。应用遥感技术采集的地表温度数据为量化灌溉对温度的影响提供了新的视角。本节综合利用 MODIS 地表温度数据和其他遥感数据产品，在全球范围内定量评估了灌溉对地表温度的影响，并从地表能量平衡的角度探讨了地表温度时空变化的影响因素。

本节采用窗口搜寻策略，在全球近 5 000 个窗口中计算灌溉区域与相邻非灌溉区域之间的地表温度差值（ΔLST），以量化灌溉对地表温度的影响。结果表明，全球绝大部分灌溉区域的地表温度都低于相邻的非灌溉区域的地表温度（ΔLST 值为负），这说明灌溉具有普遍的降温效应。这种降温效应表现出明显的昼夜和季节差异。在白天，灌溉对全球灌溉区域的平均降温效应约为 0.96 K；而在夜间，灌溉的平均降温效应仅有 0.34 K。灌溉引起的降温效应在生长季最为明显，而在其他季节一般较弱。另外，灌溉对地表温度的作用受到局部气候的影响。在相对干旱的地区（降水较少），灌溉具有更强的降温效应；但随着降水增加，灌溉的降温效应会减弱、消失，甚至会发生逆转。灌溉对地表的直接作用是增强土壤水分，这会降低地表反照率，进而增加地表对太阳辐射（R_n）的吸收；此外，灌溉会加强地表的蒸散发作用，进一步增加地表的潜热通量（LE）。太阳辐射能量和潜热通量这两个地表能量过程的变化会对地表温度产生影响，这一机制得到本研究数据的支持。灌溉对太阳辐射能量和潜热通量的综合作用（ΔR_nLE）与地表温度差值的时空变化十分相似，且具有显著的相关性。

本节基于多源遥感数据，在全球尺度上，定量地分析了灌溉对地表温度的影响及其相关因素。研究结果表明灌溉会显著地降低干旱地区生长季的地表温度，但对湿润地区的地表温度影响较小；灌溉对地表温度影响的这种时空变化与由灌溉引起的地表反照率和蒸散发的改变密切相关。本节强调了灌溉对地表温度的广泛影响，为气候变化预测和农业政策制定提供了重要信息。

参 考 文 献

高吉喜, 宋婷, 张彪, 等, 2016. 北京城市绿地群落结构对降温增湿功能的影响. 资源科学, 38(6): 1028-1038.

刘海轩, 许丽娟, 吴鞠, 等, 2019. 城市森林降温效应影响因素研究进展. 林业科学, 55(4): 144-151.

邱海玲, 朱清科, 武鹏飞, 2015. 城市绿地对周边建设用地的降温效应分析. 中国水土保持科学, 13(1): 111-117.

唐菲, 徐涵秋, 2013. 城市不透水面与地表温度定量关系的遥感分析. 吉林大学学报(地球科学版), 43(6): 1987-1996.

唐泽, 郑海峰, 任志彬, 等, 2017. 城市地表热力景观格局时空演变: 以长春市为例. 生态学报, 37(10): 1-10.

王艳霞, 董建文, 王衍桢, 等, 2005. 城市绿地与城市热岛效应关系探讨. 亚热带植物科学, 34(4): 55-59.

徐振锋, 胡庭兴, 张力, 等, 2010. 青藏高原东缘林线交错带糙皮桦幼苗光合特性对模拟增温的短期响应. 植物生态学报, 34(3): 263-270.

杨可明, 周玉洁, 齐建伟, 等, 2014. 城市不透水面及地表温度的遥感估算. 国土资源遥感, 26(2): 134-139.

张小飞, 王仰麟, 吴健生, 等, 2006. 城市地域地表温度-植被覆盖定量关系分析. 地理研究, 25(3): 369-376.

ABERA T A, HEISKANEN J, PELLIKKA P, et al., 2019. Clarifying the role of radiative mechanisms in the spatio-temporal changes of land surface temperature across the Horn of Africa. Remote Sensing of Environment, 221: 210-224.

ALAVIPANAH S, WEGMANN M, QURESHI S, et al., 2015. The role of vegetation in mitigating urban land surface temperatures: A case study of Munich, Germany during the warm season. Sustainability, 7(4): 4689-4706.

ALEXANDRATOS N, BRUINSMA J, 2012. World agriculture: Towards 2030/2050: The 2012 revision. ESA Working Paper: 12-03.

ASSENG S, EWERT F, MARTRE P, et al., 2015. Rising temperatures reduce global wheat production. Nature Climate Change, 5(2): 143-147.

BALA R, PRASAD R, YADAV V P, 2020. A comparative analysis of day and night land surface temperature in two semi-arid cities using satellite images sampled in different seasons. Advances in Space Research, 66(2): 412-425.

BATTISTI D S, NAYLOR R L, 2009. Historical warnings of future food insecurity with unprecedented seasonal heat. Science, 323(5911): 240-244.

BIGGS T W, SCOTT C A, GAUR A, et al., 2008. Impacts of irrigation and anthropogenic aerosols on the water balance, heat fluxes, and surface temperature in a river basin. Water Resources Research, 44(12): W12415.

BONFILS C, LOBELL D, 2007. Empirical evidence for a recent slowdown in irrigation-induced cooling. Proceedings of the National Academy of Sciences, 104(34): 13582-13587.

BONTEMPS S, DEFOURNY P, RADOUX J, et al., 2013. Consistent global land cover maps for climate modelling communities: Current achievements of the ESA's land cover CCI//Proceedings of the ESA Living Planet Symposium, Edinburgh, 13: 9-13.

BOWLER D E, BUYUNG-ALI L, KNIGHT T M, et al., 2010. Urban greening to cool towns and cities: A systematic review of the empirical evidence. Landscape and Urban Planning, 97(3): 147-155.

BURNEY J A, NAYLOR R L, POSTEL S L, 2013. The case for distributed irrigation as a development priority in sub-Saharan Africa. Proceedings of the National Academy of Sciences, 110(31): 12513-12517.

CARLETON T A, HSIANG S M, 2016. Social and economic impacts of climate. Science, 353(6304): aad9837.

CHEN X, JEONG S J, 2018. Irrigation enhances local warming with greater nocturnal warming effects than daytime cooling effects. Environmental Research Letters, 13(2): 024005.

COOK B I, PUMA M J, KRAKAUER N Y, 2011. Irrigation induced surface cooling in the context of modern and increased greenhouse gas forcing. Climate Dynamics, 37(7): 1587-1600.

CULF A D, FISCH G, HODNETT M G, 1995. The albedo of Amazonian forest and ranch land. Journal of Climate, 8(6): 1544-1554.

DE VRESE P, Hagemann S, 2018. Uncertainties in modelling the climate impact of irrigation. Climate Dynamics, 51(5): 2023-2038.

DEFRIES R S, TOWNSHEND J R G, 1994. NDVI-derived land cover classifications at a global scale. International Journal of Remote Sensing, 15(17): 3567-3586.

DOUSSET B, GOURMELON F, 2003. Satellite multi-sensor data analysis of urban surface temperatures and landcover. ISPRS Journal of Photogrammetry and Remote Sensing, 58(1-2): 43-54.

DUBOIS O, 2011. The state of the world's land and water resources for food and agriculture: Managing systems at risk. London: EarthScan.

DUNCAN J M A, BORUFF B, SAUNDERS A, et al., 2019. Turning down the heat: An enhanced understanding of the relationship between urban vegetation and surface temperature at the city scale. Science of the Total Environment, 656: 118-128.

ESTOQUE R C, MURAYAMA Y, MYINT S W, 2017. Effects of landscape composition and pattern on land surface temperature: An urban heat island study in the megacities of Southeast Asia. Science of the Total Environment, 577: 349-359.

GODFRAY H C J, BEDDINGTON J R, CRUTE I R, et al., 2010. Food security: The challenge of feeding 9 billion people. Science, 327(5967): 812-818.

GUNAWARDENA K R, WELLS M J, KERSHAW T, 2017. Utilising green and bluespace to mitigate urban heat island intensity. Science of the Total Environment, 584: 1040-1055.

HAN S, YANG Z, 2013. Cooling effect of agricultural irrigation over Xinjiang, Northwest China from 1959 to 2006. Environmental Research Letters, 8(2): 024039.

HIRANO Y, FUJITA T, 2012. Evaluation of the impact of the urban heat island on residential and commercial energy consumption in Tokyo. Energy, 37(1): 371-383.

HUANG X, WANG Y, 2019. Investigating the effects of 3D urban morphology on the surface urban heat island effect in urban functional zones by using high-resolution remote sensing data: A case study of Wuhan,

Central China. ISPRS Journal of Photogrammetry and Remote Sensing, 152: 119-131.

HUANG X, WANG Y, LI J, et al., 2020. High-resolution urban land-cover mapping and landscape analysis of the 42 major cities in China using ZY-3 satellite images. Science Bulletin, 65(12): 1039-1048.

IMHOFF M L, ZHANG P, WOLFE R E, et al., 2010. Remote sensing of the urban heat island effect across biomes in the continental USA. Remote Sensing of Environment, 114(3): 504-513.

JACKSON R B, MOONEY H A, SCHULZE E D, 1997. A global budget for fine root biomass, surface area, and nutrient contents. Proceedings of the National Academy of Sciences, 94(14): 7362-7366.

JAVIERA C, ALEXANDER C, MAURICIO G, 2021. Effect of urban tree diversity and condition on surface temperature at the city block scale. Urban Forestry & Urban Greening, 60(1): 127069.

JC A, WZB C, SJA G, et al., 2021. Separate and combined impacts of building and tree on urban thermal environment from two- and three-dimensional perspectives. Building and Environment, 194: 107650.

JIA W, ZHAO S, LIU S, 2018. Vegetation growth enhancement in urban environments of the Conterminous United States. Global Change Biology, 24(9): 4084-4094.

JIA W, ZHAO S, 2020. Trends and drivers of land surface temperature along the urban-rural gradients in the largest urban agglomeration of China. Science of the Total Environment, 711: 134579.

JIAO M, ZHOU W, ZHENG Z, et al., 2017. Patch size of trees affects its cooling effectiveness: A perspective from shading and transpiration processes. Agricultural and Forest Meteorology, 247: 293-299.

KOC C B, OSMOND P, PETERS A, 2018. Evaluating the cooling effects of green infrastructure: A systematic review of methods, indicators and data sources. Solar Energy, 166: 486-508.

KUEPPERS L M, SNYDER M A, SLOAN L C, 2007. Irrigation cooling effect: Regional climate forcing by land-use change. Geophysical Research Letters, 34: L03703.

KUUSINEN N, STENBERG P, KORHONEN L, et al., 2016. Structural factors driving boreal forest albedo in Finland. Remote Sensing of Environment, 175: 43-51.

LAMBIN E F, MEYFROIDT P, 2011. Global land use change, economic globalization, and the looming land scarcity. Proceedings of the National Academy of Sciences, 108(9): 3465-3472.

LANKAU M J, SCANDURA T A, 2002. An investigation of personal learning in mentoring relationships: Content, antecedents, and consequences. Academy of Management Journal, 45(4): 779-790.

LEE X, GOULDEN M L, HOLLINGER D Y, et al., 2011. Observed increase in local cooling effect of deforestation at higher latitudes. Nature, 479(7373): 384-387.

LI H, HARVEY J, GE Z, 2014. Experimental investigation on evaporation rate for enhancing evaporative cooling effect of permeable pavement materials. Construction and Building Materials, 65: 367-375.

LI J, SONG C, CAO L, et al., 2011. Impacts of landscape structure on surface urban heat islands: A case study of Shanghai, China. Remote Sensing of Environment, 115(12): 3249-3263.

LI W, CAO Q, LANG K, et al., 2017. Linking potential heat source and sink to urban heat island: Heterogeneous effects of landscape pattern on land surface temperature. Science of the Total Environment, 586: 457-465.

LI X, ZHOU W, OUYANG Z, et al., 2012. Spatial pattern of greenspace affects land surface temperature: Evidence from the heavily urbanized Beijing metropolitan area, China. Landscape Ecology, 27(6): 887-898.

LI X, ZHOU W, OUYANG Z, 2013. Relationship between land surface temperature and spatial pattern of greenspace: What are the effects of spatial resolution? Landscape & Urban Planning, 114: 1-8.

LI X, GONG P, ZHOU Y, et al., 2020. Mapping global urban boundaries from the global artificial impervious area (GAIA) data. Environmental Research Letters, 15(9): 094044.

LI Y, ZHAO M, MOTESHARREI S, et al., 2015. Local cooling and warming effects of forests based on satellite observations. Nature Communications, 6: 6603.

LOBELL D B, BONFILS C, 2008. The effect of irrigation on regional temperatures: A spatial and temporal analysis of trends in California, 1934–2002. Journal of Climate, 21(10): 2063-2071.

LOBELL D, BALA G, MIRIN A, et al., 2009. Regional differences in the influence of irrigation on climate. Journal of Climate, 22(8): 2248-2255.

LOUGHNER C P, ALLEN D J, ZHANG D L, et al., 2012. Roles of urban tree canopy and buildings in urban heat island effects: Parameterization and preliminary results. Journal of Applied Meteorology and Climatology, 51(10): 1775-1793.

LUKEŠ P, STENBERG P, RAUTIAINEN M, 2013. Relationship between forest density and albedo in the boreal zone. Ecological Modelling, 261: 74-79.

MAHMOOD R, FOSTER S A, KEELING T, et al., 2006. Impacts of irrigation on 20th century temperature in the northern Great Plains. Global and Planetary Change, 54(1-2): 1-18.

MAIMAITIYIMING M, GHULAM A, TIYIP T, et al., 2014. Effects of green space spatial pattern on land surface temperature: Implications for sustainable urban planning and climate change adaptation. ISPRS Journal of Photogrammetry and Remote Sensing, 89: 59-66.

MALLICK J, RAHMAN A, SINGH C K, 2013. Modeling urban heat islands in heterogeneous land surface and its correlation with impervious surface area by using night-time ASTER satellite data in highly urbanizing city, Delhi-India. Advances in Space Research, 52(4): 639-655.

MATHEW A, KHANDELWAL S, KAUL N, 2016. Spatial and temporal variations of urban heat island effect and the effect of percentage impervious surface area and elevation on land surface temperature: Study of Chandigarh city, India. Sustainable Cities and Society, 26: 264-277.

MEIER J, ZABEL F, MAUSER W, 2018. A global approach to estimate irrigated areas: A comparison between different data and statistics. Hydrology and Earth System Sciences, 22(2): 1119-1133.

MIRANDA A C, MIRANDA H S, LLOYD J, et al., 1997. Fluxes of carbon, water and energy over Brazilian cerrado: An analysis using eddy covariance and stable isotopes. Plant, Cell & Environment, 20(3): 315-328.

MORIYAMA M, TANAKA T, IWASAKI M, 2009. The mitigation of UHI intensity by the improvement of land use plan in the urban central area: Application to Osaka City, Japan//Second International Conference on Countermeasures to Urban Heat Islands (SICCUHI). Berkeley, CA, Lawrence Berkeley National Laboratory.

MUELLER N D, GERBER J S, JOHNSTON M, et al., 2012. Closing yield gaps through nutrient and water management. Nature, 490(7419): 254-257.

MYINT S W, BRAZEL A, OKIN G, et al., 2010. Combined effects of impervious surface and vegetation cover on air temperature variations in a rapidly expanding desert city. GIScience & Remote Sensing, 47(3): 301-320.

MYINT S W, ZHENG B, TALEN E, et al., 2015. Does the spatial arrangement of urban landscape matter?

Examples of urban warming and cooling in Phoenix and Las Vegas. Ecosystem Health and Sustainability, 1(4): 1-15.

NG E, CHEN L, WANG Y, et al., 2012. A study on the cooling effects of greening in a high-density city: An experience from Hong Kong. Building and Environment, 47: 256-271.

NOCCO M A, SMAIL R A, KUCHARIK C J, 2019. Observation of irrigation-induced climate change in the Midwest United States. Global Change Biology, 25(10): 3472-3484.

OKE T R, 1989. The micrometeorology of the urban forest. Philosophical Transactions of the Royal Society of London B, Biological Sciences, 324(1223): 335-349.

OLSON D M, DINERSTEIN E, WIKRAMANAYAKE E D, et al., 2001. Terrestrial ecoregions of the world: A new map of life on Earth. BioScience, 51(11): 933-938.

PENG J, JIA J, LIU Y, et al., 2018. Seasonal contrast of the dominant factors for spatial distribution of land surface temperature in urban areas. Remote Sensing of Environment, 215: 255-267.

PENG S, PIAO S, CIAIS P, et al., 2012. Surface urban heat island across 419 global big cities. Environmental Science & Technology, 46(2): 696-703.

PENG S S, PIAO S, ZENG Z, et al., 2014. Afforestation in China cools local land surface temperature. Proceedings of the National Academy of Sciences, 111(8): 2915-2919.

PINKER R T, THOMPSON O E, ECK T F, 1980. The albedo of a tropical evergreen forest. Quarterly Journal of the Royal Meteorological Society, 106(449): 551-558.

QIAO Z, TIAN G, XIAO L, 2013. Diurnal and seasonal impacts of urbanization on the urban thermal environment: A case study of Beijing using MODIS data. ISPRS Journal of Photogrammetry and Remote Sensing, 85: 93-101.

SACKS W J, COOK B I, BUENNING N, et al., 2009. Effects of global irrigation on the near-surface climate. Climate Dynamics, 33(2): 159-175.

SANTAMOURIS M, KOLOKOTSA D, 2015. On the impact of urban overheating and extreme climatic conditions on housing, energy, comfort and environmental quality of vulnerable population in Europe. Energy and Buildings, 98: 125-133.

SCHAEFFER M, EICKHOUT B, HOOGWIJK M, et al., 2006. CO_2 and albedo climate impacts of extratropical carbon and biomass plantations. Global Biogeochemical Cycles, 20(2): GB2020.

SHAHMOHAMADI P, CHE-ANI A I, ETESSAM I, et al., 2011. Healthy environment: The need to mitigate urban heat island effects on human health. Procedia Engineering, 20: 61-70.

SHEN H, HUANG L, ZHANG L, et al., 2016. Long-term and fine-scale satellite monitoring of the urban heat island effect by the fusion of multi-temporal and multi-sensor remote sensed data: A 26-year case study of the city of Wuhan in China. Remote Sensing of Environment, 172: 109-125.

SHI W, TAO F, LIU J, 2014. Regional temperature change over the Huang-Huai-Hai Plain of China: The roles of irrigation versus urbanization. International Journal of Climatology, 34(4): 1181-1195.

SIEBERT S, HENRICH V, FRENKEN K, et al., 2013. Update of the digital global map of irrigation areas to version 5. Institute of Crop Science and Resource Conservation, Rheinische Friedrich-Wilhelms-Universität Bonn, Germany.

STEDUTO P, FAURÈS J M, HOOGEVEEN J, et al., 2012. Coping with water scarcity: An action framework for agriculture and food security. FAO Water Reports, 16: 78.

STÉFANON M, DROBINSKI P, D'ANDREA F, et al., 2012. Effects of interactive vegetation phenology on the 2003 summer heat waves. Journal of Geophysical Research: Atmospheres, 117: D24103.

SUN Y, ZHANG X, REN G, et al., 2016. Contribution of urbanization to warming in China. Nature Climate Change, 6(7): 706-709.

TELUGUNTLA P, THENKABAIL P S, XIONG J, et al., 2015. Global food security support analysis data (GFSAD) at nominal 1 km (GCAD) derived from remote sensing in support of food security in the twenty-first century: Current achievements and future possibilities. Boca Rato: CRC Press: 131-160.

THIERY W, DAVIN E L, LAWRENCE D M, et al., 2017. Present-day irrigation mitigates heat extremes. Journal of Geophysical Research: Atmospheres, 122(3): 1403-1422.

TRAN D X, PLA F, LATORRE-CARMONA P, et al., 2017. Characterizing the relationship between land use land cover change and land surface temperature. ISPRS Journal of Photogrammetry and Remote Sensing, 124: 119-132.

TRLICA A, HUTYRA L R, SCHAAF C L, et al., 2017. Albedo, land cover, and daytime surface temperature variation across an urbanized landscape. Earth's Future, 5(11): 1084-1101.

TURRAL H, SVENDSEN M, FAURES J M, 2010. Investing in irrigation: Reviewing the past and looking to the future. Agricultural Water Management, 97(4): 551-560.

VALOR E, CASELLES V, 1996. Mapping land surface emissivity from NDVI: Application to European, African, and South American areas. Remote sensing of Environment, 57(3): 167-184.

VOOGT J A, OKE T R, 2003. Thermal remote sensing of urban climates. Remote Sensing of Environment, 86(3): 370-384.

WANG C, WANG Z H, WANG C, et al., 2019. Environmental cooling provided by urban trees under extreme heat and cold waves in US cities. Remote Sensing of Environment, 227: 28-43.

WANG H, ZHANG Y, TSOU J Y, et al., 2017. Surface urban heat island analysis of Shanghai (China) based on the change of land use and land cover. Sustainability, 9(9): 1538.

WANG J, QINGMING Z, GUO H, et al., 2016. Characterizing the spatial dynamics of land surface temperature-impervious surface fraction relationship. International Journal of Applied Earth Observation and Geoinformation, 45: 55-65.

WANG J, ZHOU W, JIAO M, et al., 2020. Significant effects of ecological context on urban trees' cooling efficiency. ISPRS Journal of Photogrammetry and Remote Sensing, 159: 78-89.

WEN L, JIN J, 2012. Modelling and analysis of the impact of irrigation on local arid climate over northwest China. Hydrological Processes, 26(3): 445-453.

WENG Q, 2009. Thermal infrared remote sensing for urban climate and environmental studies: Methods, applications, and trends. ISPRS Journal of Photogrammetry and Remote Sensing, 64(4): 335-344.

WHEELER T, VON BRAUN J, 2013. Climate change impacts on global food security. Science, 341(6145): 508-513.

WU L, FENG J, MIAO W, 2018. Simulating the impacts of irrigation and dynamic vegetation over the North China Plain on regional climate. Journal of Geophysical Research: Atmospheres, 123(15): 8017-8034.

WU X, GUO W, LIU H, et al., 2019. Exposures to temperature beyond threshold disproportionately reduce vegetation growth in the northern hemisphere. National Science Review, 6(4): 786-795.

WU X, LI B, LI M, et al., 2019. Examining the relationship between spatial configurations of urban impervious surfaces and land surface temperature. Chinese Geographical Science, 29(4): 568-578.

WUJESKA-KLAUSE A, PFAUTSCH S, 2020. The best urban trees for daytime cooling leave nights slightly warmer. Forests, 11(9): 945.

XIAO R, OUYANG Z Y, ZHENG H, et al., 2007. Spatial pattern of impervious surfaces and their impacts on land surface temperature in Beijing, China. Journal of Environmental Sciences, 19(2): 250-256.

XU H, LIN D, TANG F, 2013. The impact of impervious surface development on land surface temperature in a subtropical city: Xiamen, China. International Journal of Climatology, 33(8): 1873-1883.

YOSHIKAWA S, CHO J, YAMADA H G, et al., 2014. An assessment of global net irrigation water requirements from various water supply sources to sustain irrigation: Rivers and reservoirs (1960—2050). Hydrology and Earth System Sciences, 18(10): 4289-4310.

YU Z, XU S, ZHANG Y, et al., 2018. Strong contributions of local background climate to the cooling effect of urban green vegetation. Scientific Reports, 8: 6798.

YUAN F, BAUER M E, 2007. Comparison of impervious surface area and normalized difference vegetation index as indicators of surface urban heat island effects in Landsat imagery. Remote Sensing of Environment, 106(3): 375-386.

YUE W, LIU X, ZHOU Y, et al., 2019. Impacts of urban configuration on urban heat island: An empirical study in China mega-cities. Science of the Total Environment, 671: 1036-1046.

ZHANG X, XIONG Z, TANG Q, 2017. Modeled effects of irrigation on surface climate in the Heihe River Basin, Northwest China. Journal of Geophysical Research: Atmospheres, 122(15): 7881-7895.

ZHANG X, ZHONG T, FENG X, et al., 2009. Estimation of the relationship between vegetation patches and urban land surface temperature with remote sensing. International Journal of Remote Sensing, 30(8): 2105-2118.

ZHANG Y, ODEH I O A, HAN C, 2009. Bi-temporal characterization of land surface temperature in relation to impervious surface area, NDVI and NDBI, using a sub-pixel image analysis. International Journal of Applied Earth Observation and Geoinformation, 11(4): 256-264.

ZHAO S, LIU S, ZHOU D, 2016. Prevalent vegetation growth enhancement in urban environment. Proceedings of the National Academy of Sciences of the United States of America, 113(22): 6313-6318.

ZHAO C, LIU B, PIAO S, et al., 2017. Temperature increase reduces global yields of major crops in four independent estimates. Proceedings of the National Academy of Sciences, 114(35): 9326-9331.

ZHOU D, ZHAO S, LIU S, et al., 2014. Surface urban heat island in China's 32 major cities: Spatial patterns and drivers. Remote Sensing of Environment, 152: 51-61.

ZHOU W, WANG J, CADENASSO M L, 2017. Effects of the spatial configuration of trees on urban heat mitigation: A comparative study. Remote Sensing of Environment, 195: 1-12.

ZHU X, LIANG S, PAN Y, et al., 2011. Agricultural irrigation impacts on land surface characteristics detected from satellite data products in Jilin Province, China. IEEE Journal of Selected Topics in Applied Earth Observations and Remote Sensing, 4(3): 721-729.

ZITER C D, PEDERSEN E J, KUCHARIK C J, et al., 2019. Scale-dependent interactions between tree canopy cover and impervious surfaces reduce daytime urban heat during summer. Proceedings of the National Academy of Sciences, 116(15): 7575-7580.

第4章　城市景观格局对地表热环境的影响

4.1　城市景观格局与城市地表热岛强度关系
时空变化的遥感评估

4.1.1　概述

城市地表热环境的空间分布不仅会受到城市组成成分（如不透水面和植被等）的影响，还与城市的空间构型（如形状、密度及聚集度等）有关（陈爱莲 等，2012）。城市的组成成分和空间构型是城市景观格局的两个主要方面，它们对城市地表热环境的影响受到了众多研究者的关注。例如，Zhou 等（2011）针对美国巴尔的摩市的研究表明植被边缘密度和形状复杂度的提升能够显著降低地表温度，而建筑物和路面形状复杂度的增加则会促进地表温度的上升。Peng 等（2016）探讨了北京市生态用地与地表热环境的关系，发现地表温度会随着植被、湿地等生态用地形状复杂度和破碎度的提升而上升，说明简化生态用地的形状、加强生态用地之间的连接程度，能够更有效地缓解城市热岛效应。Estoque 等（2017）对东南亚城市的分析结果表明，城市中的地表温度同时受到不透水面和植被斑块大小、形状及聚集度的影响。Zhou 等（2017a）分析了欧洲城市热岛效应与城市整体景观形态的关系，并指出热岛强度与城市整体的面积大小和紧凑度呈正相关关系，与城市的延伸度呈负相关关系。Debbage 等（2015）针对美国城市的研究结果表明，城市的空间连接度是影响热岛强度的关键因素，城市空间连接度每增加10%，会引起年均热岛强度增加 0.3～0.4℃。现有研究证明了城市景观格局对地表热环境的影响，并从城市规划的角度为缓解热岛效应提供了科学的建议。然而，现有研究还存在不足之处。首先，目前大多研究是针对少量城市的局部分析，得出的结论往往具有局限性，不同研究结果之间甚至还会相互矛盾。例如，有些研究表明密集的城市结构会促进城市热岛效应的产生（Du et al.，2016；Li et al.，2011）；然而另一些研究则认为扩张的城市发展模式有利于城市热岛的形成（Stone and Rodgers，2001）。其次，虽有少数研究进行了多个城市的分析，但还缺少对季节、日夜及城市气候类型的整体讨论，这极大地限制了人们对城市景观格局与城市地表热环境之间关系的理解。

4.1.2　数据与方法

1. 研究区域

本章研究在全国选取了 332 个城市，包括 4 个直辖市，305 个地级市和 23 个自治州。根据柯本-盖格气候分区图，结合地理位置，将所有城市划分至中国的 5 个气候区中，包括位于东南部的赤道和暖温带湿润气候区（简称 EW）、位于中部和东南部的干燥冬季暖温带气候区（简称 W）、位于西北部的干旱和草原沙漠气候区（简称 A）、位于东北部的干燥冬季雪地气候区（简称 S）和位于青藏高原地区的冻土和寒冷雪地气候区（简称 TS）。各气候区的详细信息请参考表 4-1。

表 4-1 气候区的名称、位置和城市数量信息

气候区中文名称（英文描述）	简称	所在位置	城市数量/个
赤道和暖温带湿润气候区（equatorial climates and warm temperate climate，fully humid）	EW	东南部	121
干燥冬季暖温带气候区（warm temperate climate with dry winter）	W	中部和东南部	109
干旱和草原沙漠气候区（arid climate and steppe and desert climate）	A	西北部	31
干燥冬季雪地气候区（snow climate with dry winter）	S	东北部	56
冻土和寒冷雪地气候区（tundra climate and snow climate with cool summer and cold winter）	TS	青藏高原地区	15

2. 城市地表热岛强度的计算

参考以往研究（Zhou et al.，2014；Peng et al.，2012；Imhoff et al.，2010），城市地表热岛强度（surface urban heat island intensity，SUHII）被定义为城市城区与周边邻近郊区地表温度的差值。城区和邻近郊区的提取步骤为：①基于 2015 年度中国地表利用/覆盖数据集（China's land-use/cover datasets，CLUD）中的建成区（built-up）类别，提取城市中的高密度建成区（建成区比例>50%），并将距离在 2 km 以内的高密度建成区进行融合，得到城市的城区；②将城区向外做等面积的缓冲区，得到城市的郊区；③根据航天飞机雷达地形测绘使命（SRTM）的地面高程数据，去除郊区中高程在城区高程范围 50 m 以外的区域。通过以上步骤得到每个城市的城区和郊区，结合 2014～2016 年的 MODIS 地表温度数据产品，即可获得城市中不同时相（日间和夜间）、不同季节（夏季、冬季）和年度的 SUHII。图 4-1 以北京为例，展示了城市中城区和郊区的提取结果及内部地表覆盖和地表温度的空间分布情况。

3. 城市景观格局的量化

为了定量分析城市景观格局，选取 6 个常用景观指数（landscape metrics，LMs），包括景观面积比例（PLAND）、香农多样性指数（SHDI）、斑块密度（PD）、平均形状指数（MSI）、聚集度指数（CI）及蔓延度指数（CONTAG）。PLAND 和 SHDI 是对城市景观格局的组成成分的描述，前者表示每种类别的地物占景观总面积的百分比，后者表示景观整体的地物多样性水平。PD、MSI、CI 和 CONTAG 综合反映了城市景观格局的空间构型，包括景观破碎度、景观聚集度和斑块形状复杂度等。由于定义和计算方法的不同，各景观指数在应用水平上也存在差异性（表 4-2）。其中，PLAND 和 CI 只能应用于类别水平（class level，即仅针对某一地物类别）的景观格局描述，SHDI 和 CONTAG 只能应用于景观水平（landscape level，即所有地物类别构成的景观整体）的景观格局描述，PD 和 MSI 可同时应用于类别水平和景观水平的景观格局描述。

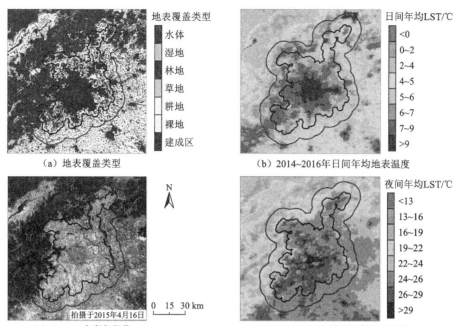

（a）地表覆盖类型　　　　　　　　　（b）2014~2016年日间年均地表温度

（c）Landsat真彩色影像　　　　　　　（d）2014~2016年夜间年均地表温度

图 4-1　北京城区和郊区提取结果及内部地表覆盖和地表温度的空间分布

每幅图中内部黑线围绕的区域为城区，黑线与蓝线中间的区域为郊区，城区与郊区面积相等

表 4-2　城市景观指数介绍

景观指数	应用水平	计算公式及其描述
景观面积比例（percentage of landscape，PLAND）	类别水平	$$\mathrm{PLAND}=100\times\sum_{j=1}^{n}a_{ij}/A$$ n 为第 i 类地物的斑块数目，a_{ij} 为编号为 ij 斑块的面积，A 为景观系统中所有地物类型的总面积。该指数描述了某一特定地物类型所占的面积比例，反映了景观的组成成分。$0\leqslant\mathrm{PLAND}\leqslant100\%$，PLAND 越大表示某一地物类型占比越高
香农多样性指数（Shannon's diversity index，SHDI）	景观水平	$$\mathrm{SHDI}=-\sum_{i=1}^{m}(P_i\times\ln P_i)$$ P_i 为第 i 类地物所占的百分比，m 为地物的类别数量。该指数反映了景观的多样性，对景观中各类地物的非均衡分布状况较为敏感。$\mathrm{SHDI}\geqslant0$，地物种类越丰富、相互混合程度越高，则 SHDI 越大
斑块密度（patch density，PD）	类别水平和景观水平	$$\mathrm{PD}=n/A$$ n 为某一地物类别（或所有地物类别）的斑块数目，A 为景观系统中所有地物类型的总面积。该指数常被用来描述某一地物类别或整个景观的异质性，值的大小与景观的破碎度有较好的相关性。$\mathrm{PD}\geqslant0$，景观破碎度越高，PD 的值越大

景观指数	应用水平	计算公式及其描述
平均形状指数（mean shape index，MSI）	类别水平 景观水平	$$\mathrm{MSI} = 0.25 \times \sum_{i=1}^{n} \left(p_i / \sqrt{a_i} \right) / n$$ n 为某一地物类别（或所有地物类别）的斑块数目，p_i 和 a_i 分别为斑块 i 的周长和面积。该指数是度量景观空间格局复杂性的重要指标之一。$\mathrm{MSI} \geqslant 1$，景观系统中斑块形状越复杂、越不规则，MSI 的值越大
聚集度指数（clumpiness index，CI）	类别水平	给定 $$G_i = \left(g_{ij} \Big/ \sum_{i=k}^{m} g_{ik} \right)$$ $$\mathrm{CI} = \begin{cases} (G_i - P_i)/P_i, & P_i > G_i \text{ 且 } P_i < 0.5 \\ (G_i - P_i)/(1 - P_i), & \text{其他} \end{cases}$$ g_{ij} 为与第 i 类地物斑块邻接的像素数量，g_{ik} 为第 i 类和第 k 类地物斑块之间所相邻的像素数目，P_i 为景观系统中第 i 类地物类型所占面积比例。$-1 \leqslant \mathrm{CI} \leqslant 1$，$\mathrm{CI} = -1$ 和 $\mathrm{CI} = 1$ 分别表示某一地物类型最大限度地分散分布和聚集分布，$\mathrm{CI} = 0$ 则表示某一地物类型随机分布
蔓延度指数（contagion index，CONTAG）	景观水平	$$\mathrm{CONTAG} = \left[1 + \frac{\sum_{i=1}^{m} \sum_{k=1}^{m} \left(P_i \cdot \frac{g_{ik}}{\sum_{k=1}^{m} g_{ik}} \right) \times \left(\ln P_i \cdot \frac{g_{ik}}{\sum_{k=1}^{m} g_{ik}} \right)}{2 \ln m} \right] \times 100$$ P_i 为景观系统中第 i 类地物所占的面积比例，g_{ik} 为第 i 类和第 k 类地物斑块之间所相邻的像素数目，m 为景观系统中地物的类别数目。该指数描述了景观系统中不同类别地物斑块间的聚集程度或延展趋势。$0 < \mathrm{CONTAG} \leqslant 100$，一般来说，较高的 CONTAG 表示景观系统中的某种优势地物类型有着良好的连接性，反之则表示景观的破碎化程度较高

用于城市景观格局分析的地表覆盖信息来自 2015 年度的 CLUD，该数据集共包含 25 个子类别，总体精度高达 90%以上（Liu et al.，2014）。本节研究将 CLUD 重分类至城市中常见的 7 种地物类别，包括建成区、裸土、林地、草地、耕地、水体及湿地（图 4-1）。在每个城市中，分别将城区和郊区中重分类的 CLUD 栅格影像输入 Fragstats 4.0 软件中，计算各自的景观指数。为了与 SUHII 相对应，计算城区和郊区各景观指数的差值（ΔLMs），包括 ΔPLAND、ΔSHDI、ΔPD、ΔMSI、ΔCI 和 ΔCONTAG，实现对城郊景观格局差异的定量反映。之后，分昼夜、季节和气候区域分析 SUHII 和各城郊景观指数差值之间的关系。

4. 城市地表热岛强度与景观格局关系的分析方法

使用斯皮尔曼（Spearman）秩相关系数分析 SUHII 与各城郊景观指数差值之间的关系。该方法是一种与数据分布无关的非参数检验方法，能够有效地反映两个变量之间的单调相关性（Best and Roberts，1975）。假设由各城市 SUHII 和某一城郊景观指数差值所组成的集合分别为 X 和 Y，它们内部数据按照数值大小升序排列的位次（称为秩次）所形成的集合分别为 X_z 和 Y_z。其中，$X_z = \{x_{z1}, x_{z2}, \cdots, x_{zn}\}$，$Y_z = \{y_{z1}, y_{z2}, \cdots, y_{zn}\}$，它们秩次差所形成的集合为 $D_z = \{d_{z1}, d_{z2}, \cdots, d_{zn}\}$，其中 $d_{zi} = x_{zi} - y_{zi}$。那么斯皮尔曼秩相关系数 r 的表达式如下：

$$r = 1 - \frac{6\sum\limits_{i=1}^{n} d_{zi}^2}{n(n^2 - 1)} \qquad (4\text{-}1)$$

式中：n 为集合中数据的数量。r 的取值范围在 $-1 \sim 1$，r 为正值表示 SUHII 和某一城郊景观指数差值之间存在正相关关系，r 为负值表示存在负相关关系，r 为 0 表示无相关关系。研究中所涉及的城市数量比较多（$n > 10$），因此采用 t 检验获取 r 的显著性，其计算公式如下：

$$t = r\sqrt{\frac{n-2}{1-r^2}} \qquad (4\text{-}2)$$

在显著性水平 $a = 0.05$ 的条件下，比较 $|t|$ 值与 t 值表中自由度为 $n-2$ 的临界值，判断斯皮尔曼秩相关系数 r 是否显著。

4.1.3　研究结果

1. 城市地表热岛强度的时空分布规律

全国 332 个城市地表热岛强度（SUHII）有着明显的昼夜、季节和空间分布的差异性。日间年均 SUHII 在绝大多数（307/332）城市中都为正值，变化范围为 −1.17℃（内蒙古阿拉善）至 4.79℃（黑龙江哈尔滨）。夜间年均 SUHII 为正值的比例更高（320/332），但空间变化幅度相对较小，最小值和最大值分别为 −0.83℃（河北承德）和 2.52℃（甘肃兰州）。平均而言，位于东北地区的 S 气候区的日间年均 SUHII 最高（1.44[1.11，1.77]℃），位于青藏高原的 TS 气候区的日间年均 SUHII 最低（0.58[0.02，1.14]℃）（图 4-2）。然而，夜间年均 SUHII 在位于中国西北的 A 气候区的平均值最高（0.96[0.78，1.14]℃），在位于中国东南的 EW 气候区的平均值最低（0.47[0.42，0.52]℃）（图 4-2）。全国 332 个城市的日间年均 SUHII 的平均值为 1.16[1.07，1.25]℃，显著地（$p < 0.05$，t 检验）高于夜间年均 SUHII 的平均值（0.68[0.63，0.73]℃）。

在季节变化方面，日间 SUHII 在夏季要明显高于冬季（图 4-2），全国 332 个城市夏季日间 SUHII 的平均值高达 1.76[1.66，1.86]℃，而在冬季仅为 0.53[0.45，0.61]℃。日间 SUHII 夏季高于冬季的季节规律在各个气候区中表现一致（图 4-2）。此外，有约四分之一（74/332）城市的冬季日间 SUHI 为负值，且这些城市多位于华北平原地区。然而，夜间 SUHII 有着截然不同的季节变化特点，在各个气候区中均表现为冬季高于夏季的规律（图 4-2）。

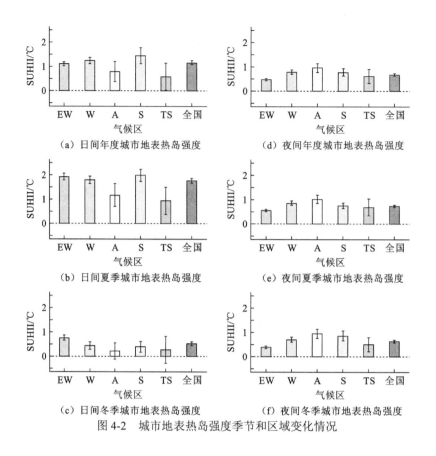

（a）日间年度城市地表热岛强度　　　（d）夜间年度城市地表热岛强度

（b）日间夏季城市地表热岛强度　　　（e）夜间夏季城市地表热岛强度

（c）日间冬季城市地表热岛强度　　　（f）夜间冬季城市地表热岛强度

图 4-2　城市地表热岛强度季节和区域变化情况

2. 城郊景观格局差异的空间分布规律

图 4-3 展示了每类地物城郊景观指数差值在各气候区的分布情况。建成区是城市中的典型地物，其 ΔPLAND 在各个气候区中均为正值，说明建成区比例要高于郊区；与此同时，建成区的 ΔPD 在各气候区中均为负值，说明建成区的斑块密度要低于郊区；此外，建成区的 ΔMSI 和 ΔCI 在各气候区中均为正值，说明建成区斑块的形状复杂度和空间聚集度都要高于郊区。林地、草地和耕地是三种主要的地表覆盖类型，它们的 ΔPLAND 多为负值，说明城区的植被面积比例一般低于郊区；与此同时，这三种地物的 ΔPD 在各个气候区中都表现为负值，说明城区植被的斑块密度低于郊区；然而，ΔMSI 和 ΔCI 在三种地物间存在一定的差异，耕地的 ΔMSI 和 ΔCI 一般为正值，说明城区中耕地斑块的形状复杂度和空间聚集度都高于郊区，但林地和草地的 ΔMSI 和 ΔCI 在各个气候区中差异较大，数值上有正有负。裸土、水体和湿地的 ΔPLAND 相对较小，说明城郊间这几类地物的面积比例差异较小；与此同时，这三类地物的 ΔPD 均为负值，说明城区裸土、水体和湿地的斑块密度都要低于郊区；此外，水体的 ΔMSI 和 ΔCI 在各气候区中均为负值，意味着城区水体斑块的形状复杂度和空间聚集度都低于郊区，而裸土和湿地的 ΔMSI 和 ΔCI 在各个气候区中差异较大，数值上有正有负。

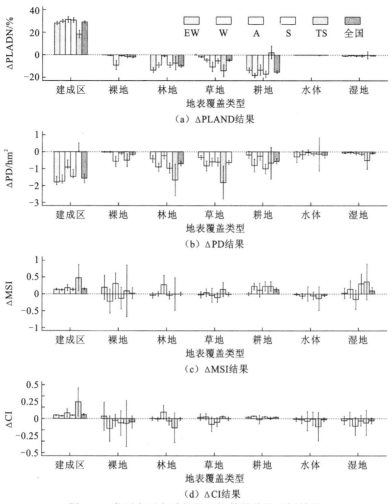

（a）ΔPLAND结果

（b）ΔPD结果

（c）ΔMSI结果

（d）ΔCI结果

图 4-3　类别水平上城郊景观指数差值的分析结果

图 4-4 展示了景观水平上城郊景观指数的差值，可以明显看出在各气候区中，ΔSHDI 和 ΔMSI 均为正值，而 ΔPD 和 ΔCONTAG 均为负值。ΔSHDI 为正值意味着城区的景观多样性高于郊区，ΔMSI 为正值表明城区各地物斑块形状的总体复杂程度高于郊区。ΔPD 和 ΔCONTAG 均为负值则意味着虽然城区总体景观斑块密度低于郊区，但是各斑块之间的连接程度相对较低。以上结果综合说明相较于郊区，城区各地物斑块的形状更为复杂、不同地物之间的相互混合程度更强、景观的总体破碎度更高。

3. 城市地表热岛强度与城郊景观格局差异的相关关系

1）全国尺度的分析结果

表 4-3 展示了在全国尺度上城市地表热岛强度与各城郊景观指数差值之间的斯皮尔曼秩相关分析的结果。首先关注的是 SUHII 与建成区各 ΔLMs 的关系，可以看到 SUHII 与建成区的 ΔPLAND 多表现为正相关关系，而与建成区的 ΔPD、ΔMSI 和 ΔCI 多表现为

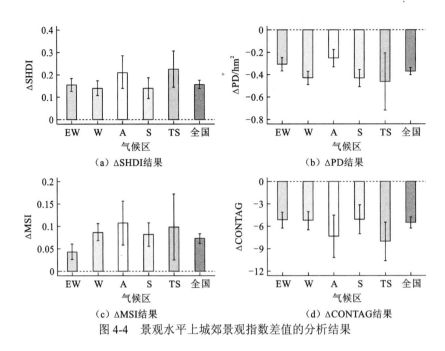

图 4-4 景观水平上城郊景观指数差值的分析结果

负相关关系,并且 SUHII 与建成区各 ΔLMs 的关系在多数情况下具有显著性($p<0.05$)。然而还需要注意,SUHII 和建成区 ΔLMs 的关系会受到季节的影响,例如冬季日间 SUHII 与 ΔPD 和 ΔMSI 表现为显著的正相关关系,这明显不同于夏季的结果。

表 4-3 在全国尺度上城市地表热岛强度与城郊景观指数差值之间的秩相关分析结果

地表覆盖类型	ΔLMs	SUHII					
		日间年度	夜间年度	夏季日间	夏季夜间	冬季日间	冬季夜间
建成区	ΔPLAND	0.27[a]	0.40[a]	0.32[a]	0.37[a]	−0.04	0.43[a]
	ΔPD	−0.10	−0.27[a]	−0.14[b]	−0.07	0.31[a]	−0.31[a]
	ΔMSI	−0.07	−0.25[a]	−0.15[b]	−0.11[c]	0.23[a]	−0.27[a]
	ΔCI	−0.18[a]	−0.13[c]	−0.02	−0.11[c]	−0.11[c]	−0.12[c]
林地	ΔPLAND	−0.22[a]	0.18[a]	−0.27[a]	−0.03	−0.47[a]	0.27[a]
	ΔPD	−0.12[c]	0.07	−0.10	−0.05	−0.11[c]	0.07
	ΔMSI	−0.01	0.02	0.00	0.07	0.03	−0.02
	ΔCI	−0.02	−0.06	−0.01	−0.01	0.00	−0.08
草地	ΔPLAND	0.09	−0.09	0.16[c]	−0.18[b]	0.03	−0.02
	ΔPD	0.03	−0.03	0.08	−0.16[b]	−0.08	0.06
	ΔMSI	−0.02	−0.01	−0.07	0.03	0.03	−0.02
	ΔCI	−0.08	0.06	−0.10	0.06	−0.03	0.08

地表覆盖类型	ΔLMs	SUHII					
		日间年度	夜间年度	夏季日间	夏季夜间	冬季日间	冬季夜间
耕地	ΔPLAND	−0.07	−0.31[a]	−0.11[c]	−0.08	0.38[a]	−0.42[a]
	ΔPD	0.01	0.09	0.02	−0.05	−0.05	0.12[c]
	ΔMSI	0.07	0.08	0.04	0.08	−0.08	0.04
	ΔCI	−0.03	0.12[c]	0.03	−0.03	−0.34[a]	0.21[a]
裸地	ΔPLAND	0.14	−0.18[c]	0.19[c]	−0.18[c]	0.06	−0.20[c]
	ΔPD	0.12	−0.11	0.17[c]	−0.11	0.06	−0.14
	ΔMSI	−0.16[c]	−0.09	−0.13	−0.11	−0.05	−0.05
	ΔCI	0.00	−0.08	0.04	−0.13	0.04	−0.03
水体	ΔPLAND	−0.04	0.13[c]	−0.07	0.13[c]	−0.06	0.10
	ΔPD	−0.08	0.12	−0.08	0.12[c]	−0.07	0.10
	ΔMSI	−0.03	−0.04	−0.01	−0.04	−0.04	−0.03
	ΔCI	0.02	0.00	0.01	0.03	0.02	0.01
湿地	ΔPLAND	−0.14[c]	0.08	−0.15[c]	0.12[c]	−0.06	0.05
	ΔPD	0.07	0.12[c]	0.01	0.13[c]	0.11	0.10
	ΔMSI	0.00	0.05	−0.05	0.05	0.01	−0.01
	ΔCI	−0.11	0.06	−0.10	0.06	−0.03	0.05
整体景观	ΔSHDI	−0.18[a]	−0.14[c]	−0.17[b]	−0.14[c]	−0.05	−0.09
	ΔPD	−0.08	−0.03	−0.09	−0.02	0.12[c]	−0.03
	ΔMSI	0.15[b]	−0.04	0.02	−0.02	0.06	−0.09
	ΔCONTAG	0.16[b]	0.13[c]	0.17[b]	0.13[c]	0.06	0.08

注：a 代表显著性水平 0.001；b 代表显著性水平 0.01；c 代表显著性水平 0.05

　　林地、草地和耕地这三种地物的 ΔLMs 与 SUHII 的关系存在明显差异。日间 SUHII 与林地的 ΔPLAND 在不同季节均具有显著的负相关关系，但与草地的 ΔPLAND 表现出微弱的正相关关系。冬季日间 SUHII 与耕地的 ΔPLAND 具有显著的正相关关系。相比于日间 SUHII，夜间 SUHII 与三种地物 ΔPLAND 的相关关系较弱。此外，SUHII 与三种地物的 ΔPD、ΔMSI 和 ΔCI 的相关关系在大多数情况下都十分微弱且不显著。

　　裸地、水体和湿地这三种地物的 ΔLMs 与 SUHII 的关系在绝大多数情况下都十分微弱且不显著，但也存在一定的规律性。例如，日间 SUHII 与裸地的 ΔPLAND 一般具有正相关关系，而与水体和湿地的 ΔPLAND 却表现为负相关关系；然而，夜间 SUHII 与裸地的 ΔPLAND 一般具有负相关关系，与水体和湿地的 ΔPLAND 却表现为正相关关系。

景观级别的分析表明，SUHII 与 ΔSHDI 多表现为负相关关系，并且这种负相关关系在冬季以外的其他时段都表现出了显著性（$p < 0.05$）。与此同时，SUHII 与 ΔPD 也多表现为负相关关系，而与 ΔCONTAG 多表现为正相关关系。此外，SUHII 与 ΔMSI 的关系具有昼夜差异性，在白天多为正相关关系，在夜间多为负相关关系。

2）不同气候区的分析结果

表 4-4 展示了不同气候区中 SUHII 和建成区 ΔLMs 的斯皮尔曼秩相关分析的结果。可以发现，在除冬季白天以外的其他时段，SUHII 与建成区的 ΔPLAND 在各个气候区中（位于青藏高原的 TS 气候区除外）均表现为显著的正相关关系。与全国总体分析的结果类似，SUHII 与建成区的 ΔPD、ΔCI 和 ΔMSI 在大多数情况下呈负相关关系。但需要注意，冬季日间 SUHII 与建成区 ΔPD 在位于中国东南部的 EW 气候区（$r = 0.40$，$p < 0.001$）和 W 气候区（$r = 0.58$，$p < 0.001$）表现为显著的正相关关系，但在其他气候区中它们之间的相关关系比较微弱且没有显著性。与之类似，冬季日间 SUHII 与建成区 ΔMSI 在 EW 气候区（$r = 0.24$，$p < 0.01$）和 W 气候区（$r = 0.39$，$p < 0.001$）也具有显著的正相关关系，但在其他气候区中它们之间的相关关系并不显著。

表 4-4　不同气候区中城市地表热岛强度与建成区城郊景观指数差值之间的秩相关分析结果

ΔLMs	气候区	SUHII					
		日间年度	夜间年度	夏季日间	夏季夜间	冬季日间	冬季夜间
ΔPLAND	EW	0.19[c]	0.14	0.26[b]	0.18[c]	-0.02	0.25[b]
	W	0.20[c]	0.46[a]	0.27[b]	0.31[b]	-0.15	0.45[a]
	A	0.43[c]	0.56[a]	0.20	0.66[a]	0.20	0.41[c]
	S	0.33[c]	0.59[a]	0.42[b]	0.62[a]	0.01	0.56[a]
	TS	0.06	0.38	0.20	0.50	-0.26	0.41
ΔPD	EW	0.07	0.07	-0.07	0.31[a]	0.40[a]	-0.08
	W	0.01	-0.56[a]	0.14	-0.25[b]	0.58[a]	-0.63[a]
	A	-0.34	-0.26	-0.73[a]	-0.20	0.18	-0.17
	S	-0.30[c]	-0.43[b]	-0.38[b]	-0.40[b]	0.08	-0.40[b]
	TS	-0.05	0.29	-0.17	0.10	-0.02	0.40
ΔMSI	EW	-0.05	0.20[c]	-0.17	0.14	0.24[b]	0.10
	W	0.02	-0.44[a]	0.06	-0.16	0.39[a]	-0.48[a]
	A	0.09	-0.10	-0.27	0.00	0.34	-0.21
	S	-0.23	-0.53[a]	-0.36[b]	-0.46[a]	-0.02	-0.50[a]
	TS	0.14	0.06	-0.14	0.03	0.33	0.23

ΔLMs	气候区	SUHII					
		日间年度	夜间年度	夏季日间	夏季夜间	冬季日间	冬季夜间
	EW	−0.22[c]	−0.07	−0.01	0.00	−0.31[a]	−0.05
	W	−0.14	−0.06	−0.05	−0.03	−0.13	−0.03
ΔCI	A	−0.28	−0.06	−0.06	−0.17	−0.21	−0.05
	S	0.12	−0.19	0.17	−0.10	0.20	−0.12
	TS	−0.32	−0.26	−0.54[c]	−0.23	0.04	−0.14

注：a 代表显著性水平 0.001；b 代表显著性水平 0.01；c 代表显著性水平 0.05

表 4-5 展示了不同气候区中 SUHII 和林地 ΔLMs 的斯皮尔曼秩相关分析的结果。与全国尺度的分析类似，日间 SUHII 与林地的 ΔPLAND 具有负相关关系，且大多在夏季表现出显著性。然而夜间 SUHII 一般与林地的 ΔPLAND 呈现正相关关系（EW 气候区除外），但这些正相关关系大多不显著。有趣的是，夏季日间 SUHII 与林地 ΔPLAND 在 EW 气候区仅表现出了微弱的负相关关系（$r=-0.04$，$p>0.05$），但在 W 气候区、A 气候区和 S 气候区都表现出了较为强烈的负相关关系。值得注意的是，冬季日间 SUHII 仅在 EW 气候区和 W 气候区中与林地的 ΔPLAND 表现出了显著的负相关关系。此外，林地 ΔPD 与日间 SUHII 多为负相关关系，与夜间 SUHII 多为正相关关系。在大多数情况下，SUHII 与林地的 ΔMSI 和 ΔCI 之间均没有显著的相关性。

表 4-5 不同气候区中城市地表热岛强度与林地城郊景观指数差值之间的秩相关分析结果

ΔLMs	气候区	SUHII					
		日间年度	夜间年度	夏季日间	夏季夜间	冬季日间	冬季夜间
	EW	−0.12	−0.24[b]	−0.04	−0.54[a]	−0.50[a]	−0.07
	W	−0.36[a]	0.30[b]	−0.43[a]	0.01	−0.68[a]	0.48[a]
ΔPLAND	A	−0.16	0.07	−0.46[c]	0.02	−0.05	0.01
	S	−0.12	0.17	−0.26[c]	−0.12	−0.07	0.21
	TS	−0.15	0.60[c]	0.10	0.49	−0.15	0.57[c]
	EW	0.02	0.06	0.04	−0.03	−0.07	−0.06
	W	−0.13	0.26[c]	−0.18	0.02	−0.33[a]	0.36[a]
ΔPD	A	−0.33	0.14	−0.52[b]	0.03	−0.22	0.17
	S	−0.13	0.10	−0.07	−0.16	−0.03	0.12
	TS	−0.44	0.19	−0.34	0.20	−0.42	0.27
	EW	0.13	−0.06	0.08	−0.03	0.19[c]	−0.14
	W	0.02	0.04	−0.07	0.18	0.08	−0.01
ΔMSI	A	−0.26	−0.12	−0.27	−0.23	−0.16	−0.05
	S	−0.09	−0.19	0.05	−0.12	0.00	−0.21
	TS	0.19	0.73[b]	0.54	0.68[c]	−0.26	0.57[c]

ΔLMs	气候区	SUHII					
		日间年度	夜间年度	夏季日间	夏季夜间	冬季日间	冬季夜间
	EW	−0.13	0.06	−0.08	0.14	0.05	0.01
	W	−0.05	−0.13	−0.10	−0.11	−0.07	−0.11
ΔCI	A	0.35	−0.01	0.13	0.07	0.27	−0.20
	S	−0.11	−0.17	0.02	−0.07	−0.12	−0.20
	TS	0.08	0.40	0.31	0.40	−0.11	0.19

注：a 代表显著性水平 0.001；b 代表显著性水平 0.01；c 代表显著性水平 0.05

表 4-6 和表 4-7 分别展示了不同气候区中 SUHII 与草地 ΔLMs 和耕地 ΔLMs 的斯皮尔曼秩相关分析的结果。对于草地，其 ΔPLAND 与 SUHII 在多数情况下没有出现显著的负相关关系，更为重要的是，夏季日间 SUHII 与草地的 ΔPLAND 在 A 气候区（$r=0.42$，$p<0.05$）和 S 气候区（$r=0.44$，$p<0.05$）具有显著的正相关关系。与林地的结果类似，SUHII 与草地的 ΔMSI 和 ΔCI 的相关关系在多数情况下没有显著性。对于耕地，其 ΔPLAND 与夏季 SUHII 在 A 气候区和 S 气候区中具有显著的负相关关系，但与冬季日间 SUHII 在 EW 气候区和 W 气候区表现为显著正相关关系。耕地的 ΔCI 与日间 SUHII 多为负相关关系，与夜间 SUHII 多为正相关关系。此外，SUHII 与 ΔPD 和 ΔMSI 的相关关系在大多数情况下并不显著。

表 4-6　不同气候区中城市地表热岛强度与草地城郊景观指数差值之间的秩相关分析结果

ΔLMs	气候区	SUHII					
		日间年度	夜间年度	夏季日间	夏季夜间	冬季日间	冬季夜间
	EW	−0.16	−0.05	−0.14	−0.18	−0.31[a]	0.15
	W	−0.08	0.03	−0.07	−0.11	−0.13	0.14
ΔPLAND	A	0.10	0.01	0.42[c]	−0.05	−0.02	0.00
	S	0.29[c]	0.07	0.44[b]	−0.02	0.04	0.13
	TS	0.19	−0.66[b]	−0.10	−0.64[c]	0.41	−0.71[b]
	EW	−0.13	−0.17	−0.05	−0.34[a]	−0.41[a]	−0.02
	W	0.00	0.13	0.02	−0.08	−0.14	0.28[c]
ΔPD	A	−0.03	0.20	0.04	0.19	−0.09	0.08
	S	0.27[c]	0.10	0.29[c]	0.01	0.13	0.10
	TS	−0.65[c]	0.16	−0.52[c]	0.14	−0.55[c]	0.19
	EW	−0.05	0.05	−0.01	−0.03	−0.08	0.00
	W	0.02	0.01	−0.06	0.13	0.09	−0.01
ΔMSI	A	0.29	−0.25	−0.13	−0.13	0.59[a]	−0.34
	S	−0.19	−0.06	−0.14	−0.03	−0.14	−0.10
	TS	0.35	0.12	0.25	0.00	0.27	0.24

ΔLMs	气候区	SUHII					
		日间年度	夜间年度	夏季日间	夏季夜间	冬季日间	冬季夜间
ΔCI	EW	0.04	0.09	−0.02	0.14	0.04	0.06
	W	−0.08	0.16	−0.08	0.11	−0.16	0.16
	A	−0.01	0.04	−0.24	0.05	0.22	0.13
	S	−0.07	0.11	−0.10	0.14	−0.03	0.09
	TS	0.35	−0.21	0.16	−0.13	0.45	−0.19

注：a 代表显著性水平 0.001；b 代表显著性水平 0.01；c 代表显著性水平 0.05

表 4-7 不同气候区中城市地表热岛强度与耕地城郊景观指数差值之间的秩相关分析结果

ΔLMs	气候区	SUHII					
		日间年度	夜间年度	夏季日间	夏季夜间	冬季日间	冬季夜间
ΔPLAND	EW	0.12	0.14	−0.05	0.39[a]	0.60[a]	−0.13
	W	0.14	−0.50[a]	0.15	−0.16	0.58[a]	−0.63[a]
	A	−0.61[a]	−0.40[c]	−0.76[a]	−0.40[c]	−0.11	−0.26
	S	−0.32[c]	−0.63[a]	−0.39[b]	−0.39[b]	0.05	−0.64[a]
	TS	0.25	0.21	0.28	0.26	0.11	0.25
ΔPD	EW	−0.07	0.04	0.02	−0.10	−0.38[a]	0.11
	W	0.00	0.24[c]	−0.05	0.03	−0.14	0.33[a]
	A	0.08	−0.06	0.11	−0.04	0.07	−0.09
	S	0.23	0.24	0.08	−0.07	0.13	0.36[b]
	TS	0.22	0.70[c]	0.52	0.59	−0.15	0.66[c]
ΔMSI	EW	0.11	−0.18[c]	0.01	−0.06	0.18	−0.26[b]
	W	−0.07	0.00	−0.01	−0.02	−0.16	−0.04
	A	−0.04	−0.08	0.00	−0.13	0.00	−0.03
	S	0.20	−0.01	0.27[c]	−0.04	0.08	0.02
	TS	−0.03	0.14	−0.09	0.05	0.14	0.25
ΔCI	EW	−0.13	−0.13	0.01	−0.29[b]	−0.48[a]	0.10
	W	−0.23[c]	0.20[c]	−0.27[b]	−0.06	−0.47[a]	0.33[a]
	A	0.32	0.35	0.63[a]	0.33	−0.06	0.26
	S	0.15	0.25	0.17	0.14	−0.06	0.31[c]
	TS	−0.53	−0.51	−0.65[c]	−0.45	−0.08	−0.64[c]

注：a 代表显著性水平 0.001；b 代表显著性水平 0.01；c 代表显著性水平 0.05

4.1.4 讨论与分析

1. 城市地表热岛强度与景观格局关系的时空变化原因

建成区是城市中的典型地物，其面积比例和空间结构的变化会对地表温度产生显著的影响。本节研究发现 SUHII 与建成区的 ΔPLAND 之间存在显著的正相关关系（表 4-3），这说明城郊建成区面积比例差异的增大，会引起城市热岛强度的升高。建成区相较于自然地物往往有着较低的反射率、较高的导热性和较大的热容量，在同样的光照条件下更容易出现温度的上升（Huang and Lu，2018；Wu et al.，2014；Peng et al.，2012）。建成区面积增加同时伴随着建筑密度和高度升高，造成天空开阔度减少、空气流通速率下降及地面长波辐射多重反射与吸收（Xu et al.，2014；Imhoff et al.，2010），进而引起地表温度升高。此外，人口数量、能源消耗和空气污染等也是影响城市地表温度的重要因素，城郊建成区面积百分比差异增加的同时也会引起城郊上述因素差异的增大，进而造成热岛强度上升。值得注意的是，多项针对北京、上海、武汉等大城市的研究发现，建成区斑块密度、聚集程度及形状不规则度的增加会导致地表温度的上升（Wu et al.，2014；Li et al.，2011；Zhou et al.，2011）。然而，本节研究结果表明，SUHII 与建成区景观结构参数的关系会随着气候区的变化而发生改变。例如，冬季日间 SUHII 与城郊斑块密度差异（即 ΔPD）在位于中国东南部的 EW 气候区和 W 气候区中具有显著的正相关关系，但在中国北部的 A 气候区和 S 气候区中它们的关系并不显著，甚至表现为微弱的负相关关系（表 4-4）。以下两点可能是造成这种现象的原因。首先，位于 EW 气候区和 W 气候区的建成区的平均斑块密度要高于位于 A 气候区和 S 气候区的建成区。因此，当城市内部建成区斑块密度不断增加时，位于 EW 气候区和 W 气候区建成区斑块之间更容易相互连接。此前的研究表明，相对于建筑密度，城市内部建筑之间的连接程度才是影响城市热岛强度的关键因素（Debbage and Shepherd.，2015）。因此，SUHII 与建成区 ΔPD 的正相关关系仅出现在 EW 气候区和 W 气候区，而没有出现在 A 气候区和 S 气候区。其次，地理位置的差异是这两组气候区中冬季日间 SUHII 与建成区 ΔPD 之间相关性出现不同特征的另一个可能原因。A 气候区和 S 气候区均位于我国北方，纬度比 EW 气候区和 W 气候区高，因此冬季白天日照时间相对较短，太阳高度角相对较低，接收的太阳辐射量也相对较少（Du et al.，2016）。此外，在冬季白天，由于 A 气候区和 S 气候区的太阳高度角较低，建筑物之间更容易形成阴影，减少了短波辐射接收量，从而降低了城区的地表温度。以上分析为 SUHII 与建成区城郊景观指数差值关系的时空变化给出了较为合理的解释，同时也进一步强调了以往仅针对单一大城市的研究结论可能存在一定的片面性。

林地的 ΔPLAND 与夏季日间 SUHII 的关系在全国尺度及部分气候区（W 气候区、A 气候区和 S 气候区）的分析中都表现出了显著的负相关关系（表 4-3 和表 4-5），这意味着城郊林地面积百分比差值的提升能够较为有效地缓解城市热岛效应。但在 EW 气候区和 TS 气候区中，夏季日间 SUHI 与林地 ΔPLAND 并没有表现出显著的负相关关系（表 4-5）。夏季植被活动旺盛，特别是林地，具有较强的蒸散发作用。与其他地物（草地和耕地）相比，虽然林地有较低的地表反照率会吸收更多的太阳光能，进而增加地表潜热，但强烈的蒸散发作用会释放更多的地表能量，并起到降温的作用（Li et al.，2015；

Peng et al.，2014），因此城郊林地面积比例差值的升高有利于降低热岛强度，这是夏季日间 SUHII 与林地 ΔPLAND 在 W 气候区、A 气候区和 S 气候区中表现出显著负相关关系的主要原因。但是有研究表明，城市热岛强度与城市的"粗糙度"有关，即城市的城区比郊区在空气动力学上越"平滑"，越容易产生城市热岛效应(Li et al.，2019；Zhao et al.，2014)。EW 气候区处于中国的东南部，降水丰富，气候温暖，郊区的植被（特别是高大树木）生长茂盛，造成城区对流散热效率下降，这会在一定程度上抵消树木蒸散发作用的降温效果。因此在 EW 气候区中，夏季日间 SUHII 与林地 ΔPLAND 没有表现出显著的负相关关系。TS 气候区位于中国的青藏高原地区，气候寒冷，植被多以草地为主，林地较少，这是夏季日间 SUHII 与林地 ΔPLAND 在该气候区中没有出现显著相关关系的可能原因。在冬季，日间 SUHII 与林地 ΔPLAND 在 EW 气候区和 W 气候区中具有显著负相关关系，而在其他气候区的相关关系并不显著（表 4-5），这可能与不同气候区中季节变化对植被活动影响的差异性有关。通过对城郊林地增强型植被指数差值（ΔEVI）的分析可以发现，所有气候区中的林地 ΔEVI 的绝对值在冬季都出现了下降趋势（图 4-5）。但相较于其他气候区，EW 气候区和 W 气候区中林地 ΔEVI 的季节性变化要小得多，并且这两个气候区中林地 ΔEVI 的绝对值也明显高于其他气候区，这可能是冬季日间 SUHII 与林地 ΔPLAND 仅在 EW 气候区和 W 气候区中具有显著负相关关系的

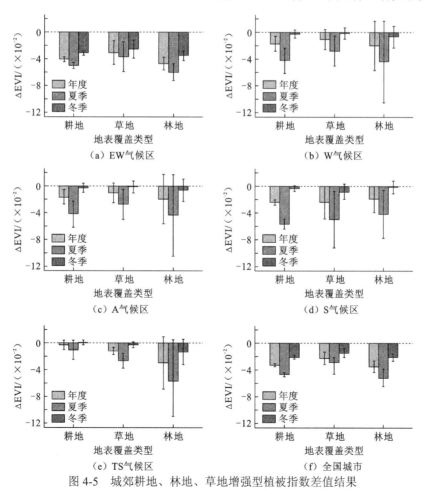

图 4-5 城郊耕地、林地、草地增强型植被指数差值结果

原因。值得注意的是，夜间 SUHII 与林地 ΔPLAND 在大多数情况下不具有显著的负相关关系，甚至会表现出正相关关系。夜间树木活动减弱，林地的蒸散发降温效应会被反照率升温效应抵消甚至掩盖（Peng et al.，2014），进而造成 SUHII 与林地 ΔPLAND 的关系出现由日间至夜间的转变。

与林地不同，草地的 ΔPLAND 与 SUHII 在大多数情况下没有出现显著的负相关关系，更为重要的是，夏季日间 SUHII 与草地 ΔPLAND 在位于中国北部的 A 气候区和 S 气候区中表现出了显著的正相关关系。首先，相较于其他两种类型的地物，草地在城市中所占比例较低，比如全国尺度的分析表明，城区中耕地和林地的平均面积比例分别为38.6%和13.6%，但草地的平均面积比例仅有8.58%，面积占比上的劣势地位限制了草地景观格局对城市地表热岛效应的影响。另外，相对林地而言，草地的蒸散发能力较弱，特别是在 A 气候区和 S 气候区，干燥少雨的气候特征和人为活动（如放牧）的额外影响会造成草地质量和数量的双重下降，进而引起草地蒸散发降温效应的进一步减弱。

耕地在我国城市及城市周边地区的占比很高，其景观格局对城市地表热岛效应有着不容忽视的影响。在夏季，SUHII 与耕地 ΔPLAND 之间的相关关系在不同气候区中有着截然不同的结果。在中国北部的 A 气候区和 S 气候区，夏季 SUHII 与耕地 ΔPLAND 具有显著的负相关关系，但在中国东南部的 EW 气候区和 W 气候区，夏季 SUHII 与耕地 ΔPLAND 仅表现为微弱的负相关关系，甚至在夜间表现为显著的正相关关系。中国东南部以水田为主，而北部以旱田为主（Chen et al.，2005），这种耕地类型的差异是不同气候区中 SUHII 与耕地 ΔPLAND 之间关系存在差异的一种可能原因。在冬季，由于大多数耕地均已成熟并收割，原本的耕地会被裸地覆盖，这使得冬季日间 SUHII 与耕地 ΔPLAND 在 A 气候区和 S 气候区中仅表现出了微弱的相关关系。另外，冬季日间 SUHII 与耕地 ΔPLAND 在 EW 气候区和 W 气候区中表现出显著的正相关关系，这可能与中国南方部分地区燃烧秸秆造成温度异常升高有关。

水体和湿地拥有较高的热容量和热惯性（Du et al.，2016），在白天可以吸收更多的太阳光能，起到降低地表温度的作用，但由于其释放热量的速度较慢，在夜间反而会比其他地物（比如植被）的温度高，这为水体和湿地的 ΔPLAND 与日间 SUHII 呈现负相关关系，但与夜间 SUHII 呈现正相关关系提供了合理解释。对于裸地，由于其含水量较低，白天地表温度会在阳光照射下快速升高，而在夜间，由于其降温速度快，反而会表现出较低的地表温度。因此，裸地的 ΔPLAND 与日间 SUHII 呈现正相关关系，但与夜间 SUHII 呈现负相关关系。然而，城市中裸地、水体和湿地所占的面积比例都相对较低，因此它们的景观格局对 SUHII 的影响十分有限，这使得它们的城郊景观指数差值与SUHII 在绝大多数情况下都没有出现显著性关系。

2. 研究结果对城市规划的启示

景观水平上的分析发现，SUHII 与 ΔSHDI 多表现为负相关关系，而与 ΔCONTAG 多表现为正相关关系。由景观指数的定义可知，SHDI 和 CONTAG 分别反映了城市中地物类别的多样性和各地物的聚集程度。当 SHDI 升高时，城市中地物类别的多样性会提升，而 CONTAG 的上升则意味着城市中每类地物各自聚集程度的提升，以及相应的地物之间混合程度的下降。因此，景观水平的分析结果说明城区地物多样性的增加及不同地物之间在空间分布上混合程度的提升，能够起到降低城市热岛强度的作用。该结果也得到了以往研究结论的支持。例如：有研究指出提高建筑物与植被之间的相互混合程度，有助于降低城区地表温度（Zhou et al.，2011）；也有研究表示将相同面积的湿地或水体分成更多的小块，提高与其他地物之间的混合程度，有利于缓解城市热岛（Sun et al.，2012）。

4.1.5　小结

城市景观格局是影响地表热环境空间分布的重要因素，然而目前还缺乏对景观格局与地表热环境之间关系的多城市综合性分析。本节选取了位于中国不同气候区的 332 个城市，首先利用 2014～2016 年的 MODIS 地表温度数据产品，计算了每个城市不同时相、不同季节的城市地表热岛强度（SUHII），用于定量反映城郊地表热环境的差异。之后，分别在类别水平和景观水平选取了典型的景观指数，并结合 2015 年度中国土地利用/覆盖数据集（CLUD），在每个城市中计算了城郊景观指数的差值（ΔLMs），实现对城郊景观格局差异的综合反映。最后，使用斯皮尔曼秩相关系数，分昼夜、季节和气候区域分析了 SUHII 和 ΔLMs 之间的关系。

研究结果表明，中国城市的 SUHII 具有较为明显的昼夜变化特征（日间高于夜间）和季节变化规律（夏季强于冬季）。SUHII 在空间上的变化与城郊景观格局的差异联系密切，最为典型的是 SUHII 与建成区城郊景观面积比例差值（ΔPLAND）有着显著的正相关关系，与建成区城郊斑块密度差值（ΔPD）、聚集度指数差值（ΔCI）及平均形状指数差值（ΔMSI）多表现为负相关关系。除了建成区，林地、草地和耕地的城郊景观格局差异也会对 SUHII 产生重要影响，但具体情况与地物类型、气候条件及昼夜和季节等因素密切相关。此外，水体、湿地和裸地等地物的 ΔLMs 与 SUHII 的相关分析结果较少表现出显著性。除了针对每种地物类别水平上的分析，本节研究还在景观水平上分析了 SUHII 与景观指数的差值（ΔLMs）的关系，发现 SUHII 与城郊景观香农多样性指数差值（ΔSHDI）多表现为显著的负相关关系，而与城郊蔓延度指数差值（ΔCONTAG）一般具有正相关关系。该结果说明提高城区内土地覆盖类型的多样性、增加不同地物之间空间分布的混合度，是缓解城市热岛效应的有效手段。总体而言，本节研究在较大的尺度上对城市地表热岛强度与景观格局的关系进行了较为综合的分析，研究结果能够从城市景观规划的角度为改善城市热环境提供科学指导。

4.2　城市二维和三维景观格局对地表温度的综合影响

4.2.1　概述

城市的景观格局会影响到物理、生态和社会经济过程，与地表温度存在密切关系。以整个城市的景观形态为研究对象，Du 等（2016）分析了长江三角洲城市群中城市面积与热岛强度的关系，发现二者存在显著的相关性；Zhou 等（2017a）以欧洲 5 000 个大城市为研究对象，发现城市热岛强度会随城市面积和紧凑度（分形维数）的增加而增强。城市内部，不同地表覆盖类型斑块之间的关系对地表温度的影响也得到了研究。Li 等（2017a）分析了城市地表覆盖类型的斑块密度、分离度、边界密度、形状复杂性及景观多样性与地表温度的关系；Gunawardena 等（2017）分析了城市中绿色和蓝色设施（如公园、河流、湖泊）的大小、蔓延度、几何形状、间隔等对降温效果的影响；Peng 等（2016）分析了城市土地利用类型（主要是生态用地）的形状指数和破碎度对城市热环境的影响；此外，其他景观指标如核心面积指数、聚集指数、对比度、离散度、连通性等都得到了研究（Estoque et al.，2017；Yang et al.，2017；Weng et al.，2008）。然而，上述研究都是基于中分辨率或低分辨率遥感数据解译城市形态，以城市不透水层作为研究对象。城市区域的一个像素往往包含多个地表覆盖类型，中低分辨率影像会带来混合像元的问题（Zhou et al.，2017b），因而无法对城市内部的景观结构、语义功能等进行精细的描述。高分辨率遥感影像提供了丰富的空间、纹理、几何等细节信息，可用于描绘详细的城市形态，为在精细尺度上研究城市形态与城市热岛的作用机制提供了良好的数据源。因此，近年来不少学者使用高分辨率遥感数据研究城市景观格局对地表温度的影响（Elmes et al.，2017；Zhou et al.，2014；Li et al.，2011；Zhou et al.，2011）。高分辨率遥感影像提供的空间细节信息使人们可以将关注对象深入城市基元（如建筑、道路、树木等），精确模拟城市化带来的景观变化及其对热环境的影响。

城市化不仅表现为水平方向的扩张，更有垂直方向的扩张，尤其在经济和人口密集的城市中心区域。空间上建筑容积率不断提升，在垂直立面上景观也表现出复杂性，更直接地影响城市的生态结构与功能特性。由于构成城市景观的要素在三维层面的影响日趋显著，传统城市景观格局的二维特征分析已不能满足当前研究的需要，三维城市特征分析成为探讨理想城市形态的关键（Futcher et al.，2017）。建筑群体是城市下垫面的重要组成部分，三维特征明显，其三维形态对城市热岛的影响逐渐受到重视，如高度、体积、容积率、天空开阔度等。Li 等（2011）使用上海市高分辨率的地表覆盖和利用数据，研究了不同高度住宅区的温度分布特征及建筑物高度与植被密度的联合效应。Chun 和 Guldmann（2014）使用 LiDAR 点云数据、建筑物足迹矢量数据及数字地形模型（digital terrain model，DTM），分析了高密度中心城区建筑覆盖度、天空开阔度、太阳辐射与地表温度的回归关系。Berger 等（2017）使用 LiDAR 点云数据和数字表面模型（digital surface model，DSM）在德国的柏林和科隆研究了二维和三维城市场地特征与地表温度的时空关联，如建筑物高度、容积率、树木高度、天空开阔度等。Scarano 和 Mancini（2017）使用三维建筑矢量数据库在意大利的巴里市研究了天空开阔度对地表温度的影响。与二维城市形态相比，三维城市形态与城市热岛/地表温度的研究规模较小，且大多关注的是三维城市景观与地表温度之间的双变量相关性，多个城市形态对地表温度的综合影响很少得到解释，也很少控制二维城市形态对结果的影响。此外，一些在辐射平衡和通风中起重要作用的三维城市形态参数（如形体系数）对地表温度的影响还没有得到揭示（Depecker et al.，2001）。因此，三维城市形态与地表城市热岛的关系研究仍有待深入。

除了地表覆盖和景观结构，与人类活动直接相关的城市功能也是影响地表温度的因素。城市功能体现了特定的人类活动，如居民生活能耗、资源利用、污染排放等，这些对城市温度的调节和热岛的形成起着重要作用。在中分辨率尺度上，学者们对城市用地进行了粗略的划分，探究建成区与自然地表对城市热环境的影响。Peng 等（2016）研究了 2001~2009 年北京市 4 个功能区划（郊区、开发区、生态保护区、中心区）的温度变化情况及对城市热岛的贡献，发现尽管中心区和郊区的地表温度更高，但近年来热中心有向开发区和生态保护区迁移的趋势。Li 等（2017a）研究了深圳市 6 类用地类型（建成区、水体、裸地、森林、草地、农业用地）对城市热岛的影响，发现城市热源主要为建成区，强散热器主要为森林和水体，其余为农业用地和草地，弱散热器以森林为主，其次是农业用地和草地。在高分辨率尺度上，学者提出用城市功能区的分类系统来研究人类活动造成的城市内部温度差异。城市功能区是从城市土地利用类型中语义抽象出的分类方案，可用于描述人类活动。它由物理特征及社会和经济功能决定，并且具有不同的表面特性（例如，景观结构、地表覆盖等）和能源利用特点，因此呈现出不同的热特征（Zhang et al.，2017a）。学者们将城市功能要素作为解释热岛效应的切入点，发现城市功能区不仅导致城乡温度梯度变化，还导致城市内部的温度差异。Lo 和 Quattrochi（2013）在亚特兰大研究了 6 种城市功能区对城市热岛的影响；叶有华等（2008）通过定点观测的方式对城市功能区的热岛发生频率和强度进行了分析；Li 等（2014）在上海市提取了新建住宅区、老住宅区、别墅、产业和公共设施类用地，比较了不同用地类型的地表温度差异和均方差。相关研究普遍发现，工业区、商业区、交通设施及高密度住宅区呈现出较高的地表温度。然而，这些研究仅评估了不同土地利用类型的热行为（例如不同土地利用类型之间的温度差异、温度升降速率和时间动态），少有研究分析不同城市功能区中城市形态对地表温度的影响差异。当前研究仍缺乏对城市功能区与地表温度关系的细致和深入的探讨。

综上，当前城市形态和地表温度之间关系的研究取得了大量进展，但仍面临两个问题：①对三维城市形态与地表温度的关系研究不足；②缺乏不同功能区城市形态对地表温度影响的综合认识。

4.2.2　数据与方法

1. 研究区域

本节研究的重点在于探讨城市发展（如二维和三维城市景观、城市功能区类型）对热环境的影响，选取城市化发展迅速的中部特大城市武汉为研究对象。

武汉是湖北省省会，地处江汉平原东部（29°58′N～31°22′N，113°41′E～115°05′E）、长江及其最大的支流汉江的交汇处。武汉属于亚热带季风性气候，常年雨量充沛，夏季炎热潮湿，平均年降水量为 1 260.6 mm，月平均日间气温在 4.0℃（1 月）到 29.1℃（7 月）之间（Peeletal.，2007）。武汉江河纵横，湖港交织，总水域面积约占全市总面积的四分之一。改革开放以来，随着经济发展武汉经历了快速的城镇化进程，城市空间范围急剧扩张，交通用地、工业用地、居住用地等城镇建设用地不断增加；城市立体化倾向明显，新增高楼众多。截至 2018 年末，武汉市常住人口达 1 108.1 万人，已成为中部重要的交通枢纽和经济、教育、工业中心。与此同时，武汉面临的生态环境胁迫日益显著，城市热岛效应明显（Ali and Zhao，2008）。鉴于武汉典型的气候特征和社会经济地位，本节研究选择武汉为研究区域，具体研究范围为武汉三镇核心区域，覆盖范围为 982.6 km²。

2. 数据选择与处理

采用多源数据进行城市地表信息提取,包括高分辨率资源三号(ZY-3)卫星影像、Landsat 8 影像、谷歌地图影像、三维建筑矢量数据、OpenStreetMap(OSM)道路网及微博签到数据(POI),获取时间为 2013 年前后,见表 4-8。

表 4-8 本节研究所采用的数据

数据类型		空间分辨率	时间
遥感影像	ZY-3 影像	2.1 m	2013 年 8 月 12 日
	Landsat 8 影像	30 m	2013 年 4 月 26 日 2013 年 5 月 12 日 2013 年 7 月 31 日 2013 年 8 月 16 日 2013 年 9 月 17 日 2013 年 10 月 3 日 2014 年 1 月 23 日
地理信息数据	谷歌地图影像	亚米级	2013 年
	三维建筑矢量数据	矢量	2013 年
	OSM 道路网	矢量	2016 年
	微博签到数据(POI)	矢量	2014 年

资源三号卫星是中国首颗民用高分辨率立体测绘卫星,其 01 星于 2012 年 1 月发射,搭载了 3 台光学全色相机和 1 台多光谱相机。资源三号卫星的扫描带宽约为 50 km,正视全色相机的空间分辨率为 2.1 m,多光谱相机的空间分辨率为 5.8 m,包含蓝、绿、红、近红外 4 个波段,能够以 5 天的重访周期对地球南北纬 84° 以内的范围实现高分辨率的大面积对地观测(李德仁,2012)。资源三号 01 星是一颗三线阵卫星,卫星搭载了前视、正视、后视三视角相机,可以实现同轨立体成像,从而提供丰富的空间信息,在城市地表信息提取任务中表现出巨大潜力。表 4-9 提供了资源三号 01 星的传感器参数。

表 4-9 资源三号 01 星传感器参数

传感器	波段	光谱范围/nm	空间分辨率/m	幅宽/km
全色相机	正视	500~800	2.1	51
	前视	500~800	3.5	52
	后视	500~800	3.5	52
多光谱相机	蓝	450~520	5.8	51
	绿	520~590	5.8	51
	红	630~690	5.8	51
	近红外	770~890	5.8	51

地表温度反演所用的数据为 Landsat 8 数据。Landsat 8 是美国陆地卫星计划的第 8 颗卫星，于 2013 年 2 月成功发射。Landsat 8 搭载的陆地成像仪（OLI）包括 9 个波段，空间分辨率为 15～30 m；热红外传感器（TIRS）包括 2 个波段，波长范围分别为 10.60～11.19 μm（第 10 波段）和 11.50～12.51 μm（第 11 波段），空间分辨率为 100 m。由于 Landsat 数据丰富的空间和光谱信息、较高的重返周期、大量的数据储备及易获取性，它已被广泛应用于地表温度反演、土地利用/覆盖变化、生态环境等研究中。本节使用的影像数据为从美国地质调查局获得的 7 景云量低于 10%且研究范围内无云的 Landsat 8 影像，产品级别为 L1T，已通过辐射校正和几何校正，所使用的 TIRS 影像已由美国地质调查局使用三次卷积算法重采样到 30 m 的空间分辨率。

参考影像为谷歌地图影像，它具有非常高的空间分辨率（亚米级），可用于地表信息提取的训练样本选择和精度验证。谷歌地图影像由不同高分卫星和航拍数据拼接而成，如 Quickbird、SPOT 系列卫星、IKONOS 等。

使用多源地理信息数据来辅助分类和分析，包括三维建筑矢量数据、OpenStreetMap 道路网和微博签到数据。三维建筑矢量数据获取自武汉市自然资源和规划局，包含建筑物足迹和楼层数信息。根据国家《民用建筑设计通则》（GB50352—2005），对建筑物进行高度估计。道路网下载自 OpenStreetMap，这是一个由众多志愿者协作打造的在线地图（Haklay and Weber，2008）。道路网为矢量形式，提供了每条道路的等级，分别对应主要高速公路、主要道路、次要道路和小路。在研究区内收集超过 13 万条关注点（point of interest，POI），这些 POI 来自新浪微博的签到数据，由用户自愿提供，包含地理位置和功能属性信息（如社区、超市、娱乐场所、餐厅、工厂等）。

采用多源遥感和地理信息数据，首先需对数据进行几何预处理，通过几何配准确保对应的地理位置一致。一般的粗加工遥感数据通过卫星的轨道参数对影像的几何系统误差进行校正，但难以纠正地形和地物高度引起的几何变形。在城市这样高度起伏较大的区域，几何变形难以得到有效抑制。本节利用由资源三号多角度影像生成的高分辨率数字表面模型（DSM）进行精细的正射纠正。DSM 通过有限的地形高程数据对地面地形进行数字化模拟，包含了地表建筑物、桥梁和树木等物体的高度信息。利用资源三号的前视和正视影像作为立体像对，采用半全局匹配（semi-global matching，SGM）算法识别同名点。半全局匹配为一种介于全局匹配和局部匹配之间的匹配算法，可以在匹配精度和计算效率之间起到良好的平衡作用。根据最优化能量函数思想，寻找每个像素潜在的最优视差，使影像的全局能量函数达到最小（Hirschmuller，2007）。其能量函数 $E(D)$ 可表示为

$$E(D) = \sum_p C(p, D_p) + \sum_{q \in N_p} P_1 T[|D_p - D_q| = 1] + \sum_{q \in N_p} P_2 T[|D_p - D_q| > 1] \qquad (4\text{-}3)$$

式中：第一项为视差项，表示所有像素的匹配代价，其中 $C()$ 为代价函数，D_p 为 p 像点的视差值；第二、三项为平滑项，其中 P_1 和 P_2 为惩罚系数，$T[\ ]$ 为判断函数（真值时返回 1，否则为 0）；D_q 为 q 像点的视差值；q 为 p 的临近像点。对像点 p 临近视差差值为 1 的像素增加惩罚系数 P_1，使相邻像素点的视差尽可能一致，对像点 p 临近视差差值大于 1 的像素给予更大的自适应的惩罚系数 P_2，通过惩罚系数的调整来控制视差变化的平滑性。

影像匹配之后，通过前方交会即可求解像点对应的地面点坐标，生成 DSM 和正射

影像。基于正射影像，对多光谱影像进行几何配准。通过寻找同名点计算几何变化参数，基于多项式模型实现多光谱影像的几何变换，本节配准的均方根误差小于 1 个像素。然后，将配准后的全色正射影像与多光谱影像融合，以提升多光谱影像的空间分辨率。格莱姆-施密特（Gram-Schmidt）光谱锐化方法具有较高的影像保真效果（Laben and Brower，2000）。基于融合后的高分辨率影像，对多源地理信息数据进行几何配准，其均方根误差也在 1 个像素以内。此外，通过目视检查，对地理信息数据的质量从位置准确性、拓扑一致性和完整性三个方面进行修正（Senaratne et al.，2017）。

Landsat 数据需进行辐射定标和大气校正，以将传感器探测到的波段有效值转换为辐射亮度值（辐射率），此过程可使用 ENVI 软件的定标工具和大气校正工具完成。

3. 集成多源数据的城市地表覆盖分类

城市以人造景观为主，空间异质性强。根据国家《土地利用现状分类》（GB/T 21010—2017）和武汉市地表覆盖的分布特征，将研究区的地表分为 7 类：建筑物、道路、裸土、树木、草/灌木、水体、其他不透水面。其中，其他不透水面主要包括广场、开阔空地、部分人行道等。

为了获取高精度的城市地表覆盖类型图，设计一种集成多源数据的面向对象的城市地表覆盖分类框架。相较于单一数据源，多源数据的融合可以很好地弥补现有数据的不完善，有利于提高分类效率和精度（Huang et al.，2018b）。地理信息数据的三维建筑和道路网与分类体系契合，因此可直接用来提取建筑物和道路。具体而言，建筑物由三维建筑矢量数据栅格化得到；道路则是基于 OpenStreetMap 的道路矢量和等级（如主干道、二级道路、三级道路、高速公路、普通马路等），在高分辨率资源三号影像上测量，从而建立对应宽度的缓冲区得到。将以上两种地物类别从资源三号影像上掩膜掉。对于余下的 5 类地物，使用面向对象的监督分类方法进行分类。

高分辨率遥感影像具有丰富的空间信息、地物几何结构和纹理信息。然而，在高分辨率遥感影像上，基于像素的分类方法容易出现"椒盐噪声"，导致分类图斑破碎且精度不高，难以达到实际分析应用的要求。相较基于像素的分类，面向对象的分类方法是以同质的临近像元集合而成的对象为基本处理单元，更符合地物识别与分析的机理（Myint et al.，2011）。参与信息提取的因子不仅有光谱，更有纹理、形态、空间、上下文等特征，因此可以充分发挥高分辨率遥感影像的优势。面向对象的分类包含三个关键步骤：影像分割、对象层特征提取、分类。本节研究使用 eCognition 软件实现面向对象的分类。

影像分割是将临近的同质像元组成对象基元的过程，理想的分割基元是最符合实际的地物对象。采用自下而上的多尺度分割策略，通过识别像元的相似性，将相邻相似像元合并形成对象。参数设置为：波段权重 1，形状指数 0.1，紧致度因子 0.5，分割尺度 80。基于专家经验，采用光谱均值及标准差、光谱亮度、色调、正则化数字表面模型（normalized digital surface model，nDSM）、归一化植被指数（NDVI）、归一化水体指数（normalized difference water index，NDWI）、形状指数、边界长度、大小、不对称性作为特征集合用于分类，得到裸土、树木、草/灌木、水体和其他不透水面 5 个地表覆盖类别。其中光谱均值是每个光谱波段的像素均值；光谱亮度是多个光谱波段均值的均值；nDSM是对 DSM 进行形态学顶帽滤波变换得到的，从 DSM 中减去了地表的高程信息，因此表示的是地表地物（如树木、建筑物）的高度（Meiling et al.，2013），其公式如下：

$$nDSM = f - \gamma_R^b(f) \tag{4-4}$$

式中：f 为形态学中的掩膜影像，此处指 DSM 影像；b 为形态学中的结构元素，取半径为 30 个像素的圆形；γ_R 为形态学开重构运算。

特征表示后，利用随机森林分类器进行分类。随机森林分类器是一种监督的集成学习分类器，以决策树作为基本单元，通过样本扰动和特征扰动增加决策树的多样性，随后对多个决策树的分类结果进行集成和投票，票数最多的类别将被指定为输出类别（Breiman，2001）。随机森林分类器具有灵活、准确的优点，无须降维即可处理具有高维特征的输入，且在生成过程中可以得到内部生成误差的无偏估计，是遥感领域最常用的分类器之一（Belgiu and Drăguţ，2016）。每类地表覆盖类型选择约 200 个随机样本进行模型训练和分类；通过目视判读，对分类结果进行修正；再将分类结果与由辅助数据得到的建筑物和道路合并，得到研究区地表覆盖分类图（图 4-6）。图 4-7 展示了三维视角下的城市地表覆盖情况。

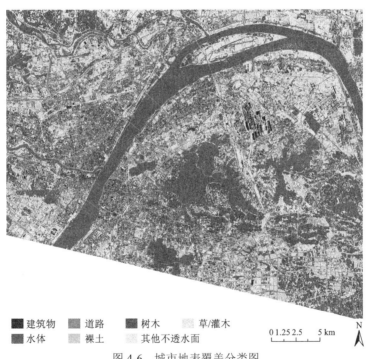

图 4-6　城市地表覆盖分类图

在每类地物中随机选取约 100 个与训练样本独立的测试样本来评定分类图精度。训练样本与测试样本从谷歌地图高分辨率影像和资源三号影像中目视解译得到，并辅以实地调查。地表覆盖分类的混淆矩阵如表 4-10 所示，其总体精度为 93.0%，各类别的用户精度均在 90% 以上。生产者精度最高的为水体（97.1%），其次是道路（96.9%）和建筑物（96.0%），最低的是裸土（89.3%），存在和草/灌木的混分，其余类别的生产者精度均高于 90%。

	建筑物		道路		树木		草/灌木	
	水体		裸土		其他不透水面			N ↑

图 4-7　三维视角的城市地表覆盖

为增强显示效果，建筑物高度拉伸了三倍

表 4-10　城市地表覆盖分类的混淆矩阵

项目	草/灌木	树木	建筑物	水体	裸土	其他不透水面	道路	用户精度/%
草/灌木	91	3	0	0	6	0	0	91.0
树木	4	94	0	2	0	1	0	93.1
建筑物	1	1	96	0	3	2	0	93.2
水体	0	0	1	99	0	0	0	99.0
裸土	3	1	1	0	92	4	0	91.1
其他不透水面	0	1	2	1	2	89	3	90.8
道路	2	3	0	0	0	2	94	93.1
生产者精度/%	90.1	91.3	96.0	97.1	89.3	90.8	96.9	
总体精度/%				93.0				

4. 基于 POI 及目视解译的城市功能区分类

由于人类的生产生活活动具有一定的规律性和区域性，城市场景表现出了明显的语义特征，即城市功能区划。城市功能区是指具有相似的人类社会经济活动的区域，具有独特的地表物理特征，与人类活动关系密切（Zhang et al.，2017a）。依据国家《土地利用现状分类》（GB/T 21010—2017）和不同社会经济活动的潜在生态影响，本节研究中 10 个城市功能区分类体系如表 4-11 所示。其中住宅区、工业区、商业区、未利用地、公共服务区是人类活动的主要区域，属于建设用地类型；城市绿地、农业用地、林地、河流、湖泊属于自然用地类型。

表 4-11 城市功能区分类体系定义

编号	类别		描述
1	建设用地类型	住宅区	指城乡居民区及其附属设施，如普通小区、别墅、城中村等
2		工业区	指生产用地，包括：轻工业，如食品加工、医药、电子制造等；重工业，如钢铁、冶金等；仓库也属于工业区
3		商业区	包括零售业、服务业、金融中心、购物广场等
4		未利用地	目前还未利用的地，主要为待建设地及车站等
5		公共服务区	指市政公用设施，如文化体育活动区、医院、学校等
6	自然用地类型	城市绿地	城市公园、灌木、植物园及其他主要位于城区的绿化用地
7		农业用地	种植农作物的区域，如耕地、草田、果园等
8		林地	指生长乔木、灌木等的林业用地
9		河流	主要指长江及其支流
10		湖泊	城中湖、大面积水库等

遥感数据蕴含空间物理属性，而社交媒体签到数据（POI）包含了人类活动的时空模式，可揭示城市内部功能，因此本节研究融合遥感数据和地理信息数据进行城市功能区分类。对于场景分类问题，首先要对影像进行分割，得到场景单元。使用 OpenStreetMap 道路网作为参考，以街区为单位对资源三号影像进行分割，共获得 3194 个街区。相较规则的矩形格网，由道路网分割得到的地理对象块更符合城市功能区的自然分割边界。使用从 POI 派生的特征及影像，目视解译城市功能区。原始的 POI 有 20 种类别，经过数据清洗，将它们重分类到与建设用地类型相符的 5 类和城市绿地。不同类型的 POI 之间数量差异过大（如商业类 POI 数量显著多于其他类别 POI 数量）。为了减轻不同类型 POI 数量分布不平衡引起的潜在误差，使用核密度估计对不同类型 POI 进行标准化（Hu et al.，2016），基于核密度估计和目视解译提取城市功能区（图 4-8）。参考 POI 核密度、谷歌地图和百度地图的高分辨率影像和街景，对功能区类别进行标定。基于实地调查和专家解译，随机选择 630 个街区进行精度评定，经验证总体精度达 94.3%，各类别的生产者精度和用户精度均在 90% 以上，满足实际应用分析需求。表 4-12 为城市功能区分类的混淆矩阵。

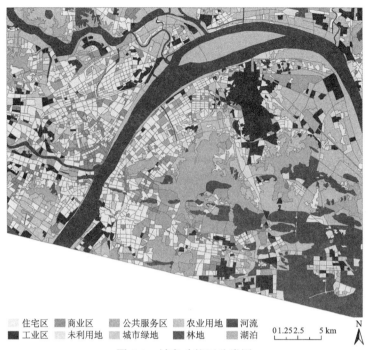

住宅区　商业区　公共服务区　农业用地　河流
工业区　未利用地　城市绿地　林地　湖泊

0 1.25 2.5　5 km　N

图 4-8　城市功能区分类图

表 4-12　城市功能区分类混淆矩阵

项目	1	2	3	4	5	6	7	8	9	10	用户精度/%
1	75	1	4	2	2	0	0	1	0	0	94.9
2	1	75	0	4	0	0	0	0	0	0	93.8
3	3	0	77	0	0	0	0	0	0	0	96.3
4	0	2	0	80	0	2	0	0	0	0	98.8
5	3	0	0	0	77	0	0	0	0	0	96.3
6	1	0	0	1	0	48	1	0	0	0	96.0
7	0	0	0	0	0	1	49	2	0	0	98.0
8	0	0	0	0	0	0	3	48	0	0	96.0
9	0	0	0	0	0	0	0	0	20	0	100
10	0	0	0	0	0	0	0	0	2	48	96.0
生产者精度/%	90.4	96.2	95.1	92.0	97.5	94.1	92.5	94.1	90.9	100	
总体精度/%					94.3						

注：数字编号含义参见表 4-11

5. 地表温度反演

在温度高于绝对零度时，所有物质都会不断发射热红外辐射。热红外传感器可获取瞬时视场范围内的地表向上辐射能量，从而能够反演地表温度。现有研究指出，由于视域外杂散光的影响，TIRS 11 波段的定标存在较大的不确定性（徐涵秋，2016），因此，可采用辐射传输方程，通过 TIRS 10 波段来反演地表温度。该方法利用 Landsat 8 TIRS 10 波段反演地表温度的均方误差在 1K 以内（Yu et al.，2014），其具体流程参见 2.1.2 小节。使用 2013 年 4 个季节的 7 景 Landsat 8 影像来反演地表温度。为了增强结果的稳定性，取同一季节（除了冬季）的 2 景地表温度的均值代表该季节的地表温度。

6. 城市形态指标的选取与计算

1）城市功能区划

城市形态包括城市中各异的社会经济活动。人类活动会产生大量的热排放，如空调、汽车、能源燃烧等都会排放热，影响地表温度。城市功能区划受城市的自然环境和社会经济活动影响，是人类活动的直接反映，在一定程度上可以揭示人为热排放特征。此外，城市功能区还可以反映城市的形态、气候、物理等重要因素。本节研究分析不同城市功能区的热特征，并以城市功能区为单元，探讨不同城市功能区中二维地表覆盖和三维建筑空间格局与地表温度的关系。

2）二维景观指数

大量研究表明，城市热格局与城市的地表覆盖及空间结构存在联系。景观指数是描述空间结构形态的常用指标，具有通用性，受到各国学者的青睐（Uuemaa et al.，2013）。景观指数分为景观组成指数和景观配置指数，分别描述景观中各地物类型所占的面积比例和空间分布情况。景观组成指数和景观配置指数可提供互补的信息，从而更好地定量化描述景观格局，与生态过程建立联系（邬建国，2007）。城市地表覆盖和空间分布是城市形态的基本和核心，会影响地表的热交换、热辐射及植被的蒸腾作用，从而调节局部热环境。基于现有文献综述，选取 5 个景观指数来描述城市二维空间形态，分别为斑块所占面积比例（PLAND）、斑块密度（PD）、边缘密度（edge density，ED）、景观形状指数（landscape shape index，LSI）和斑块连接度指数（patch cohesion index，COHESION）。这些景观指数反映了景观的组成（PLAND）、形状复杂度（ED、LSI）、和空间布局（PD、COHESION）三个方面特征。

使用 Fragstats 软件计算景观指数，以街区为计算单元。由于街区是基于道路分割的，道路不参与景观指数的计算。此外，水体的地表覆盖类型和城市功能区类型存在重叠（即水体多属于河流和湖泊功能区，地表覆盖类型单一），因此水体也不参与计算。表 4-13 统计了建设用地类型中二维景观指数的平均值及 4 类建设用地功能区中二维景观指数的均值。

表 4-13 二维景观指数计算结果

地表覆盖分类	景观指数	建设用地	住宅区	工业区	商业区	公共服务区
建筑物	PLAND/%	26.169	27.729	25.999	32.950	21.477
	PD	299.526	365.573	235.103	229.986	266.419
	ED	555.364	673.513	405.698	548.698	449.963
	LSI	10.274	12.205	8.528	7.289	10.909
	COHESION	94.953	94.718	95.712	96.483	95.026
其他不透水面	PLAND/%	32.205	30.755	35.556	35.865	26.729
	PD	198.660	238.238	128.747	196.527	184.676
	ED	561.406	626.698	463.757	601.317	468.432
	LSI	10.115	11.436	9.084	8.278	10.812
	COHESION	98.198	98.195	98.823	98.536	97.966
草/灌木	PLAND/%	10.103	11.183	10.864	4.171	12.036
	PD	158.980	185.494	141.988	103.777	172.991
	ED	181.210	210.387	181.586	80.422	197.950
	LSI	6.073	6.513	6.757	3.419	7.601
	COHESION	85.638	88.045	92.473	67.008	90.908
树木	PLAND/%	12.843	14.394	10.710	7.392	23.827
	PD	114.522	127.631	99.201	105.294	116.212
	ED	239.996	280.821	197.770	152.162	351.541
	LSI	6.710	7.346	6.766	4.406	9.078
	COHESION	91.294	93.975	89.338	84.591	97.023
裸土	PLAND/%	8.394	5.820	8.900	5.451	6.392
	PD	155.389	210.399	101.837	91.090	103.377
	ED	136.686	131.033	138.526	105.180	106.249
	LSI	5.519	6.080	5.633	3.738	5.530
	COHESION	83.108	82.994	87.556	72.327	86.889

3）三维建筑空间格局

建筑物作为城市最重要的基元，其空间结构会影响城市的热排放、通风、热辐射等过程，从而调节城市微气候。建筑物具有典型的三维结构，图 4-9 展示了一个局部三维建筑空间格局的示例。从建筑物的形状、组成、分布等角度出发，选取 7 个对地表温度存在潜在影响的空间形态指标用于描述建筑物（Leitão et al.，2012），分别为方向方差（orientation variance，OV）、面积加权平均形状指数（area-weighted mean shape index，

AWMSI）、平均形体系数（mean shape coefficient，MSC）、平均高度（mean height，MH）、高度方差（height variance，HV）、归一化高度方差（normalized height variance，NHV）、天空可视因子（也称天空开阔度，sky view factor，SVF），如表 4-14 所示。其中 OV 与 AWMSI 在二维空间上描述建筑结构，MSC、MH、HV、NHV、SVF 是基于三维空间的形态描述。

建筑物　道路　树木　草/灌木
水体　裸土　其他不透水面

图 4-9　城市局部三维建筑空间格局示例

表 4-14　建筑物空间形态指标描述

维度	指标	描述
二维	OV	建筑物走向的方差，描述建筑物排列方向的复杂程度
	AWMSI	所有建筑物对象的形状指数的面积加权平均数，描述建筑物形状的复杂性
三维	MSC	形体系数均值，描述建筑物通过自然通风和阳光与外界环境相互作用的潜力
	MH	建筑的平均高度，描述该街区的三维粗糙度
	HV	建筑高度方差，描述该街区的错落度
	NHV	建筑高度标准差与平均建筑高度的比例，描述建筑物的相对错落度
	SVF	一定半径的半球体内可见天空所占的比例（0 代表没有可见天空，1 代表没有阻挡），描述三维空间的开阔程度

　　参考街道方向的定义，建筑物走向定义为与该建筑物具有相同标准二阶中心矩的椭圆的长轴与 x 轴的夹角（Ali-Toudert and Mayer，2006）。形体系数为建筑物外围结构的表面积与体积之比，它说明了建筑物通过自然通风和阳光与外界环境相互作用的潜力（Depecker et al.，2001）。SVF 是影响城市地表热平衡、微尺度空气循环、大气污染物

扩散的关键因素,在城市微气候研究中起着重要作用。使用 Relief Visualization Toolbox 工具计算 SVF,计算原理是以地表某一点为中心,将其视为假想光源,以一定半径形成一个半球体,统计这个范围内可被照亮的面积,即半球体上未被建筑物的投影所遮挡的面积占整个半球体表面积的比例(Zakšek et al.,2011)。以 210 m 作为搜索半径,用 32 个方向上的垂直仰角来模拟半球体。SVF 接近 1 表示几乎整个半球都是可见的,接近 0 表示几乎看不到天空。地表天空可视因子(ground SVF,GSVF)的计算中心都位于地表(Chun and Guldmann,2014)。图 4-10 展示了建筑物高度分布及天空可视因子的示例。不同城市功能区内建筑空间格局计算结果见表 4-15。

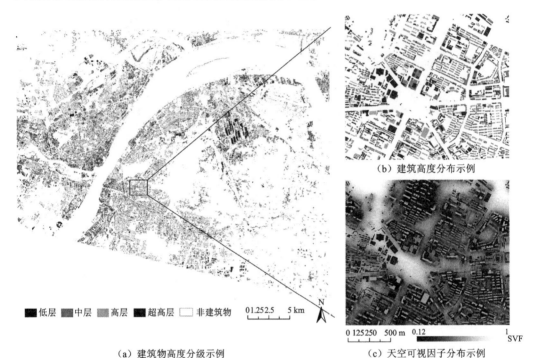

（b）建筑高度分布示例

（a）建筑物高度分级示例

（c）天空可视因子分布示例

图 4-10　建筑高度分布及天空可视因子计算示例

本案例中,将建筑物高度<10 m 记为低层,10~24 m 记为中层,24~90 m 记为高层,>90 m 记为超高层

表 4-15　建筑空间格局指标计算结果

空间形态指标	建设用地	住宅区	工业区	商业区	公共服务区
OV/(°)	40.834	40.726	41.758	40.835	39.888
AWMSI	2.317	2.509	2.003	2.322	2.075
MSC	0.747	0.750	0.767	0.697	0.695
MH/m	13.943	16.827	5.269	16.876	12.328
HV/m^2	197.034	236.825	20.645	350.501	105.756
NHV	0.645	0.633	0.626	0.787	0.696
SVF	0.659	0.583	0.822	0.613	0.703

4.2.3 结果与讨论

1. 城市地表温度的时空分布特征

图 4-11 展示了武汉市核心城区 4 个季节地表温度的分布。武汉市夏季地表温度最高，平均温度达 42.71℃；中心城区和周围的温度差异最大，标准差为 7.48℃。春季地表温度的空间分布与夏季相似，但平均温度和标准差有所减小，分别为 33.38℃和 6.78℃。秋季水体（长江和湖泊）与植被覆盖区域的温度差异降低，平均地表温度为 34.66℃，标准差为 6.09℃。相较于城市外缘区域，中心城区的地表温度在春、夏、秋三个季节中变化最为平缓。冬季地表温度的空间分布与另外三个季节存在明显差异，平均温度为 17.02℃。地表温度的空间异质性降低，中心城区与周围植被覆盖区域的温差显著减小，标准差降为 4.51℃，城市热岛效应最不显著。武汉市的高温出现在夏季，且城市热岛效应在夏季最为严重，危害到居民的生产和生活（Peng et al.，2012），因此将重点分析夏季城市地表温度的分布特点。

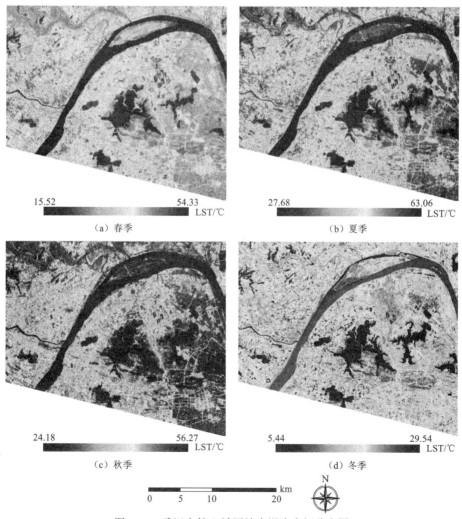

（a）春季

（b）夏季

（c）秋季

（d）冬季

图 4-11　武汉市核心城区地表温度空间分布图

从地表温度的空间分布来看，武汉市核心区域的地表温度呈现热聚集现象，无明显圈层结构，空间上无对称性。高温集聚处主要位于内部的核心城区及外部的工业区。汉口建成区分布密集，呈片状高温分布，城市公园形成了几个被周围高温包围的"低温谷地"。武昌由于分布着大量湖泊，呈现明显的高低温相间现象，高温呈斑块状点缀分布。湖泊形成一个个"冷岛"，对周围建成区起着辐射降温作用。位于东南方的林地也形成了低温中心。汉阳的地表温度同样表现出高异质性，高温近江分布。由于武汉核心三镇被长江和汉江分割，没有形成大片的高温区域，降低了其热岛强度。长江起到了一定的降温作用，沿江区域存在一个低温带，随着距长江距离的增加，地表温度呈现上升趋势。

城市外圈整体温度不高，但存在若干个地表温度极高的高温中心，位于工业园区。此外，城市中心部分沿主干道两侧出现了明显轴带状的高温分布，而城市外圈则沿道路出现了若干个低温带。

2. 不同城市功能区夏季地表温度特征

本节的研究重点为城市内部地表温度，因此选择分布指数（distribution index，DI）来度量不同城市功能区地表温度的分布情况及其对城市热环境的贡献程度（Mottet et al.，2006）。首先利用 Jenks 自然断点法将研究区的地表温度分为 4 个等级，分别为高温（high）、亚高温（sub-high）、亚低温（sub-low）和低温（low）。自然断点法是一种数据特定的分组方法，寻求满足类内差异最小、类间差异最大的点作为分割边界，其思想为聚类思想。分布指数可表示为

$$DI = \frac{S_{hi} / S_i}{S_h / S} \tag{4-5}$$

式中：S_{hi} 为第 i 类功能区中高温中心像素数；S_h 为整个研究区中高温中心像素数；S_i 为第 i 类功能区的总像素数；S 为研究区总像素数。式（4-5）度量的是第 i 类功能区中高温中心的比例与整个研究区高温中心比例的关系。如果 $DI > 1$，说明此功能区中高温中心所占比例大于城市均值，可视其为城市热源；如果 $DI < 1$，则认为该功能区为城市散热器（Li et al.，2017；Peng et al.，2016）。

本节统计不同城市功能区中地表温度的分布情况及该功能区内 4 个温度等级所占的面积比例，如图 4-12 所示。5 类建设用地的分布指数均大于 1，对城市热环境的贡献为城市热源；自然用地的分布指数小于 1，对城市热环境的贡献为降温。单因素方差分析表明，不同城市功能区的地表温度存在显著差异（$p < 0.05$）。

建设用地多由人造地表（如沥青、混凝土、水泥等）组成，这些材料具有较低的反照率和较高的热容量（表 4-16），会增加地表吸收的太阳辐射及储存的热量，从而升高地表温度。建设用地的不透水面会增加地表径流，从而减少地表储存的可用于蒸发的水分（Oke et al.，2017；Landsberg，1981）。此外，建设用地是人类主要活动区域，产生的人为热排放更多。因此，建设用地通常为城市热源。武汉市平均温度最高的城市功能区类型是商业区（50.52 ℃±3.68 ℃），其余依次为工业区（50.45 ℃±4.19 ℃）、未利用地（48.88 ℃±4.23 ℃）、住宅区（48.67 ℃±3.76 ℃）、公共服务区（46.49 ℃±4.06 ℃）。建设用地的温度组成结构主要为高温（55.7%）和亚高温（40.0%）。住宅区（DI=1.93）是武汉最大的热源，其高温面积占全市高温面积的 37.8%。其次为工业区（22.7%，DI=2.55）

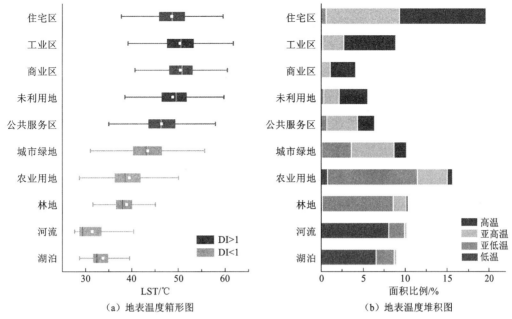

|（a）地表温度箱形图|（b）地表温度堆积图|

图 4-12　不同城市功能区的夏季地表温度特征

和未利用地（12.4%，DI=2.23）。商业区中有 72.7%的面积为热源（DI=2.674），但其总面积有限（商业区高温面积占全市高温面积的 11.0%），因此对全市热环境的综合影响小于前 3 类功能区。

表 4-16　典型地物的地表反照率

参数	沙漠	草地	森林	城市	水体	雪
反照率	0.20～0.45	0.16～0.26	0.15～0.20	0.10～0.20	0.03～0.10	0.45～0.95

水体是武汉市主要的散热器，平均温度最低的功能区类型为河流（31.48℃±4.07℃）和湖泊（33.83℃±3.12℃），占据武汉市低温总面积的 93.2%。植被主要处于亚低温，其中城市绿地（43.47℃±4.39℃）的地表温度显著高于农业用地（39.52℃±4.11℃）和林地（38.94℃±3.33℃），其分布指数（0.48）也高于后两者（分别为 0.13 和 0.07）。一方面，由于城市绿地主要散布在建设用地中，周围地表温度高，热交换导致城市绿地的温度高于农村的植被。另一方面，农业用地和林地的地表覆盖类型相对单一，主要为树木、灌木、作物、草等，而城市绿地多为人工设计的景观，存在由不透水面、裸土等组成的道路、广场等，这些人造表面具有更低的反射率和更高的热容量，导致热量吸收增多。此外，这些材料的保水性低于植被，使土壤水分的蒸散强度低于农业用地和林地，导致地表温度较高（Kotzen，2003；Kjelgren and Montague，1998）。

3. 二维城市形态与地表温度的关系

由于景观组成与景观配置之间存在相关性（如斑块所占面积比例与斑块聚集度/连通程度），在探讨二维城市形态与地表温度的相关性时采用偏相关分析。分析景观组成指数（PLAND）与地表温度的相关性时，将景观配置指数（PD、ED、LSI、COHESION、

AWMSI、OV）作为控制变量。首先检验城市形态指标的数量分布，对不符合正态分布的指标采用自然对数变换，使其满足要求。表 4-17 列出了二维城市形态指标与地表温度在建设用地中的偏相关分析结果。可以看出，城市地表温度与二维城市空间形态存在显著的相关性，城市地表温度受到地表覆盖的组成和空间分布的影响。在类别层面上，对地表温度影响较为明显的是建筑物、其他不透水面、树木、草/灌木。在 4 个季节中，建筑物与树木的 PLAND 均与地表温度存在显著的相关性（$p<0.01$），其中建筑物表现为正相关，给周围环境带来增温的趋势；树木则表现为负相关，其分布有助于降低地表温度。

表 4-17　二维城市形态指标与地表温度的偏相关系数

地表覆盖分类	季节	PLAND	PD	ED	LSI	COHESION	AWMSI	OV
建筑物	春	0.312**	−0.378**	−0.262**	−0.232**	0.260**	0.071**	0.031
	夏	0.291**	−0.376**	−0.257**	−0.211**	0.225**	0.099**	0.007
	秋	0.304**	−0.339**	−0.180**	−0.174**	0.193**	0.145**	0.011
	冬	0.179**	−0.081**	−0.004	−0.019	0.054*	0.206**	0.025
其他不透水面	春	0.225**	0.375**	0.396**	0.206**	0.046*	—	—
	夏	0.177**	0.300**	0.322**	0.173**	0.083**	—	—
	秋	0.201**	0.365**	0.408**	0.220**	0.011	—	—
	冬	0.047*	0.166**	0.137**	0.107**	0.039	—	—
树木	春	−0.242**	0.051*	0.052*	−0.026	−0.025	—	—
	夏	−0.231**	0.004	−0.014	−0.013	−0.084**	—	—
	秋	−0.212**	0.087**	0.045*	0.016	−0.007	—	—
	冬	−0.188**	0.214**	0.183**	0.160**	0.078**	—	—
草/灌木	春	−0.154**	−0.247**	−0.192**	−0.191**	−0.137**	—	—
	夏	−0.190**	−0.324**	−0.225**	−0.179**	−0.105**	—	—
	秋	−0.191**	−0.252**	−0.176**	−0.153**	−0.140**	—	—
	冬	0.031	−0.009	−0.051*	0.011	−0.004	—	—
裸土	春	−0.118**	−0.041	0.004	−0.095**	−0.125**	—	—
	夏	−0.023	−0.090**	0.094**	−0.054*	−0.101**	—	—
	秋	−0.033	0.011	−0.004	−0.068**	−0.150**	—	—
	冬	0.065**	0.168**	0.046*	0.082**	−0.045*	—	—

注：*表示相关性在 0.05 水平（双尾）显著；**表示相关性在 0.01 水平（双尾）显著

1）春季、夏季和秋季结果分析

城市形态对地表温度的影响在春季、夏季和秋季较为一致。在这三个季节中，建筑物和其他不透水面的 PLAND 与地表温度表现出显著的正相关关系（$p<0.01$），这一现象主要由人造材料的热特性决定。建筑物、不透水面等人造材料反照率低，导致地表吸收更多的太阳辐射；此外，它们的不透水性增强了地表径流，减少了可用于蒸发的水分，导致潜热通量的降低和显热通量的增加（Landsberg，1981）。建筑的景观配置同样会影响地表温度，其中 COHESION 与地表温度表现出显著的正相关性（$p<0.01$），PD、ED、LSI、AWMSI 与地表温度表现出显著的负相关性（$p<0.01$），说明建筑物的连通性越高，对应场景趋于高温的可能性越大；建筑物分布越离散、形状越不规则，可能越有助于抑制地表温度升高的趋势。连通的建筑物更容易阻碍通风，致使热量和空气污染集聚。此外，在高温、高污染、通风条件差的情况下，空调等设施的使用频率会增加，从而进一步增加热排放（Wong and Lau，2013）。

树木的面积比例与地表温度存在显著的负相关性（$p<0.01$）。树木可以从蒸腾蒸发作用和阻挡太阳辐射两个方面影响温度（Oke et al.，1989）。树木的景观配置与地表温度并不存在显著的相关性，这与 Maimaitiyiming 等（2014）和 Zhang 等（2017b）的发现不同。这一差异性结果可能是由于上述研究在分析树木景观配置对地表温度的影响时并没有排除其面积比例的影响。增加树木空间分布的破碎性和不规则程度可以增加树冠投射的阴影面积和与周围建成区的热量交换，有利于降低地表温度（Zhao et al.，2014）。然而，在树木的面积比例一定的情况下，增加其分布的不规则性会导致树木斑块更为破碎，降低其冠层密度和蒸散效率，从而抑制对地表温度的降温效果（Shahidan et al.，2012）。因此，树木空间配置对地表温度的影响取决于这两个过程的净影响。部分研究指出，树木投射的阴影对地表温度的调节强度强于蒸散作用对地表温度的影响，因为前者会直接影响入射的太阳辐射能量，不过这个平衡点仍需更多的研究支持。因此，如何配置城市树木的景观结构使其在缓解城市高温方面发挥更大的效果，仍是城市设计的关键问题之一。

草/灌木也是降低城市地表温度的关键地表覆盖类型，其景观指数与地表温度呈现出显著负相关关系（$p<0.01$）。与树木相反，草/灌木的景观配置指数（如 PD、ED、LSI）与地表温度的相关性强于其景观组成指数，说明场景中不规则形状、零散分布的草/灌木会使地表温度出现降低的趋势。原因可能是城市的景观具有高度的异质性，热源（如不透水面、建筑物）和散热器（如草地、树木、水体）混合镶嵌分布，由于温度梯度较高，城市冠层中微气候尺度上对流增强。草/灌木通常受到人工灌溉，其温度低于周围的人造地表（如建筑物、不透水面）温度。由于热量对流，当干燥热空气穿过草/灌木时，热空气携带的热量可以作为植被蒸散作用的能量来源。此外，干燥也会增强地表-大气的水汽梯度，增强蒸发作用。由于灌溉提供了充足的水分，草/灌木的蒸散效率并不会由于水汽的蒸发而受限制（Elmes et al.，2017）。因此，草/灌木的分散式分布可以在几乎不影响蒸散效率的情况下通过增强对流来降低地表温度。

2）冬季结果分析

在冬季，城市形态对地表温度的影响呈现出显著的差异。整体来看，冬季城市形态与地表温度的相关性要低于其他三个季节。建筑物与其他不透水面的景观组成和配置对地表温度的影响大大降低。这一变化可能是由冬季到达地表的太阳辐射减弱造成的。在这种情况下，由人造地表热特性导致吸收和储存的太阳辐射减少，其造成的显热通量的增加也有所下降。此外，冬季植被的代谢活动大大减弱，蒸散效应降低，从而对地表温度的调节能力下降。研究区大量草地/作物变为裸土/休耕地，其景观形态不再影响地表温度。有研究同样指出，植被相关的变量在冬季难以良好地预测地表温度的变化趋势（Yuan and Bauer，2007）。

4. 三维建筑空间格局与地表温度的关系

对三维建筑空间格局与地表温度的相关性进行分析，首先通过皮尔逊相关性探究三维建筑空间格局与地表温度的双变量相关性，然后在控制二维建筑形态指标的情况下，通过偏相关分析三维建筑空间格局与地表温度的相关性，结果如表 4-18 所示。

表 4-18　三维建筑空间格局与地表温度的相关性

季节	MSC	MH	HV	NHV	SVF
春	−0.190**	−0.072**	−0.048*	0.127**	−0.250**
	−0.002	−0.108**	−0.067**	−0.004	0.090**
夏	−0.136**	−0.106**	−0.014	0.112**	−0.156**
	0.034*	−0.142**	−0.107**	0.002	0.135**
秋	−0.141**	−0.127**	−0.089**	0.094**	−0.227**
	0.025	−0.165**	−0.098**	−0.007	0.158**
冬	0.109**	−0.469**	−0.353**	−0.158**	0.159**
	0.150**	−0.471**	−0.343**	−0.194**	0.506**

注：正体数据为皮尔逊相关系数，斜体数据为控制二维建筑形态指标后的偏相关系数；*表示相关性在 0.05 水平（双尾）显著，**表示相关性在 0.01 水平（双尾）显著

1）春季、夏季和秋季结果分析

在相关系数的季节性分布上，三维建筑空间格局与二维城市形态相似，春季、夏季和秋季表现出一致性。在这三个季节中，三维建筑空间格局与地表温度的相关性整体低于二维建筑的空间格局。地表温度与建筑的 NHV 具有显著的正相关关系（$p<0.01$），与 SVF、MSC 及 MH 具有显著的负相关关系（$p<0.01$）。MSC 是与建筑物的热交换能力直接相关的形态变量，其负相关性说明建筑物与外界环境热交换能力的增强会使地表温度产生降低的趋势。SVF 的负相关性说明天空开阔度的提高有助于降低地表温度。这是因为在天空视野受限的区域，建筑高度和密度相对更高，限制了热辐射对天空的反射，导致更多的红外射线被保留。天空开阔度的提高有助于增强空气流通和提高风速，能够起到降低地表温度的作用（Yang et al.，2013）。但在控制二维建筑格局的影响后，SVF 与地表温度由负相关变为正相关，MSC 与 NHV 的相关性减弱，MH 和 HV 的相关性增

强。这是由于建筑密度一定的情况下，SVF 越高的区域建筑高度越低。高层建筑物可以投射更多的阴影，减少到达地表的热辐射（Jamei et al.，2016）。此外，高层建筑物会增强地表粗糙度，从而产生机械湍流，增强热消散。Li 等（2011）和 Zhao 等（2014）的研究也发现了建筑高度和地表温度具有负相关性，佐证了本研究的结果。现有关注 SVF 与空气/地表温度关系的研究出现了一些矛盾的结果，正相关（Charalampopoulos et al.，2013）、负相关（Berger et al.，2017）和非显著相关（Hove et al.，2015）的结果都被报道过。造成这种差异性结论的原因在于 SVF 对地表温度影响具有两面性，即天空开阔区域一方面通过促进空气流通和增加风速降低地表温度，另一方面通过减少遮挡和阴影导致温度升高。而这两个过程的影响强弱则与研究区的气候背景、地理环境、地表地形等有关（Zhou et al.，2017c）。

2）冬季结果分析

在冬季，三维建筑格局对地表温度的影响显著提升。在其他季节，HV、NHV 对地表温度的影响并不显著，而在冬季，它们与地表温度呈现出显著的负相关关系（$p<0.01$）。建筑错落度对城市气候的影响主要体现在调节城市通风上，本节结果说明冬季建成区通风状况对地表温度的影响不可忽视。MH 与地表温度的相关性增加明显，这是由于冬季太阳高度角减小（使用的 Landsat 影像冬季的太阳高度角为 34.95°，夏季两景影像的太阳高度角分别为 65.80° 和 63.41°），垂直建筑对太阳辐射的阻挡增强（Theeuwes et al.，2014）。此外 SVF 与地表温度的偏相关性达 0.506，也说明了冬季入射的太阳辐射量是决定地表温度变化最重要的因素之一。

5. 二维城市形态和三维建筑格局的相对贡献度

方差分解是用两组或多组解释变量的集合来解释响应变量。方差分解将响应变量的预测均方差分解为各组解释变量集合所做的贡献，从而评估各解释变量集合对响应变量的影响程度和重要性（Buttigieg and Ramette，2014；Borcard et al.，1992）。为区分二维城市形态和三维建筑格局对地表温度的影响，将地表温度的总方差变化划分为 4 个部分（图 4-13）：（i）二维城市形态的独立影响；（ii）三维建筑格局的独立影响；（iii）二维城市形态和三维建筑格局的共同影响；（iv）无法被解释的方差，以研究各部分对建成区地表温度方差的解释程度。其中（iii）是指地表温度中既可由二维城市形态解释，又可由三维建筑格局解释的部分，此分区越大，说明模型的多重共线性越强。为了研究城市形态对地表温度的影响在不同城市功能区中是否存在差异，在 4 类主要建设用地类型（住宅区、工业区、商业区和公共服务区）中分别单独建立方差模型。

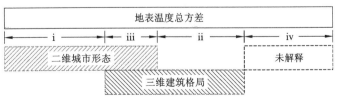

图 4-13　城市地表温度的方差分解示意图

方差分解的结果见图 4-14。可以看出，二维城市形态对地表温度具有最高的解释程度。在建设用地中，二维城市形态在 4 个季节分别可以解释地表温度 63.6%、65.0%、65.5% 和 28.2%的方差（分区 i+分区 iii），其独立解释量分别为 50.9%、58.2%、53.8%和 22.8%（分区 i）。同相关性分析结论一致，三维建筑格局对地表温度的影响在冬季最为重要，可解释 23.3%的温度方差（分区 ii+分区 iii）。在其余 3 个季节中，三维建筑格局的解释量分别为 15.8%、10.9%和 16.2%；其独立解释程度在这 3 个季节中都不足 5%，而在冬季达到了 17.9%（分区 ii）。4 个季节中可由二维城市形态和三维建筑格局共同解释的地表温度方差分别为 12.8%、6.8%、11.6%和 5.5%。综合来看，城市形态在冬季对地表温度的解释程度较弱，仅为 46.1%，说明在冬季，其他因素（如人类活动产生的热排放）对地表温度的影响有所提升。

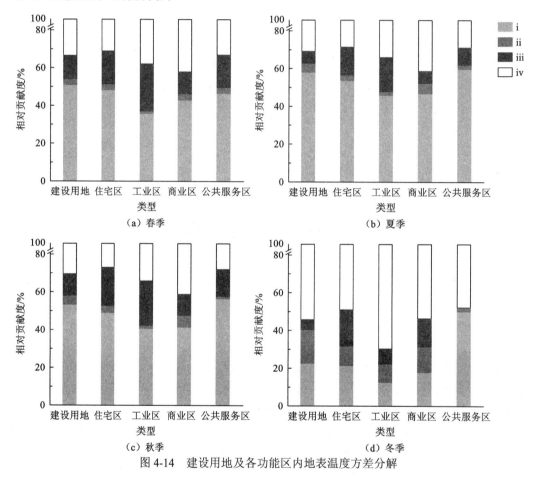

图 4-14　建设用地及各功能区内地表温度方差分解

由于春季、夏季、秋季结果相似，且夏季地表温度对人类的影响更大，以下将重点分析夏季和冬季各功能区的方差分解结果。

在夏季的 4 类城市功能区中，二维城市形态指标对地表温度的解释程度分别为 69.3%（住宅区）、64.7%（工业区）、53.5%（商业区）和 69.6%（公共服务区），均显著高于三维建筑格局的解释程度[18.1%（住宅区）、20.2%（工业区）、11.9%（商业区）和 11.5%（公共服务区）]。二维城市形态的独立影响在公共服务区中的解释程度最高，为 59.8%。

三维建筑格局的独立影响在商业区中最为明显，为 5.2%。冬季，二维城市形态在 4 类城市功能区中对地表温度的解释量分别为 41.0%（住宅区）、21.2%（工业区）、33.5%（商业区）和 51.0%（公共服务区），二维城市形态的独立解释程度分别为 21.9%（住宅区）、13.0%（工业区）、18.0%（商业区）和 50.6%（公共服务区），二维城市形态的影响依然在公共服务区中占据主导地位。三维建筑格局的综合影响有所上升，在 4 个城市功能区中分别为 29.2%（住宅区）、17.8%（工业区）、28.9%（商业区）和 2.0%（公共服务区），在住宅区和商业区中表现出重要影响。三维建筑格局的独立影响在住宅区和商业区中分别为 10.1% 和 13.4%。

6. 城市形态对地表温度的综合影响

由于本节考虑的城市形态指标较多，为了筛选出对地表温度影响最大的城市形态指标，避免模型的共线性，选择逐步回归模型对地表温度与二维城市形态和三维建筑格局进行回归分析。逐步回归将变量逐一引入模型，每引入一个变量便通过 t 检验检查其显著性（$p < 0.05$），并删除模型中不再显著的变量。反复进行正向选择和后向去除，直到模型中不再有显著的解释变量被引入及非显著变量被删除为止（Miller，2002）。由于城市形态与地表温度的关系在夏季和冬季更为突出，此处分别对夏季和冬季影响地表温度的因素进行建模。

1）夏季结果分析

在建设用地中，15 个城市形态指标可以解释约 69.1% 的夏季地表温度变化（表 4-19）。树木和草/灌木的面积比例是最有效的降低地表温度的形态因子。建筑物在调节地表温度中起着重要作用，地表温度随着建筑高度的增加和面积比例、边缘密度的降低而降低。在 4 类建设用地功能区中，城市形态对地表温度的解释程度为 58.7%～72.0%。相较于其他城市功能区，城市形态对地表温度的解释程度在商业区和工业区中更低，意味着其他因素（如能源排放、人类新陈代谢）对地表温度的影响在这 2 类功能区中更为重要（Zhou et al.，2012）。

表 4-19　城市形态与夏季地表温度的回归系数与拟合度

	项目	建设用地	住宅区	工业区	商业区	公共服务区
建筑物（二维）	PLAND	0.154	0.172	0.296	0.180	
	PD	−0.048				
	ED	0.148			0.267	
	LSI			0.235		
	COHESION	0.046	0.088			
建筑物（三维）	MH	−0.238	−0.222		−0.197	
	HV					−0.209
	NHV					0.152
	SVF				0.208	−0.194

项目		建设用地	住宅区	工业区	商业区	公共服务区
其他不透水面	PLAND	0.108				0.225
	PD	0.086	0.106			0.133
	ED	-0.181				
	LSI	0.152			0.078	
草/灌木	PLAND	-0.349	-0.435	-0.298	-0.233	-0.254
	PD	-0.143	-0.151	-0.268	-0.154	-0.166
	LSI	-0.120				
	COHESION		0.058	-0.105		
树木	PLAND	-0.511	-0.56	-0.316	-0.395	-0.565
	PD	-0.084	-0.095		-0.151	
	ED	0.099	0.128			
拟合优度 R^2		0.694	0.713	0.641	0.597	0.732
调整后 R^2		0.691	0.711	0.635	0.587	0.720

地表温度主要受建筑物形态参数、树木和草/灌木的面积比例，以及草/灌木的 PD 影响。在所有功能区中，树木的 PLAND 都是最重要的调节地表温度的因子。建筑物形态参数的影响在不同城市功能区中有所差异。在住宅区中，建筑高度起着更重要的作用；在工业区中，二维建筑物形态（如 PLAND 和 LSI）具有压倒性影响；在商业区中，ED、SVF、MH 和 PLAND 都起着重要调节作用；在公共服务区中，三维建筑物形态参数 HV、SVF 和 NHV 的影响更为突出。

树木 PLAND 作为对地表温度影响最重要的因素，相比其他城市功能区，其与地表温度的关系在工业区和商业区中较弱。相似地，在建筑物 PLAND 最低的公共服务区，二维建筑物形态参数对地表温度的影响不再显著；在建筑物 MH 最低的工业区中，三维建筑格局对地表温度的影响同样不突出。由此可以推测，城市形态对地表温度的影响可能与其背景环境相关。

2）冬季结果分析

城市形态与冬季地表温度回归模型的拟合优度显著降低（表 4-20）。建设用地中，城市形态指标仅可解释地表温度 45.6%的变化。草/灌木及其他不透水面的系数显著降低，建筑物的 SVF 及 ED 的影响上升，地表温度随 SVF 及 ED 的增大而升高。同夏季结果相似，城市形态参数在工业区和商业区的综合解释能力低于住宅区和公共服务区（工业区调整后的 R^2 为 0.321，商业区为 0.466，住宅区为 0.511，公共服务区为 0.528）。这是因为工业区和商业区中人为因素导致的热排放更多。白天商业区中人口最为密集，人类新陈代谢及空调等设备对城市微环境的影响不容忽视。武汉作为大型工业城市，有钢铁、机械制造、石油化工等重工业，对能源消耗和能量释放的影响很大（Li et al., 2014）。

表 4-20　城市形态与冬季地表温度的回归系数与拟合度

项目		建设用地	住宅区	工业区	商业区	公共服务区
建设物（二维）	PLAND	0.245	0.304	0.186	0.214	
	PD	-0.164	-0.137			
	ED	0.422	0.436		0.601	
	LSI			0.358		
建设物（三维）	MSC		-0.068			
	MH	-0.262	-0.118	-0.327	-0.167	
	HV		-0.101			-0.158
	NHV	-0.059				
	SVF	0.424	0.343		0.454	
其他不透水面	PLAND	0.086				
	COHESION		0.063			0.304
草/灌木	PLAND	0.099	0.162	0.226		
	PD	-0.076	-0.071			
	ED	-0.164	-0.231	-0.369		
	COHESION		0.05			
树木	PLAND	-0.426	-0.356	-0.127	-0.209	-0.845
	ED	0.293	0.318			0.544
	LSI		-0.082			-0.168
拟合优度 R^2		0.459	0.517	0.333	0.474	0.541
调整后 R^2		0.456	0.511	0.321	0.466	0.528

　　树木和草/灌木的面积比例是最有效的降低地表温度的形态因子。建筑物在调节地表温度中起着重要作用。在 4 类建设用地功能区中，城市形态对地表温度的解释程度为59.7%～73.2%。城市形态在住宅区和公共服务区中对地表温度的解释程度最高，说明合理规划这两类功能区可以更有效地缓解城市高温。城市形态的解释程度在商业区和工业区中相对较低，意味着其他因素对地表温度的影响在这两类功能区中更为重要。树木PLAND 依然在各个功能区中影响着地表温度，而草/灌木则对地表温度影响甚微。建筑物的二维和三维形态对地表温度的影响有所增强，在住宅区和商业区中，增加 ED 和 SVF对地表温度的增温效果明显。

4.2.4　小结

伴随城市化发生的人类对地球环境的改变塑造了典型的城市形态特征，影响着城市区域的能量平衡和气候条件，导致了城市热岛效应。作为全球变暖的重大贡献者，城市热岛效应给城市人居生活环境和健康造成了威胁，影响着城市的可持续发展。因此，如何改善城市热环境引起了人们的广泛关注。本节选取武汉市核心区域作为研究对象，基于高分辨率遥感和多源地理信息数据，描述了城市的地表覆盖类型和城市功能区类型，从二维景观指数、三维建筑空间格局和城市功能区三个角度对城市形态进行描述，综合探讨了高分辨率二维和三维城市形态与地表温度的关系。主要结论如下。

（1）武汉在夏季有着最高的地表温度和温度方差，城市热岛效应最为显著。地表温度呈现热聚集现象，存在若干个明显的片状或轴带状热源，无明显圈层结构。长江、汉江和湖泊将武汉的建成区打断，有效抑制了城市热岛的贴近式蔓延。夏季不同城市功能区的地表温度存在显著差异。建设用地是城市的热源，商业区和工业区是温度最高的城市功能区类型，住宅区对城市高温面积贡献最大。水体是武汉市最主要的散热器，植被也起到降温作用，其中城市绿地的温度显著高于农业用地和林地。

（2）二维城市形态和三维建筑格局与地表温度存在显著相关性。建筑物的面积比例与四季的地表温度呈现正相关性，树木表现为显著的正相关性。城市形态对地表温度的影响在春季、夏季和秋季表现出较高的一致性。在这三个季节，建筑物和草/灌木的离散分布和不规则形状有助于抑制地表温度的升高趋势。在三维建筑空间格局方面，建筑高度和天空开阔度的提升有助于降低地表温度。但在二维建筑景观一定的情况下，更高的天空开阔度意味着建筑高度的降低，反而会使地表温度升高。冬季，城市形态与地表温度的联系发生了变化。受太阳高度角下降和入射太阳辐射减小的影响，地表温度与二维城市景观的相关性有所降低。三维建筑格局，尤其是天空可视因子（SVF）对地表温度的影响加深，与地表温度表现出强正相关性。植被景观对地表温度的影响也有所减弱，草/灌木不再显著影响地表温度。

（3）二维城市形态对地表温度的贡献程度远高于三维建筑格局。夏季，树木和草/灌木的面积比例是最有效的降低地表温度的形态因子，建筑物在调节地表温度中起着重要作用。冬季，三维建筑格局的影响有所提升，但整体城市形态对地表温度的解释程度下降。此外，城市形态对地表温度的影响在不同城市功能区中存在差异，且相对其他城市功能区，城市形态对地表温度的解释程度在商业区和工业区中更低，说明其他因素如能源利用、热量/污染排放、新陈代谢等在城市功能区中对城市气候的影响不容忽视。

本节研究揭示了二维城市形态和三维建筑格局对地表温度的贡献，为缓解城市热岛效应提供了一定的建议。在城市规划时，建筑物、草/灌木和树木等景观应多加考虑和优化。分散建筑有助于降低地表温度。在城市中减少人工表面不切实际，但是可以通过纵向发展取代增加建筑密度以减少对夏季城市热环境的影响。在城市有限的绿化空间中，夏季增加草/灌木的分散度有助于降低地表温度。此外，本节分析了每个功能区中城市形态对地表温度的影响程度，有助于相关人员针对性地进行景观设计和规划。

参 考 文 献

陈爱莲, 孙然好, 陈利顶, 2012. 基于景观格局的城市热岛研究进展. 生态学报, 32(14): 4553-4565.

李德仁, 2012. 我国第一颗民用三线阵立体测图卫星: 资源三号测绘卫星. 测绘学报. 41(3): 317-322.

邬建国, 2007. 景观生态学: 格局、过程尺度与等级. 北京: 高等教育出版社.

徐涵秋, 2016. Landsat 8 热红外数据定标参数的变化及其对地表温度反演的影响. 遥感学报, 20(2): 229-23

叶有华, 彭少麟, 周凯, 等, 2008. 功能区对热岛发生频率及其强度的影响. 生态环境学报(5): 1868-1874.

ALI R, ZHAO H, 2008. Wuhan, China and Pittsburgh, USA: Urban environmental health past, present, and future. EcoHealth. 5(2): 159-166.

ALI-TOUDERT F, MAYER H, 2006. Numerical study on the effects of aspect ratio and orientation of an urban street canyon on outdoor thermal comfort in hot and dry climate. Building and Environment. 41(2): 94-108.

BELGIU M, DRĂGUŢ L, 2016. Random forest in remote sensing: A review of applications and future directions. ISPRS Journal of Photogrammetry and Remote Sensing, 114: 24-31.

BERGER C, ROSENTRETER J, VOLTERSEN M, et al., 2017. Spatio-temporal analysis of the relationship between 2D/3D urban site characteristics and land surface temperature. Remote Sensing of Environment, 193: 225-243.

BEST D J, ROBERTS D E, 1975. Algorithm AS 89: The upper tail probabilities of Spearman's rho. Journal of the Royal Statistical Society. Series C (Applied Statistics), 24(3): 377-379.

BORCARD D, LEGENDRE P, DRAPEAU P, 1992. Partialling out the spatial component of ecological variation. Ecology, 73(3): 1045-1055.

BREIMAN L, 2001. Random forests. Machine Learning, 45: 5-32.

BUTTIGIEG P L, RAMETTE A, 2014. A guide to statistical analysis in microbial ecology: A community-focused, living review of multivariate data analyses. FEMS Microbiology Ecology, 90(3): 543-550.

CHARALAMPOPOULOS I, TSIROS I, CHRONOPOULOU-SERELI A, et al., 2013. Analysis of thermal bioclimate in various urban configurations in Athens, Greece. Urban Ecosystems, 16(2): 217-233.

CHEN X, HU B, YU R, 2005. Spatial and temporal variation of phenological growing season and climate change impacts in temperate eastern China. Global Change Biology, 11(7): 1118-1130.

CHUN B, GULDMANN J M, 2014. Spatial statistical analysis and simulation of the urban heat island in high-density central cities. Landscape and Urban Planning, 125: 76-88.

DEBBAGE N, SHEPHERD J M, 2015. The urban heat island effect and city contiguity. Computers, Environment and Urban Systems, 54: 181-194.

DEPECKER P, MENEZO C, VIRGONE J, et al., 2001. Design of buildings shape and energetic consumption. Building and Environment, 36(5): 627-635.

DU H, WANG D, WANG Y, et al., 2016. Influences of land cover types, meteorological conditions, anthropogenic heat and urban area on surface urban heat island in the Yangtze River delta urban agglomeration. Science of The Total Environment, 571: 461-470.

ELMES A, ROGAN J, WILLIAMS C, et al., 2017. Effects of urban tree canopy loss on land surface temperature magnitude and timing. ISPRS Journal of Photogrammetry and Remote Sensing, 128: 338-353.

ESTOQUE R C, MURAYAMA Y, MYINT S W, 2017. Effects of landscape composition and pattern on land surface temperature: An urban heat island study in the megacities of Southeast Asia. Science of the Total Environment, 577: 349-359.

FUTCHER J, MILLS G, EMMANUEL R, et al., 2017. Creating sustainable cities one building at a time: Towards an integrated urban design framework. Cities, 66: 63-71.

GRIEND A A V D, OWE M, 1993. On the relationship between thermal emissivity and the normalized difference vegetation index for natural surfaces. International Journal of Remote Sensing, 14(6): 1119-1131.

GUNAWARDENA K R, WELLS M J, Kershaw T, 2017. Utilising green and bluespace to mitigate urban heat island intensity. Science of The Total Environment, 584-585: 1040.

HAKLAY M, WEBER P, 2008. OpenStreetMap: User-generated street maps. IEEE Pervasive Computing, 7(4): 12-18.

HAN X, HUANG X, LIANG H, et al., 2018. Analysis of the relationships between environmental noise and urban morphology. Environmental Pollution, 233: 755-763.

HE C, LIU Z, TIAN J, et al., 2014. Urban expansion dynamics and natural habitat loss in China: A multiscale landscape perspective. Global Change Biology, 20(9): 2886-2902.

HIRSCHMULLER H, 2007. Stereo processing by semiglobal matching and mutual information. IEEE Transactions on Pattern Analysis and Machine Intelligence, 30(2): 328-341.

HOVE W A V, JACOBS C M J, HEUSINKVELD B G, et al., 2015. Temporal and spatial variability of urban heat island and thermal comfort within the Rotterdam agglomeration. Building and Environment, 83: 91-103.

HU T, YANG J, LI X, et al., 2016. Mapping urban land use by using Landsat images and open social data. Remote Sensing, 8(2): 151.

HUANG Q, LU Y, 2018. Urban heat island research from 1991 to 2015: A bibliometric analysis. Theoretical and Applied Climatology, 131(3): 1055-1067.

HUANG X, CHEN H, GONG J, 2018a. Angular difference feature extraction for urban scene classification using ZY-3 multi-angle high-resolution satellite imagery. ISPRS Journal of Photogrammetry and Remote Sensing, 135: 127-141.

HUANG X, HU T, LI J, et al., 2018b. Mapping urban areas in china using multisource data with a novel ensemble SVM method. IEEE Transactions on Geoscience and Remote Sensing, 56(8): 4258-4273.

IMHOFF M L, ZHANG P, WOLFE R E, et al., 2010. Remote sensing of the urban heat island effect across biomes in the continental USA. Remote Sensing of Environment, 114(3): 504-513.

JAMEI E, RAJAGOPALAN P, SEYEDMAHMOUDIAN M, et al., 2016. Review on the impact of urban geometry and pedestrian level greening on outdoor thermal comfort. Renewable & Sustainable Energy Reviews, 54: 1002-1017.

KJELGREN R, MONTAGUE T, 1998. Urban tree transpiration over turf and asphalt surfaces. Atmospheric Environment, 32(1): 35-41.

KOTZEN B, 2003. An investigation of shade under six different tree species of the Negev desert towards their potential use for enhancing micro-climatic conditions in landscape architectural development. Journal of Arid Environments, 55(2): 231-274.

LABEN C A, BROWER B V, 2000. Process for enhancing the spatial resolution of multispectral imagery using pan-sharpening: U. S., US6011875A.

LANDSBERG H E, 1981. The urban climate. International Geophysics, 28: 257.

LEITÃO A B, MILLER J, AHERN J, et al., 2012. Measuring landscapes: A planner's handbook. Washington D.C.: Island Press.

LI D, LIAO W, RIGDEN A J, et al., 2019. Urban heat island: Aerodynamics or imperviousness? Science Advances, 5(4): eaau4299.

LI Y, ZHAO M, MOTESHARREI S, et al., 2015. Local cooling and warming effects of forests based on satellite observations. Nature Communications, 6: 6603.

LI J X, SONG C H, CAO L, et al., 2011. Impacts of landscape structure on surface urban heat islands: A case study of Shanghai, China. Remote Sensing of Environment, 115(12): 3249-3263.

LI W, BAI Y, CHEN Q, et al., 2014. Discrepant impacts of land use and land cover on urban heat islands: A case study of Shanghai, China. Ecological Indicators, 47: 171-178.

LI W, CAO Q, LANG K, et al., 2017. Linking potential heat source and sink to urban heat island: Heterogeneous effects of landscape pattern on land surface temperature. Science of The Total Environment, 586: 457-465.

LIU J, KUANG W, ZHANG Z, et al., 2014. Spatiotemporal characteristics, patterns, and causes of land-use changes in China since the late 1980s. Journal of Geographical Sciences, 24(2): 195-210.

LO C P, QUATTROCHI D A, 2003. Land-use and land-cover change, urban heat island phenomenon, and health implications. Photogrammetric Engineering & Remote Sensing, 69(9): 1053-1063.

MA Q, WU J, HE C, 2016. A hierarchical analysis of the relationship between urban impervious surfaces and land surface temperatures: Spatial scale dependence, temporal variations, and bioclimatic modulation. Landscape Ecology, 31(5): 1139-1153.

MAIMAITIYIMING M, GHULAM A, TIYIP T, et al., 2014. Effects of green space spatial pattern on land surface temperature: Implications for sustainable urban planning and climate change adaptation. ISPRS Journal of Photogrammetry and Remote Sensing, 89: 59-66.

MEILING S, YONGSHU L, QIANG C, et al., 2013. A new filter of morphological opening by reconstruction for LiDAR data//2013 the International Conference on Remote Sensing, Environment and Transportation Engineering (RSETE 2013), Amsterdam: Atlantis Press.

MILLER A. 2002. Subset selection in regression. New York: Chapman and Hall.

MOTTET A, LADET S, COQUÉN, et al., 2006. Agricultural land-use change and its drivers in mountain landscapes: A case study in the Pyrenees. Agriculture, Ecosystems & Environment, 114(2): 296-310.

MYINT S W, GOBER P, BRAZEL A, et al., 2011. Per-pixel vs. object-based classification of urban land cover extraction using high spatial resolution imagery. Remote Sensing of Environment, 115(5): 1145-1161.

OKE T R, 1988. The urban energy-balance. Progress in Physical Geography, 12(4): 471-508.

OKE T R, CROWTHER J M, MCNAUGHTON K G, et al., 1989. The micrometeorology of the urban forest [and discussion]. Philosophical Transactions of the Royal Society B: Biological Sciences, 324(1223): 335-349.

OKE T R, MILLS G, CHRISTEN A, et al., 2017. Urban climates. Cambridge: Cambridge University Press.

PEEL M C, FINLAYSON B L, MCMAHON T A, 2007. Updated world map of the Köppen-Geiger climate classification. Hydrology & Earth System Sciences, 11(3): 259-263.

PENG J, XIE P, LIU Y, et al., 2016. Urban thermal environment dynamics and associated landscape pattern factors: A case study in the Beijing metropolitan region. Remote Sensing of Environment, 173: 145-155.

PENG S, PIAO S, CIAIS P, et al., 2012. Surface urban heat island across 419 global big cities. Environmental Science & Technology, 46(2): 696-703.

PENG S, PIAO S, ZENG Z, et al., 2014. Afforestation in China cools local land surface temperature. Proceedings of the National Academy of Sciences, 111(8): 2915-2919.

SCARANO M, MANCINI F, 2017. Assessing the relationship between sky view factor and land surface temperature to the spatial resolution. International Journal of Remote Sensing. 38(23): 6910-6929

SENARATNE H, MOBASHERI A, ALI A L, et al., 2017. A review of volunteered geographic information quality assessment methods. International Journal of Geographical Information Science, 31(1): 139-167.

SHAHIDAN M F, JONES P J, GWILLIAM J, et al., 2012. An evaluation of outdoor and building environment cooling achieved through combination modification of trees with ground materials. Building and Environment, 58(58): 245-257.

STEENEVELD G J, KOOPMANS S, HEUSINKVELD B G, et al., 2014. Refreshing the role of open water surfaces on mitigating the maximum urban heat island effect. Landscape and Urban Planning, 121(1): 92-96.

STONE JR B, RODGERS M O, 2001. Urban form and thermal efficiency: How the design of cities influences the urban heat island effect. Journal of the American Planning Association, 67(2): 186.

SUN R, CHEN A, CHEN L, et al., 2012. Cooling effects of wetlands in an urban region: The case of Beijing. Ecological Indicators, 20: 57-64.

THEEUWES N E, STEENEVELD G J, RONDA R J, et al., 2014. Seasonal dependence of the urban heat island on the street canyon aspect ratio. Quarterly Journal of the Royal Meteorological Society, 140(684): 2197-2210.

UUEMAA E, MANDERÜ, MARJA R, 2013. Trends in the use of landscape spatial metrics as landscape indicators: A review. Ecological Indicators, 28: 100-106.

WARD K, LAUF S, KLEINSCHMIT B, et al., 2016. Heat waves and urban heat islands in Europe: A review of relevant drivers. Science of The Total Environment, 569: 527-539.

WENG Q, LIU H, LIANG B, et al., 2008. The spatial variations of urban land surface temperatures: Pertinent factors, zoning effect, and seasonal variability. IEEE Journal of Selected Topics in Applied Earth Observations & Remote Sensing, 1(2): 154-166.

WONG J K W, LAU L S K, 2013. From the 'urban heat island' to the 'green island'? A preliminary investigation into the potential of retrofitting green roofs in Mongkok district of Hong Kong. Habitat International, 39: 25-35.

WU H, YE L P, SHI W Z, et al., 2014. Assessing the effects of land use spatial structure on urban heat islands using HJ-1B remote sensing imagery in Wuhan, China. International Journal of Applied Earth Observation and Geoinformation, 32: 67-78.

XU Z, LIU Y, MA Z, et al., 2014. Assessment of the temperature effect on childhood diarrhea using satellite imagery. Scientific Reports, 4: 5389.

YANG F, QIAN F, LAU S S Y, 2013. Urban form and density as indicators for summertime outdoor ventilation potential: A case study on high-rise housing in Shanghai. Building and Environment, 70: 122-137.

YANG Q, HUANG X, LI J, 2017. Assessing the relationship between surface urban heat islands and landscape patterns across climatic zones in China. Scientific Reports, 7: 9337.

YU X, GUO X, WU Z, 2014. Land surface temperature retrieval from Landsat 8 TIRS: Comparison between radiative transfer equation-based method, split window algorithm and single channel method. Remote Sensing, 6: 9829-9852.

YUAN F, BAUER M E, 2007. Comparison of impervious surface area and normalized difference vegetation index as indicators of surface urban heat island effects in Landsat imagery. Remote Sensing of Environment, 106(3): 375-386.

ZAKŠEK K, OŠTIR K, KOKALJ Ž, 2011. Sky-view factor as a relief visualization technique. Remote Sensing, 3(2): 398-415.

ZHANG P, 2015. Spatiotemporal features of the three-dimensional architectural landscape in Qingdao, China. Plos One, 10(9): e0137853.

ZHANG X, DU S, WANG Q, 2017a. Hierarchical semantic cognition for urban functional zones with VHR satellite images and POI data. ISPRS Journal of Photogrammetry and Remote Sensing, 132: 170-184.

ZHANG Y, MURRAY A T, II B L T, 2017b. Optimizing green space locations to reduce daytime and nighttime urban heat island effects in Phoenix, Arizona. Landscape and Urban Planning, 165: 162-171.

ZHAO L, LEE X, SMITH R B, et al., 2014. Strong contributions of local background climate to urban heat islands. Nature, 511(7508): 216-219.

ZHOU B, RYBSKI D, KROPP J P, 2017a. The role of city size and urban form in the surface urban heat island. Scientific Reports, 7: 4791.

ZHOU W Q, QIAN Y G, LI X M, et al., 2014. Relationships between land cover and the surface urban heat island: Seasonal variability and effects of spatial and thematic resolution of land cover data on predicting land surface temperatures. Landscape Ecology, 29(1): 153-167.

ZHOU W, HUANG G, CADENASSO M L, 2011. Does spatial configuration matter? Understanding the effects of land cover pattern on land surface temperature in urban landscapes. Landscape and Urban Planning, 102(1): 54-63.

ZHOU W, PICKETT S T A, CADENASSO M L, 2017b. Shifting concepts of urban spatial heterogeneity and their implications for sustainability. Landscape Ecology, 32(1): 15-30.

ZHOU W, WANG J, CADENASSO M L, 2017c. Effects of the spatial configuration of trees on urban heat mitigation: A comparative study. Remote Sensing of Environment, 195: 1-12.

ZHOU Y, WENG Q, GURNEY K R, et al., 2012. Estimation of the relationship between remotely sensed anthropogenic heat discharge and building energy use. ISPRS Journal of Photogrammetry and Remote Sensing, 67: 65-72.

第5章 社区尺度城市热环境及宜居性评估

5.1 社区景观、热环境与宜居性分析

5.1.1 概述

现有研究表明城市热环境的变化在很大程度上可以归因于城市景观类型、占比及分布格局的演变。目前，绝大多数针对景观与热环境的研究都是面向城市展开的，而这种宏观尺度的研究往往忽略了城市内不同功能区中人类活动的影响。社区作为一个特定的居住空间，其内部的人类活动具有一致性，因此以社区作为研究尺度更有利于探究景观对热环境的作用，研究结果也能更好地直接造福社区居民，帮助提高居住空间的宜居性。现有对景观结构、热环境及宜居性之间的关系研究尚停留在探索阶段。Fu 等（2019）通过设计热舒适度指数评估了城市热环境的宜居性，这为本研究构建热环境与宜居性之间的联系带来了一些启发。

本章首先基于 ZY-3 高分辨率遥感影像、激光雷达数据、Landsat 地表温度产品等分别获取深圳市各个社区内景观的二维、三维信息及地表温度。随后，使用随机森林回归模型来量化各类景观对社区热环境的影响强度和影响规则，以及在 2012～2014 年的时空变化特征。最后，基于研究期间深圳市的气象数据构建适合于当地气候的热舒适度指数以衡量各个社区热环境的宜居性，并对热舒适度指数较高的社区景观结构进行深入分析（图 5-1）。

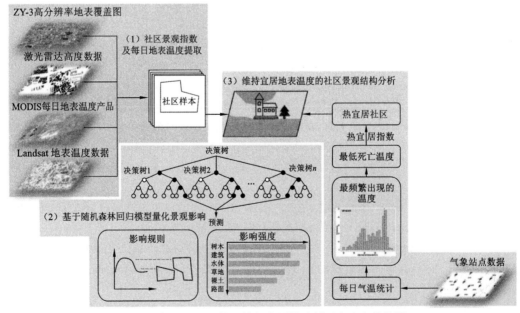

图 5-1 社区景观、热环境与宜居性分析研究内容结构图

5.1.2 数据与方法

1. 研究区域

深圳市位于广东省南部沿海地区（113°46′E～114°37′E，22°27′N～22°52′N），北接惠州、东莞等市，南接香港特别行政区。深圳市地势东南高、西北低，城市由各种地貌类型组成，包括低山、丘陵、平坦的梯田和沿海平原。在这些地貌类型中，丘陵区和平原区面积位居第一和第二，分别占总面积的31.94%和27.71%。深圳市东部植被覆盖面较西部广泛，主要分布在梧桐山和七娘山。深圳市拥有亚热带海洋季风气候，夏季高温多雨，其他季节相对干燥，雨季从4月持续到9月（Peng et al.，2018）。

深圳市最初是一个小渔村，1979年人口数量仅为31.41万人。自1978年改革开放以来，深圳市经济发展迅速，已成为世界经济最发达的城市之一。作为中国第一个经济特区，深圳市发展速度极快，2014年城市人口达1078万。如此剧烈的城市扩张使自然景观迅速转变为城市景观。大规模建设使人造地表面积急剧增加，不可避免地导致严重的城市热岛效应。

选择深圳市作为研究区主要有两个原因。一方面，深圳市城市化程度极高，是中国第一个没有农村地区的城市，因此其热环境的变化可以很好地反映城市化对热环境的影响；另一方面，深圳市在城市建设（特别是社区建设）方面走在世界前列，因此对该城市社区景观、热环境及宜居性的研究将有望转化为实际的规划政策，从而为其他城市打造宜居型社区起到示范作用。

2. 社区边界提取

本节的研究尺度为城市中的社区。社区的定义及其边界的划定在不同的国家及不同的学科中并不一致。社会学理论认为，符合一定条件（如地理位置，内部的互动和凝聚力等）的一个村落、一座城市、一个国家乃至整个地球都可以称为社区（Tonnies and Loomis，2002）。这种没有明确边界的社区也可以被称为"共同体社区"（Stofferahn，2009），常被用于理论探讨。而在规划相关的文献中，社区的各种定义主要是从地域观点和基层政权建设的角度出发，因此地域性被认为是社区的首要特征，这使社区成为一个稳定清晰的空间区划概念（Popova and Demchenko，2020；Zhang et al.，2019）。本节提到的社区（在我国通常被称为"小区"）就是这样有明确边界的封闭式住宅区。

具体来说，本节使用的社区边界来自百度地图平台，该数据主要通过实地调绘和卫星观测采集而得，具有较高的精确性和完整性。提取社区边界包括5个步骤。①下载城市中被标注为住宅区和宿舍的POI数据，并进行预处理。②对POI数据进行遍历并记录ID。根据ID从百度地图应用程序接口（application programming interface，API）中搜索到相应的社区，并返回边界的角点坐标。③通过ArcGIS软件将角点坐标转换成封闭的矢量多边形，即社区边界。④以土地覆盖图的坐标系为参考，对社区边界图层进行几何校正。⑤人工检查结果的准确性和拓扑关系。

通过上述方法，在深圳主城区中共计提取3306个社区，并按照以下条件对这些社区进行筛选：①保证多源数据（特别是建筑物高度数据）在每个社区内都有可用值；

②删除面积过小的社区。筛选后，共计保留 2 980 个社区，空间分布如图 5-2 所示。

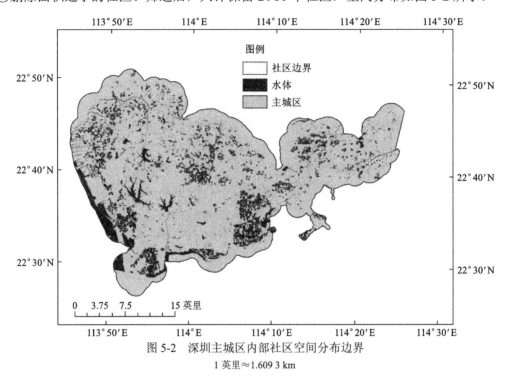

图 5-2　深圳主城区内部社区空间分布边界

1 英里≈1.609 3 km

3. 地表温度数据处理

首先，选取 Landsat 7 及 Landsat 8 Collection 2 的 2 级地表温度产品（L2SP）分析各个社区单日尺度下地表温度的变化。由于原始影像的云遮盖问题，特别是 Landsat 7 影像存在严重的条带缺失现象，L2SP 的可用数据并不多（图 5-3）。为了保证在与其他数据源时间一致的前提下尽可能增加可用的数据数量，选取 2013 年前后 3 个年份（2012 年、2013 年、2014 年）的温度产品。并且，对覆盖了深圳地区（即使只有部分区域）的两个条带（Type：WRS2，Path：121，Row：44/Path：122，Row：44）也进行了下载，得到共计 199 幅 L2SP 地表温度影像，详细的 L2SP 信息如表 5-1 所示。对下载好的影像进行配准、线性变换等处理后，裁剪出本研究所需的主城区范围。

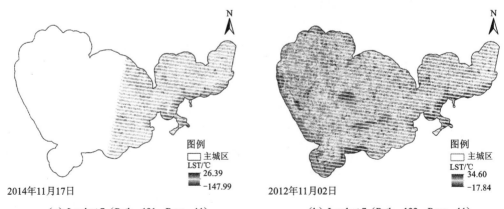

（a）Landsat 7（Path：121，Row：44）　　　　（b）Landsat 7（Path：122，Row：44）

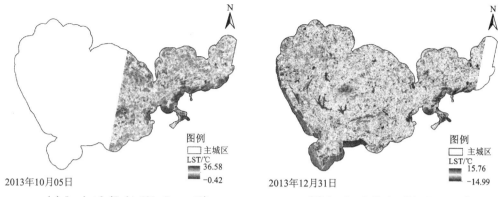

2013年10月05日   2013年12月31日

（c）Landsat 8（Path：121，Row：44）   （d）Landsat 8（Path：122，Row：44）

图 5-3　地表温度产品

表 5-1　本节使用的 Landsat 地表温度产品数量

卫星	年份	影像数量/幅		
		条带：121 44	条带：122 44	总计
Landsat 7	2012	20	18	38
	2013	20	18	38
	2014	23	23	46
Landsat 8	2013	17	15	32
	2014	23	22	45
总计		103	96	199

需要指出的是，由于部分影像覆盖范围不完全[图 5-3（a）、图 5-3（c）]，部分影像存在条带缺失现象[图 5-3（a）、图 5-3（b）]，采用对社区样本采样的策略，即基于"温度数据可用"原则，在每幅影像上选取部分社区。以图 5-3（b）为例，对温度数据无法完全覆盖的①、②号区域的社区（图 5-4）进行删除，而将有完整温度数据覆盖的③、④号区域的社区保留。

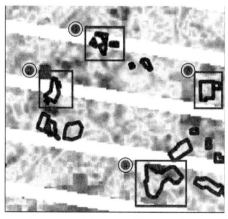

图 5-4　社区样本采样策略示意图

接着，将前面下载好的 199 幅地表温度影像分别与被保留下来的社区进行叠加，并基于每幅影像的质量控制波段统计各个社区范围内的地表温度误差均值，然后将地表温度误差平均值超过 5 K 的社区去除，保证使用的温度数据的质量较高。由此，每幅地表温度影像对应的可用社区数量均不相同。为保证回归模型的输入样本数量足够多，选取可用社区数量超过 100 个的地表温度影像（共计 86 幅）作为最终的温度数据，其时序信息如图 5-5 所示。由于严重的云覆盖问题，4 月没有符合条件的可用数据，3 月和 5 月仅有极少数可用数据。

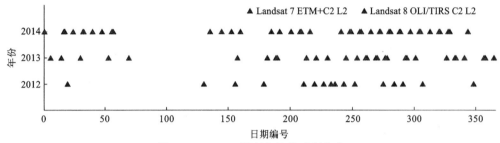

图 5-5　Landsat 温度产品的时序分布

最后，对使用的地表温度数据进行精度验证。以中国气象局提供的逐日气象数据记录的 2012~2014 年的每日平均地表（0 cm）温度值为基准，评估 Landsat 温度产品的精度（图 5-6）。据统计，在选取的 86 个日期中，Landsat 温度产品的地表温度值减去气象站地表温度值的差从 -7.46℃ 到 3.34℃ 不等，总平均偏差为 -2.74℃，意味着绝大多数由影像反演得到的地表温度要低于气象站点监测的地表温度。这主要是由于卫星传感器是对地面进行垂直观测，而社区中植被覆盖和建筑物的阴影等因素会使遥感影像中对应区域的反射率较低，反演得到的地表温度值往往会略低于实际的地表温度。此外，气象站点通常布设在开阔无遮挡的区域，这些区域的地表接收到的直射太阳辐射量更大，

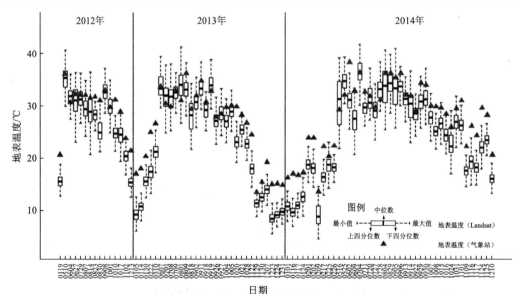

红 Landsat 7 ETM+C2 L2　蓝 Landsat 8 OLI/TIRS C2 L2

图 5-6　基于气象站每日地表温度平均值的 Landsat 温度产品精度验证结果

日期前两位数字代表月，后两位数字代表日，后同

特别是深圳这样的低纬度城市。从图 5-6 可以看出，基于 Landsat 温度产品的社区每日地表温度值的分布形态与基于气象站数据的每日地表温度平均值的分布形态显示出高度的一致性。因此，可以认为本节采用的 Landsat 温度产品具有令人满意的精度。

4. 景观指数选取

景观指数是定量描述景观的组成及结构的有效指标，被广泛应用于城市景观研究中（Turner，1990）。为了全面了解景观格局，本节参考以往文献共选取 155 个指数，涵盖面积-边缘、形状、核心区、对比度、聚集度 5 个方面。其中，7 类（其他不透水面、草地、树木、裸土、建筑物、水体、道路）景观的二维组成指标共 7 个，3 类（树木、草地、建筑）景观的二维结构指标各 47 个，建筑物景观的三维结构指标共 7 个。经过斯皮尔曼相关性分析后，去除相关性超过 0.8 的指标，最后保留 28 个指标（表 5-2）用于后续分析。

表 5-2　本节研究所选取的景观指数

指标类型	指标	描述	指标类型	指标	描述
二维景观组成	PLAND_OISA	其他不透水面占比		PD	建筑物斑块密度
	PLAND_GRASS	草地占比		LPI	建筑物最大斑块指数
	PLAND_TREE	树木占比		ED	建筑物边缘密度
	PLAND_SOIL	裸土占比		LSI	建筑物景观形状指数
	PLAND_BUILDING	建筑物占比		SHAPE_MN	建筑物平均形状指数
	PLAND_WATER	水体占比	二维景观结构	CIRCLE_MN	建筑物平均环绕度
	PLAND_ROAD	道路占比		CONTIG_MN	建筑物平均接触度
三维建筑物结构	OV	建筑物方向差异度		PROX_MN	建筑物平均邻近度
	MEAN_HEIGHT	建筑物高度均值		SIMI_MN	建筑物平均相似度
	STD_HEIGHT	建筑物高度标准差		COHESION	建筑物连接度
	PLOT_RATIO	建筑物容积率		AI	建筑物聚集指数
	MEAN_SC	建筑物平均形状系数		PARA_AM_GRASS	草地加权平均边缘面积比
	MEAN_SVF	建筑物平均天空可视因子		SPLIT_GRASS	草地分离度
				PARA_AM_TREE	树木加权平均边缘面积比
				SPLIT_TREE	树木分离度

注：LPI 为 largest patch index，最大斑块指数

5. 热宜居地表温度阈值

为探究"热宜居性"，本节参考了 Yin 等（2019）的研究成果，以各地区的最低死亡温度（minimum mortality temperature，MMT）作为适合于当地人群的热宜居温度值。MMT 可以很好地通过最频繁温度（most frequent temperature，MFT）进行估算。使用

MMT 指标来衡量热宜居气温值有两个优势：①可以通过最频繁温度进行估算，而 MFT 又可以通过气象站记录的每日气温数据计算得到，该方法不仅简单，而且精度很高；②具有明显的区域性特点，这意味着在评估不同地区的热舒适度时往往会使用不同的值，这比以往研究中使用一个固定的温度阈值来评估不同地区的热舒适度更加合理，因为不同区域的居民对当地热环境的适应性有所不同。

基于此，获取中国气象局提供的深圳市 2012～2014 年的逐日气象数据，并统计这三年的每日气温平均值，得到每年的 MFT 作为 MMT（图 5-7）。综合考虑三年的 MFT 值，将研究时段内深圳市的 MMT 设定为 29 ℃。

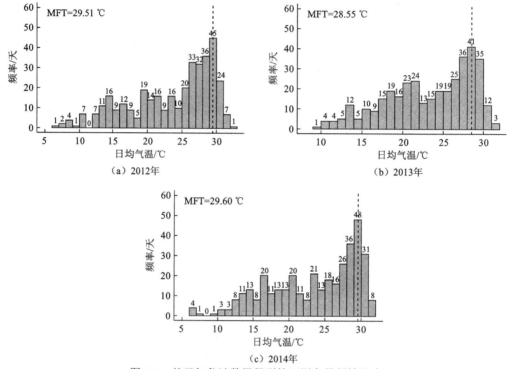

图 5-7　基于气象站数据得到的深圳市最频繁温度

根据以往研究的结论，Landsat 影像反演得到的城市地表温度与当地的气温之间存在显著的正相关关系（Goldblatt et al.，2021；Imran et al.，2021），并且部分研究定量计算了二者之间的差异。例如，Goldblatt 等（2021）发现，在沙特阿拉伯，城市的地表温度比气温平均高 6.54 ℃，并且随着气温的升高，这种偏差趋于增加。为了验证该结论在本研究的研究区中是否同样成立，选取 20 幅主城区云覆盖率低于 10% 的地表温度影像与对应日期的气象站温度进行对比，发现每幅影像中地表温度的最大值（由于仍然有部分云的存在，难以计算地表温度均值）与每日平均气温之间存在显著的正相关关系 [图 5-8（a）]。并且，平均而言，每日地表温度的最大值比每日气温的平均值高 5.59 ℃，随着气温的升高，这种偏差趋于增加 [图 5-8（b）]，这与 Goldblatt 等（2021）研究的结论基本一致。鉴于以上原因，可以考虑用城市中的热宜居温度值（即 MMT）来推测热宜居的地表温度值。在此，将热宜居地表温度值设定为 MMT+6 ℃，即 35 ℃。

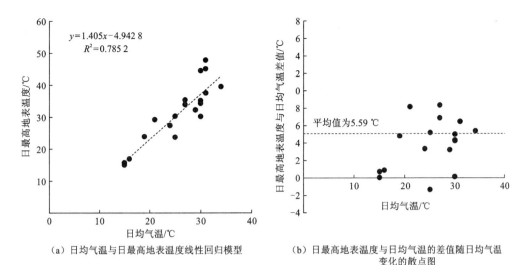

（a）日均气温与日最高地表温度线性回归模型   （b）日最高地表温度与日均气温的差值随日均气温变化的散点图

图 5-8　对气温与地表温度关系的验证结果

6. 随机森林回归模型

采用随机森林（random forest，RF）回归模型分析社区景观结构对社区热环境的影响。随机森林是一种被广泛使用的机器学习算法，由依赖分类和回归树（classification and regression tree，CART）模型的非参数集成方法组成。通常来说，一个随机森林回归模型由 N 棵简单回归树 $T_n(x)$ 组合而成，每棵树分别对训练样本进行拟合，并将它们的预测结果进行平均得到最终的回归结果。将回归树的结果进行平均，可以有效地减少样本方差。此外，为了避免与其他回归树的相关性，一般采用袋装（bagging）集成学习算法创建不同训练数据子集以增加树的多样性。Bagging 是指在生成训练数据时通过有放回地随机抽样来创建训练数据的技术，这使每棵树的预测都是独立的。在 bagging 过程中，其他未被选中用于训练的样本称为袋外（out of bag，OOB）样本，可用于评估回归误差（Breiman，2001）。

对用于社区每日地表温度均值或标准差（响应变量）及其景观特征（解释变量）指标分别进行建模，针对两类响应变量各自生成 86 个随机森林回归模型。具体而言，随机森林回归过程主要包含以下步骤（Seo et al.，2017）。

（1）从 2 980 个社区样本中选取 70%（2 086 个）作为训练数据，30%（894 个）作为 OOB 数据。

（2）从 2 086 个训练社区样本中，基于 bagging 算法生成 2 086 棵回归树 $T_n(x)$，作为树根节点处的样本。

（3）在回归树的每个节点需要分裂时，随机从 28 个社区景观特征中选取 m 个进行二元分割。对每个模型，将每棵树的 m 分别设置为 1，2，…，28（28 为特征总数）进行迭代运算，最后选取一个使模型误判率最低的 m 值。

（4）重复第（3）步的过程，直到达到叶子节点为止。

（5）将 2 086 棵回归树 $T_n(x)$ 的预测结果 R_n 进行平均得到最终的回归结果 $\overline{R}_n$（图 5-9）。回归方程如下：

$$\overline{R}_n = \frac{1}{2\ 086}\sum_{n=1}^{2\ 086} R_n \qquad (5\text{-}1)$$

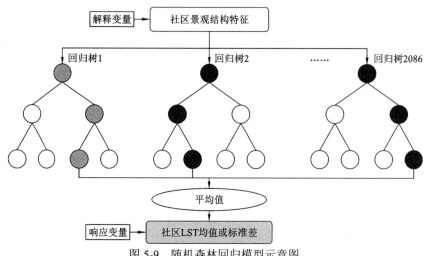

图 5-9　随机森林回归模型示意图

另外，为保证结果的稳健性，对每个模型运行 10 次，并取平均值作为最终结果。

（6）基于 894 个 OOB 社区样本数据对结果进行精度验证。模型误差计算公式如下：

$$\mathrm{MSE}^{\mathrm{OOB}} = \frac{1}{894}\sum_{i=1}^{894}(\hat{R}_n - R_n) \tag{5-2}$$

式中：$\hat{R}_n$ 为对应给定输入样本的预测输出；R_n 为观察到的输出。

除了评估模型精度，$\mathrm{MSE}^{\mathrm{OOB}}$ 还可用于测量不同解释变量的重要程度（Breiman，2002）。通过训练样本中随机置换一个社区景观特征的值，可以计算置换后残差的变化，变化越大意味着该特征变量对社区热环境的影响越大。

相比线性回归模型、逻辑回归模型等，随机森林回归模型能够通过以下方式更好地解决本研究想要探究的问题：①判断社区景观特征变量重要程度，以表示影响强度；②基于解释变量和响应变量之间的依赖曲线，可视化各个景观特征变量对社区热环境的影响规则。除此以外，考虑到选取的变量个数较多，随机森林回归模型在处理高维度数据方面更有优势，且不容易过拟合。

5.1.3　研究结果

1. 社区景观及热环境描述

深圳市 2980 个社区内部的景观指数统计值如表 5-3 所示。其中，二维景观组成指标表明，大多数社区中其他不透水表面是最主要的景观组成，其平均占比达到 40.82%，其次分别是建筑物（35.64%）、草地（10.14%）、树木（6.65%）和道路（6.49%），而这些社区中裸土和水体的平均占比几乎为 0。在二维建筑物结构指标方面，从变异系数来看，除建筑物平均邻近度（PROX_MN）和建筑物平均相似度（SIMI_MN）两个指标外，其他指标的社区间差异均不超过 1，意味着各个社区在二维平面上有着相似的建筑物结构。相比之下，草地和树木的二维景观结构指标，特别是分离度（SPLIT_GRASS 和 SPLIT_TREE），存在显著的社区间差异。对于三维建筑物结构指标，其变异系数显示社区间差异主要体现在建筑物高度标准差（STD_HEIGHT）及建筑物方向差异度（OV）上。平均而言，社区中建筑物高度均值（MEAN_HEIGHT）和建筑物标准差（STD_HEIGHT）分别为33.42 m和 5.90 m，而建筑物的方向差异度（OV）、容积率（PLOT_RATIO）、平均形状系数（MEAN_SC）和平均天空可视因子（MEAN_SVF）分别为21.04°、4.03、1.08和0.81。

表 5-3　深圳市社区景观指数统计值

指标类型	指标	最小值～最大值	平均值	标准差	变异系数
二维景观组成	PLAND_OISA/%	1.30～83.49	40.82	15.50	0.38
	PLAND_GRASS/%	0.00～38.49	10.14	9.62	0.95
	PLAND_TREE/%	0.00～47.96	6.65	9.30	1.40
	PLAND_SOIL/%	0.00～15.37	0.27	1.77	6.45
	PLAND_BUILDING/%	8.88～77.90	35.64	11.93	0.33
	PLAND_WATER/%	0.00～0.24	0.00	0.02	10.61
	PLAND_ROAD/%	0.00～29.76	6.49	6.47	1.00
二维景观结构	PD	85.41～2 919.18	588.99	435.62	0.74
	LPI	0.94～77.66	18.36	15.37	0.84
	ED	185.92～1 620.14	777.48	299.72	0.39
	LSI	1.15～16.27	3.91	2.56	0.65
	SHAPE_MN	1.04～2.66	1.54	0.31	0.20
	CIRCLE_MN	0.27～0.83	0.60	0.11	0.19
	CONTIG_MN	0.29～0.94	0.79	0.12	0.16
	PROX_MN	0.00～217.27	21.06	30.76	1.46
	SIMI_MN	11.43～2 774.62	203.16	281.37	1.38
	COHESION	84.23～99.57	94.61	2.87	0.03
	AI	79.84～99.32	91.18	4.27	0.05
	PARA_AM_GRASS	0～19 047.62	4 600.49	4 139.90	0.90
	SPLIT_GRASS	0～147 549 609	376 595.08	5 010 633.35	13.31
	PARA_AM_TREE	0～19 047.62	4 264.09	4 030.72	0.95
	SPLIT_TREE	0～866 772 481	711 246.57	16 772 826.61	23.58
三维建筑物结构	OV/（°）	0.00～69.78	21.04	19.73	0.94
	MEAN_HEIGHT/m	3.00～96.00	33.42	22.57	0.68
	STD_HEIGHT/m	0.00～39.11	5.90	6.70	1.13
	PLOT_RATIO	0.18～15.08	4.03	2.80	0.70
	MEAN_SC	1.01～2.28	1.08	0.16	0.15
	MEAN_SVF	0.66～0.98	0.81	0.07	0.08

图 5-6 反映了 2012～2014 年的 86 天中这些社区地表温度的最大值、最小值、均值及上下四分位数。从箱线图中可以直观地看到，在每一天中的同一时刻，各社区的平均地表温度之间都存在着明显的差异，差值从 5.96℃到 17.47℃不等。这种差异主要与社区的景观、人口密度及地理位置等因素有关。此外，在 2012～2014 年中，基于本节研究选取的影像，社区地表温度均值的变化范围为 8.43～36.38 ℃。

2. 社区景观结构对热环境的影响强度

使用地表温度均值和地表温度标准差两个变量来描述社区内部的热环境，同时，它们也作为响应变量分别被输入随机森林回归模型中。出于对结果稳健性的考虑，每个模型运行 10 次。图 5-10 展示了两类响应变量各自对应的 86 个模型的可解释度箱线图，其中地表温度均值模型的可解释度均值在 53%～80%，地表温度标准差模型的可解释度均值在 54%～70%。通过直接测量每个解释变量（即社区的景观特征指数）对模型预测准确率的改变，可以衡量不同特征对响应变量的影响强度及重要性。图 5-11 和图 5-12 分别列出了 86 个随机森林回归模型中每个解释变量对地表温度均值和标准差的影响强度的重要性排名，其中排名前三的特征变量被高亮显示。

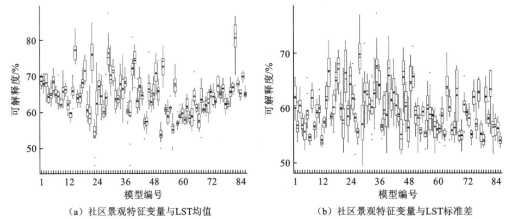

（a）社区景观特征变量与 LST 均值　　　（b）社区景观特征变量与 LST 标准差

图 5-10　随机森林回归模型的可解释度箱线图

图中红点为每个模型可解释度的均值

从图 5-11 中不难发现，在大多数时间段影响社区地表温度均值的变量主要为三维建筑物结构指标和二维景观组成指标。具体而言，三维建筑物结构指标中，高度均值（MEAN_HEIGHT）、高度标准差（STD_HEIGHT）、容积率（PLOT_RATIO）、平均形状系数（MEAN_SC）和平均天空可视因子（MEAN_SVF）分别在 65 天、9 天、17 天、29 天、18 天中的重要性位居前三，而方向差异度（OV）对地表温度均值的影响始终很弱。在二维景观组成指标中，其他不透水面占比（PLAND_OISA）、草地占比（PLAND_GRASS）、树木占比（PLAND_TREE）、建筑物占比（PLAND_BUILDING）分别在 4 天、21 天、42 天、8 天中对地表温度均值有决定性影响，而社区中的裸土、水体和道路等景观成分几乎无法使地表温度均值发生明显改变，这主要是由于它们在社区内的占比较低。相比之下，二维景观结构指标中仅有建筑物平均邻近度（PROX_MN）、建筑物最大斑块指数（LPI）、建筑物景观形状指数（LSI）分别在 8 天、7 天、7 天中对地

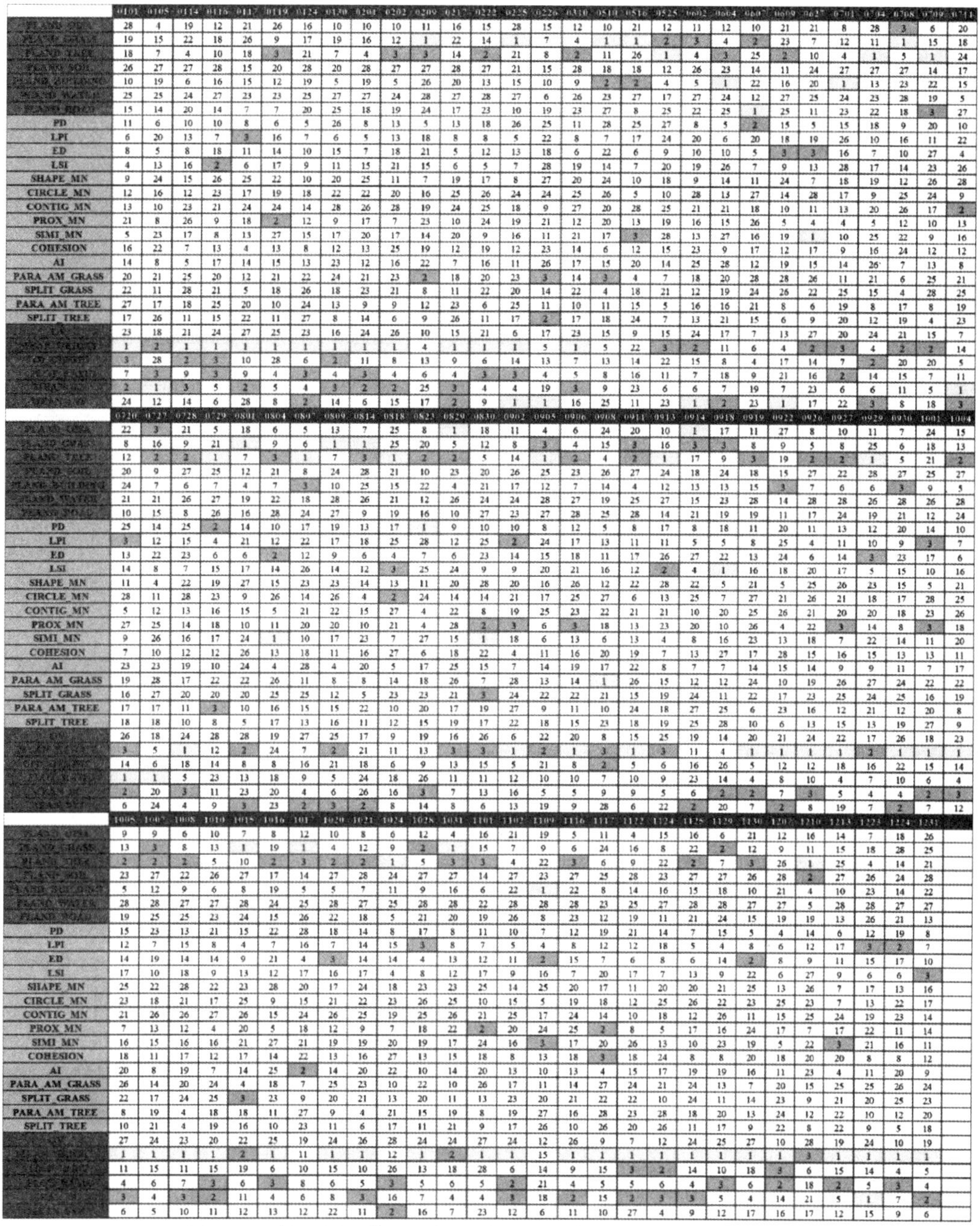

图 5-11 社区景观特征对社区内地表温度均值的影响强度排名

第一列中，橙色表示二维景观组成指标，灰色表示二维景观结构指标，蓝色表示三维建筑物结构指标；其他列中，
黄色、绿色、灰色分别表示重要性排名第 1、第 2、第 3 的指标

表温度均值影响显著。随机森林回归模型的结果显示，建筑物高度均值（MEAN_HEIGHT）
和树木占比（PLAND_TREE）是影响社区地表温度均值最重要的变量，特别是建筑物高
度均值，在研究期间几乎每天都对社区热环境产生着强烈影响。

　　不同于社区地表温度均值的随机森林回归结果（图 5-11），社区地表温度标准差的
主要影响变量几乎都是二维景观结构指标（图 5-12）。据统计，建筑物的斑块密度（PD）、
最大斑块指数（LPI）、边缘密度（ED）、景观形状指数（LSI）、平均邻近度（PROX_MN）、

	0101	0105	0114	0116	0117	0119	0124	0130	0201	0202	0209	0217	0222	0225	0226	0310	0510	0516	0525	0602	0604	0607	0609	0627	0701	0704	0708	0709	0711
PLAND_OISA	14	19	21	19	22	18	19	14	22	22	21	21	16	22	5	18	28	18	24	12	22	6	11	27	26	14	23	27	28
PLAND_GRASS	25	17	16	10	13	15	11	16	21	16	18	22	19	12	24	17	16	21	8	4	17	20	23	7	9	20	16	7	18
PLAND_TREE	21	13	18	21	16	20	18	23	27	27	13	23	23	16	18	19	26	8	18	18	27	19	5	12	23	10	9	22	25
PLAND_SOIL	27	25	22	25	5	23	27	27	11	17	24	17	27	28	10	25	20	26	14	23	23	13	20	15	20	24	25	12	26
PLAND_BUILDING	23	21	25	16	20	24	16	15	19	18	19	18	12	11	28	14	27	6	23	25	20	5	7	17	22	13	11	15	14
PLAND_WATER	26	26	27	28	26	28	28	24	28	26	28	28	28	27	12	28	25	22	16	27	26	15	24	18	25	25	28	14	24
PLAND_ROAD	9	28	11	23	27	6	20	22	14	24	27	12	21	14	6	27	19	7	15	13	12	8	12	28	11	17	12	24	10
PD	13	6	4	4	11	8	4	10	5	7	4	5	4	9	15	7	5	4	11	7	14	21	8	2	4	12	5	23	7
LPI	4	3	5	3	3	5	3	4	3	5	3	3	3	3	7	4	3	3	21	3	2	2	2	5	2	3	3	3	4
ED	8	11	10	8	8	13	9	7	9	10	7	9	7	17	16	8	10	14	4	15	5	24	9	18	5	8	8	20	8
LSI	2	2	3	2	2	2	2	2	2	2	1	2	2	2	1	2	2	2	2	1	1	1	1	4	1	1	2	1	3
SHAPE_MN	27	12	23	22	23	26	25	20	24	25	16	25	13	18	27	16	10	16	28	24	16	18	25	13	21	28	27	10	9
CIRCLE_MN	15	22	25	24	25	12	23	17	25	23	20	27	25	21	22	26	12	26	8	28	15	25	14	20	27	18	26	28	27
CONTIG_MN	20	16	15	15	28	27	14	13	18	9	10	20	17	19	14	21	13	25	10	20	19	17	22	26	17	27	20	26	16
PROX_MN	10	4	8	5	14	4	8	9	4	4	6	4	5	6	4	3	4	12	3	7	18	10	19	3	8	4	4	5	5
SIMI_MN	1	1	1	1	1	1	1	1	1	1	2	1	1	1	2	1	1	1	1	2	3	3	3	1	3	2	1	2	1
COHESION	12	7	17	17	19	22	15	18	15	12	8	11	15	20	26	11	22	9	22	22	8	16	18	22	12	16	24	17	20
AI	19	27	12	12	18	16	13	11	10	11	16	10	10	15	20	13	24	23	26	16	13	12	27	22	23	5	13	13	23
PARA_AM_GRASS	11	23	9	14	7	16	22	19	20	20	26	19	20	26	12	20	18	24	20	10	25	10	17	14	16	15	15	8	19
SPLIT_GRASS	24	20	14	11	15	11	21	21	16	28	11	13	18	8	18	15	7	11	27	20	9	27	12	9	19	20	7	4	22
PARA_AM_TREE	22	24	24	26	24	21	24	28	26	21	25	25	26	25	9	21	15	15	19	17	28	26	28	10	13	22	19	19	17
SPLIT_TREE	18	10	28	20	17	9	10	26	12	19	15	15	22	24	21	23	14	13	13	9	23	28	14	8	15	23	18	9	15
OV	5	15	6	6	12	3	5	6	6	6	5	5	9	5	3	5	23	5	16	5	6	22	6	11	7	11	6	6	2
MEAN_HEIGHT	7	7	7	6	6	14	7	3	8	8	12	8	8	7	23	5	6	19	6	19	20	14	21	24	18	6	22	16	6
STD_HEIGHT	3	5	2	9	4	7	6	5	7	3	22	7	6	4	10	9	17	17	7	6	4	9	4	5	10	9	10	17	12
PLOT_RATIO	6	14	18	13	10	10	11	8	13	15	9	16	14	13	24	12	9	28	12	11	10	7	10	25	14	19	21	21	21
MEAN_SC	16	9	13	18	9	19	17	12	17	13	14	14	11	10	17	10	21	20	25	26	7	22	16	16	27	7	17	10	11
MEAN_SVF	17	18	20	27	21	24	26	25	23	14	23	25	23	23	8	24	8	10	5	14	11	4	26	21	6	26	14	25	13

	0720	0727	0728	0729	0801	0804	0807	0809	0814	0818	0823	0829	0830	0902	0905	0906	0908	0911	0913	0914	0918	0919	0922	0926	0927	0929	0930	1001	1004
PLAND_OISA	15	28	20	12	14	20	21	20	22	17	19	12	22	20	22	23	10	17	10	17	19	25	12	12	19	11	26	19	23
PLAND_GRASS	2	12	27	5	11	16	26	16	5	7	5	15	5	27	15	5	3	4	8	15	15	10	4	16	5	12	14	22	8
PLAND_TREE	28	11	23	16	8	15	15	17	28	6	28	24	9	13	18	20	9	11	19	10	13	21	24	22	14	9	10	11	12
PLAND_SOIL	24	16	7	22	24	12	20	19	14	24	16	28	7	26	24	25	21	24	15	1	10	13	21	27	25	25	16	27	19
PLAND_BUILDING	22	10	8	15	11	23	19	14	19	19	26	19	20	10	14	18	18	12	21	9	28	16	13	12	8	19	23	7	11
PLAND_WATER	23	23	26	24	25	14	23	28	24	22	14	23	25	19	26	28	24	27	25	25	16	27	26	28	28	28	25	25	28
PLAND_ROAD	21	12	12	4	17	13	7	26	21	28	9	17	26	24	28	26	26	25	26	6	26	24	23	10	23	18	21	23	22
PD	8	20	9	7	5	18	11	5	4	10	3	9	4	4	4	8	11	10	6	3	4	8	9	4	3	5	6	6	4
LPI	7	3	3	3	2	2	6	3	3	3	4	3	3	3	3	3	2	3	3	5	3	3	8	3	6	3	5	2	3
ED	17	19	4	9	16	6	4	6	13	27	10	16	10	16	7	6	4	13	17	16	11	13	16	6	7	4	15	5	6
LSI	1	2	2	2	3	2	2	2	2	1	1	1	1	2	2	1	6	2	1	4	2	1	1	1	2	2	1	3	2
SHAPE_MN	14	27	25	20	21	17	28	10	17	25	12	14	15	11	20	22	12	16	22	18	18	26	17	26	22	26	9	28	13
CIRCLE_MN	25	26	10	25	18	28	24	27	10	25	26	18	27	28	26	27	16	23	28	14	25	28	25	25	13	27	27	21	24
CONTIG_MN	20	22	18	27	27	9	15	25	26	21	25	25	14	18	12	20	15	18	20	19	14	23	15	20	24	16	11	16	27
PROX_MN	9	5	6	10	7	5	9	7	9	23	8	5	6	5	5	7	23	6	4	23	8	6	3	8	12	10	3	4	5
SIMI_MN	3	1	1	1	1	1	1	1	1	2	2	2	2	1	1	2	7	1	2	8	1	2	5	2	1	1	2	1	1
COHESION	16	25	12	17	10	27	27	11	15	8	22	22	28	12	21	17	14	26	9	21	20	17	28	11	26	21	8	18	14
AI	19	9	18	21	20	10	25	13	23	11	11	8	7	15	13	13	20	7	12	22	21	11	18	15	20	20	20	17	17
PARA_AM_GRASS	6	14	21	28	23	21	8	17	11	4	6	7	18	25	18	10	22	8	11	2	11	5	11	17	11	22	17	13	20
SPLIT_GRASS	10	21	28	19	6	11	14	9	7	14	7	21	17	22	17	24	27	22	14	24	8	22	14	18	21	13	19	9	16
PARA_AM_TREE	27	15	21	23	13	23	21	22	8	20	23	26	24	14	25	19	19	21	16	28	27	19	20	21	27	24	24	20	25
SPLIT_TREE	26	7	15	14	22	26	10	12	16	9	19	11	12	21	16	13	28	20	23	26	23	9	22	14	17	7	22	10	18
OV	4	4	16	6	26	19	17	4	12	18	15	4	21	6	6	4	25	5	7	13	5	4	2	7	4	8	4	12	9
MEAN_HEIGHT	12	8	17	8	15	22	18	15	20	5	21	10	11	8	9	16	12	14	24	27	6	15	19	9	15	6	18	15	7
STD_HEIGHT	11	6	5	11	19	4	3	8	6	16	18	6	19	17	8	12	1	9	4	7	17	7	7	5	9	14	7	8	10
PLOT_RATIO	18	24	10	18	9	8	13	23	25	13	13	13	13	22	10	9	8	15	27	19	24	13	10	23	10	23	13	23	21
MEAN_SC	13	17	14	13	4	6	12	23	26	15	17	19	23	7	11	15	17	19	18	11	8	18	27	24	18	16	12	14	15
MEAN_SVF	5	17	24	26	28	25	5	21	18	12	24	26	16	9	23	11	5	28	13	12	22	20	6	19	16	15	28	26	25

	1005	1007	1008	1010	1015	1016	1017	1020	1021	1024	1028	1031	1101	1102	1109	1116	1117	1122	1124	1125	1129	1130	1207	1210	1213	1223	1224	1231
PLAND_OISA	22	18	11	23	25	8	23	19	16	7	25	20	28	16	15	22	23	25	15	24	21	18	14	27	19	13	14	22
PLAND_GRASS	8	26	6	26	14	10	27	12	7	20	17	14	10	20	12	13	13	11	27	12	10	11	21	13	14	25	11	20
PLAND_TREE	20	11	19	16	17	26	20	14	12	9	20	22	22	23	20	16	19	21	25	17	19	25	18	23	13	22	15	23
PLAND_SOIL	16	27	25	6	12	7	22	27	17	17	12	17	12	27	27	18	10	12	13	18	15	17	24	18	23	20	22	18
PLAND_BUILDING	17	16	16	15	11	21	12	18	18	8	15	18	21	9	16	11	17	17	14	22	13	27	16	24	23	12	24	15
PLAND_WATER	28	28	28	28	28	20	21	28	28	21	28	28	20	28	28	28	26	27	21	28	28	26	28	16	27	27	28	28
PLAND_ROAD	27	21	22	25	26	22	15	14	20	14	26	23	17	12	22	23	22	16	23	20	15	15	19	12	28	16	23	19
PD	7	6	8	4	5	9	4	4	9	13	5	4	3	4	6	4	4	8	6	8	4	7	5	2	5	5	8	7
LPI	3	3	3	3	3	3	3	3	3	1	3	3	4	3	3	3	9	4	4	3	3	3	3	9	4	3	3	3
ED	10	5	9	8	7	10	6	7	8	15	7	6	6	7	10	7	5	6	8	4	8	8	6	8	3	6	4	8
LSI	1	2	1	1	2	2	2	2	1	2	1	1	2	2	1	2	2	1	2	1	2	2	2	3	2	2	2	2
SHAPE_MN	18	12	22	20	24	28	10	21	27	27	23	16	7	17	14	24	21	24	23	23	25	28	19	19	12	26	27	25
CIRCLE_MN	23	22	27	22	27	15	25	26	24	18	27	25	5	25	18	27	8	19	28	27	27	21	22	10	21	15	26	27
CONTIG_MN	24	20	15	18	22	17	7	22	23	23	19	24	24	24	22	19	28	28	18	21	17	22	26	28	22	24	20	21
PROX_MN	6	7	5	7	4	4	9	5	6	6	4	5	9	5	4	5	6	10	5	4	5	9	6	26	11	7	9	4
SIMI_MN	2	1	2	2	1	1	1	1	2	4	1	2	1	1	2	1	1	2	1	2	1	1	1	1	1	1	1	1
COHESION	21	14	21	23	13	24	17	16	26	16	13	19	14	14	17	15	16	19	11	13	15	19	15	20	17	10	17	13
AI	12	12	13	12	15	25	5	11	14	12	11	13	15	10	9	12	20	15	12	11	10	20	13	5	7	11	13	12
PARA_AM_GRASS	9	19	10	10	16	6	25	23	10	24	16	21	23	18	8	14	12	13	15	9	19	6	17	15	6	21	16	17
SPLIT_GRASS	19	17	24	13	10	23	19	19	21	22	10	10	24	13	24	9	18	22	21	16	12	16	11	14	18	19	19	14
PARA_AM_TREE	26	24	26	19	23	19	28	25	25	5	24	27	18	26	21	25	27	23	17	25	26	12	25	6	25	23	25	24
SPLIT_TREE	11	9	18	9	18	18	23	17	22	3	14	11	19	20	26	21	24	19	19	26	18	13	23	4	20	13	18	16
OV	4	4	7	21	6	14	13	8	4	10	6	9	8	11	7	8	3	14	3	6	7	5	9	25	10	9	6	9
MEAN_HEIGHT	15	9	19	14	9	12	8	6	13	19	9	7	16	8	11	10	7	3	7	10	9	10	4	7	9	8	7	5
STD_HEIGHT	5	8	4	5	8	16	18	9	5	26	8	12	13	5	5	6	11	5	10	7	6	4	8	17	8	4	5	6
PLOT_RATIO	14	15	14	11	21	13	14	13	11	11	22	26	11	14	13	20	14	7	20	14	23	24	10	11	15	17	10	10
MEAN_SC	24	25	16	17	19	5	16	10	19	24	18	15	27	19	19	17	15	9	9	19	24	14	12	22	16	18	12	11
MEAN_SVF	13	23	12	27	20	27	11	24	15	28	21	8	26	22	25	26	25	26	26	15	21	23	27	21	26	28	21	26

图 5-12　社区景观特征对社区内地表温度标准差的影响强度排名

第一列中，橙色表示二维景观组成指标，灰色表示二维景观结构指标，蓝色表示三维建筑物结构指标；其他列中，黄色、绿色、灰色分别表示重要性排名第 1、第 2、第 3 的指标

平均相似度（SIMI_MN）、草地的加权平均边缘面积比（PARA_AM_GRASS）和树木的分离度（SPLIT_TREE）分别在 6 天、63 天、1 天、83 天、5 天、82 天、1 天和 1 天中主要影响社区地表温度的标准差。另外，一些二维景观组成指标和三维建筑物结构指标也在少数几天对社区地表温度标准差表现出显著影响。该结果意味着，社区中不同区域地表温度的异质性主要是由建筑物的景观形状指数（LSI）、平均相似度（SIMI_MN）和

最大斑块指数（LPI）等因素造成的。因此，在进行建筑群形态设计与规划时，调整这些指标将有效地改变局部地表温度。

3. 变量影响强度的时序变化

图 5-11 和图 5-12 不仅列出了 28 个社区景观特征变量对社区内部地表温度均值和标准差的影响强度排名，还显示了在 86 天中的变化。观察两幅图可以发现，一些主导变量（MEAN_HEIGHT、PLAND_TREE、LPI、SIMI_MN 和 LSI 等）的重要性排名在单日尺度下的变化较小，在月/季度尺度下的变化较为明显。例如，图 5-11 中，MEAN_HEIGHT 在 1~3 月、9~12 月几乎始终是影响地表温度均值的首要因素，而在 5~8 月，其重要性明显下降；PLAND_GRASS 和 PLAND_TREE 则主要分别在 5~8 月和 5~10 月对地表温度均值表现出强烈影响。需要指出的是，本节选用的地表温度影像数据在 3 月和 4 月存在大量缺失，因此对这两个月份的分析会有不足。相比之下，其他非主导变量每日的重要性排名存在明显的波动性，即呈现出较大的日间差异。

为了探究造成变量重要性排名日间差异的原因，收集深圳市 2012~2014 年的 10 类逐日气象站数据，包括：前一日 20 点到当日 8 点的总降水量（Precipitation_20-8，mm）、前一日 20 点到当日 20 点的总降水量（Precipitation_20-20，mm）、平均气温（AT_Mean，℃）、大型蒸发量（EVP_Large，mm）、平均气压（PRS_Mean，hPa）、平均相对湿度（RHU_Mean，%）、平均日照时长（SSD_Hours，h）、平均风速（SPEED_Mean，m/s）、最大风速（SPEED_Max，m/s）和最大风速方向（SPEED_Max_Direction，方位编码），并将这些气象数据与变量的每日重要性排名进行斯皮尔曼相关性分析，结果如图 5-13 所示。

结果表明，气象条件是影响部分变量的每日重要性排名的重要因素。在社区景观特征变量与地表温度均值的随机森林回归模型中［图 5-13（a）］，二维景观组成指标（主要有 PLAND_GRASS、PLAND_SOIL、PLAND_BUILDING 和 PLAND_WATER）和三维建筑物结构指标（主要有 MEAN_HEIGHT、PLOT_RATIO、MEAN_SC）的重要性排名受气象因素的影响最为显著，而二维景观结构指标中主要有 LPI 和 CONTIG_MN 的影响强度与一些气象因素显著相关。

具体来说，植被（特别是草地）占比的每日重要性排名与平均气温、大型蒸发量、平均风速和最大风速都呈现出显著的正相关关系，而与平均气压则呈现出显著的负相关关系。这主要是由于在高温、高风速、低气压的大气环境下，植被的蒸腾作用会大幅增强，其占比对地表温度均值的影响强度也会增大。裸土和水体对地表温度的调控主要通过蒸散发作用来进行，因此高温、高湿度、低气压、短日照和低风速均有利于增强 PLAND_SOIL 和 PLAND_WATER 对社区地表温度均值的影响。对建筑物而言，其占比（PLAND_BUILDING）的每日影响强度主要与平均气温、大型蒸发量及最大风速等因素有关，而其最大斑块指数（LPI）与平均高度（MEAN_HEIGHT）和容积率（PLOT_RATIO）的每日重要性排名则受除风速以外几乎所有气象因素的影响，这意味着在社区中建筑物的各类特征指数对社区每日地表温度均值的影响强度都与气象条件密切相关。降水、蒸散发、气压和日照时长主要与建筑物特征指数的影响强度呈正相关关系，而气温、湿度和风速则主要与之呈负相关关系。

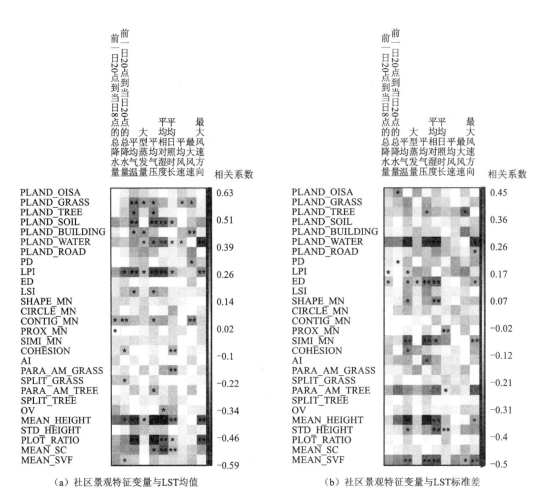

图 5-13 变量的每日重要性排名与当日气象因子的相关性

*表示 p<0.05，**表示 p<0.01

从社区景观特征变量与地表温度标准差的随机森林回归模型[图 5-13（b）]中可以发现，气象因素，特别是平均气温、平均气压、平均湿度和最大风速风向，可以显著地改变 PLAND_WATER、ED、SIMI_MN、MEAN_HEIGHT、STD_HEIGHT 及 MEAN_SVF 等指标对社区地表温度标准差的影响强度，从而造成社区地表热环境空间分布的日间差异。另外，对比图 5-12 可以注意到，即使 SIMI_MN 的重要性排名会受到气象因素的影响，但该变量在多数日期内对地表温度标准差的影响强度仍然领先于其他变量。

在月尺度下，对社区内地表温度均值[图 5-14（a）、（c）和（e）]而言，三类景观特征的影响强度随时间的变化均出现明显的波动。其中，树木占比的影响强度在 3 月达到最大，而草地、裸土及建筑物占比的影响强度均在 5 月达到最大。这主要与植被生长周期有关，由于深圳市的温暖天气持续时间较长，在 3～8 月期间旺盛生长的植被始终对地表温度均值表现出强烈的影响，而随着天气转冷，植被占比的影响强度明显下降并逐渐低于建筑物占比。建筑物的二维结构指标（LPI、LSI）和三维结构指标（MEAN_HEIGHT、PLOT_RATIO）在 9～3 月影响强度较大，在 5～8 月影响强度较小。这种月间差异主要可以归因于太阳高度角的变化，深圳市夏季太阳高度角较大，建筑物对太阳辐射的遮挡有限，而到了冬季，建筑物的二维、三维结构指标则逐渐成为影响社区地表温度均值的主要因素。对社区内地表温度标准差[图5-14（b）、（d）和（f）]而言，只有建筑物的三维结构指标对其影响强度存在月间差异。这同样是由于太阳高度角的变化，使社区内部地表温度的分布受建筑物三维结构的影响显著。

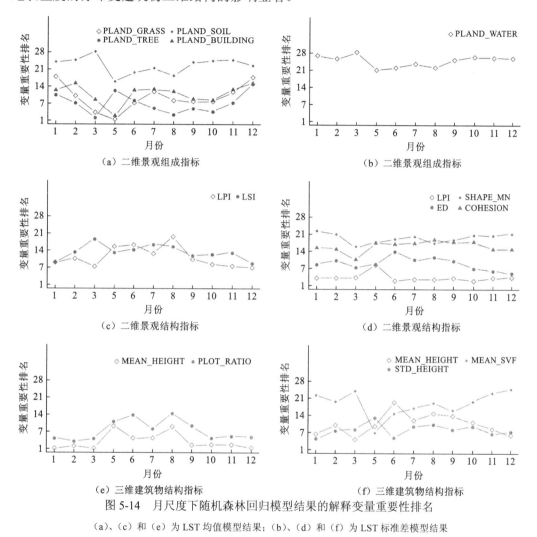

图5-14 月尺度下随机森林回归模型结果的解释变量重要性排名

（a）、（c）和（e）为LST均值模型结果；（b）、（d）和（f）为LST标准差模型结果

4. 社区景观结构对热环境的影响规则及时序变化

在地表温度均值与社区景观特征的模型中，建筑物平均高度（MEAN_HEIGHT）是最重要的影响变量（图5-11）。在此，基于随机森林回归模型将该变量在86天中对地表温度均值的影响规则进行可视化，如图5-15所示。可以发现，在大部分时间中，当MEAN_HEIGHT值较低时，回归系数大于0，意味着此时增大MEAN_HEIGHT值会带来社区地表温度均值的上升；而随着MEAN_HEIGHT增加到某个值后，回归系数变为负数，并且绝对值逐渐增大直至趋于平稳，意味着当建筑物高度超过一定值后，其对社区热环境主要产生降温作用。尽管结果存在一定的波动性，但综合每日的影响规律图来看，MEAN_HEIGHT在40～60 m时，降温效果达到最大，且该阈值在夏季相对更低。

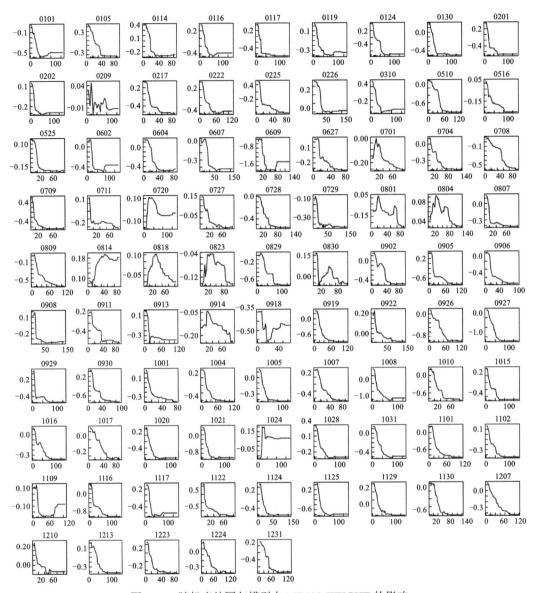

图 5-15   随机森林回归模型中 MEAN_HEIGHT 的影响

每幅图中，横坐标为 MEAN_HEIGHT 值，纵坐标为回归系数（即影响强度），图上方数字为日期

另一个影响社区地表温度均值的重要变量为树木占比（PLAND_TREE）。根据图 5-16，PLAND_TREE 在 86 个随机森林回归模型中的回归系数几乎全部小于 0，且随着 PLAND_TREE 值的增加，回归系数值逐渐降低，当 x 值增加到某个值后，y 值不再变化。这意味着树木覆盖率的增加可以有效降低社区地表温度的均值，但超过一定阈值后树木的降温效果不再明显增强。据观察，该阈值虽然存在日间差异，但在大多数情况下，树木占比在达到 20%后可以保证其在社区范围内起到明显的降温作用。特别地，在单日尺度下，部分影像（如 0209，0801，0814，0818，1210）的曲线呈现出先向上增长后趋于平稳的变化特征，且回归系数均大于 0，这表明树木覆盖率的增加为社区的地表环境带来了保温效应。这种日间差异主要可以由气象条件的变化来解释（图 5-13）。不难发

现，无论是冬季还是夏季，在低气压、高湿度和短日照时长的气象条件下，树木占比较高的社区的地表温度均值往往会更高。

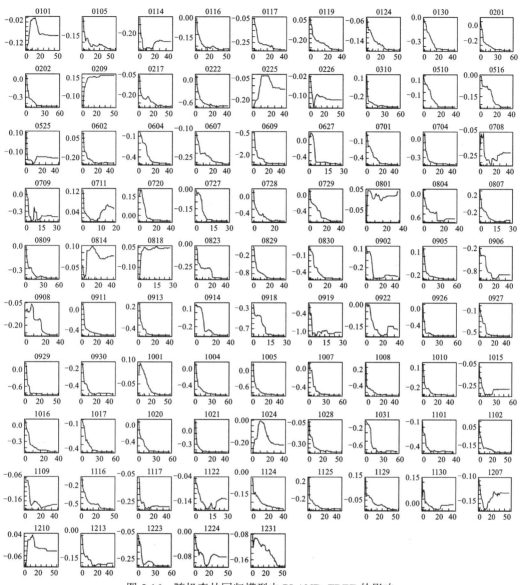

图 5-16　随机森林回归模型中 PLAND_TREE 的影响

每幅图中，横坐标为 PLAND_TREE 值，纵坐标为回归系数（即影响强度），图上方数字为日期

除了 PLAND_TREE 和 MEAN_HEIGHT，图 5-11 显示一些其他景观特征因子也在部分日期中表现出对地表温度均值的强烈影响。同样对这些因子的影响规则进行探究，得到如下结果。

（1）PLAND_GRASS 值的增加往往伴随着地表温度均值的降低（即 y 轴的值为负）。与 PLAND_TREE 类似，大多数日期中 PLAND_GRASS 的值在达到 20%后，草地可产生较强的降温效应。然而，由于该变量对社区热环境影响的重要性排名只在部分日期中较高，这意味着它与地表温度均值的关系常常会受到其他主导变量的干扰，因此其规律曲线的复杂性和日间差异性要高于 PLAND_TREE。

（2）随着建筑物平均形状系数（MEAN_SC）的值从 0 增加到 2，其回归系数呈直线状迅速上升，并且由负转正。这说明当 MEAN_SC 值较低时，它对地表温度均值存在负面影响，此时适当地增加该值有利于降低地表温度均值。而当 MEAN_SC 值较高时（特别是超过 2 以后），它对地表温度均值则转变为正面影响，此时需要考虑降低该值以维持较低的地表温度均值。

（3）建筑物平均天空可视因子（MEAN_SVF）的影响规则曲线主要呈现出上升和下降两种相反的形状特征。为了探究这种差异存在的原因，分别提取 86 条曲线中使 y 轴值最小的 x 轴阈值（即降温效果最好的 SVF 阈值）与每日气象条件进行相关性分析（图 5-17）。结果显示，平均气压是影响该阈值的主要气象因素：当平均气压较高时，更大的 MEAN_SVF 可以带来更强的降温效应，当平均气压较低，更小的 MEAN_SVF 更有利于降温。

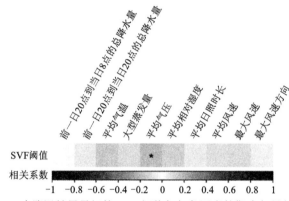

图 5-17　86 个降温效果最好的 SVF 阈值与气象因素的斯皮尔曼相关性分析

*表示显著性检验中 $p < 0.1$

（4）建筑物的容积率（PLOT_RATIO）的每日影响规则曲线较为一致。具体来说，PLOT_RATIO 值越高的社区，建筑物的降温强度越大。

5. 维持宜居热环境社区的景观结构特征

由 5.1.2 小节可知，深圳市的热宜居地表温度值为 35℃。为了分析维持宜居热环境社区的景观结构，在单日尺度下，将每日地表温度均值最接近热宜居地表温度值的前 10% 的社区（称为"热宜居社区"）提取出来，进行指标的聚类分析，得到结果如图 5-18 所示。在此，主要关注 6 个对社区地表温度均值起主要影响作用的景观指标。

观察每个指标的时序变化趋势可以发现，除了平均天空可视因子（MEAN_SVF），热宜居社区的其他 5 项指标在多数时间中都明显高于所有社区的整体均值。其中，草地占比（PLAND_GRASS）和树木占比（PLAND_TREE）在 6～10 月尤其突出，而建筑物的平均高度（MEAN_HEIGHT）、容积率（PLOT_RATIO）和平均形状系数（MEAN_SC）则主要在 7～9 月、3～9 月和 5～9 月高于其他社区的均值。这一结果说明，在夏季，较高的草地和树木占比、较高的建筑物高度和容积率及较为复杂的建筑物形态（MEAN_SC 不超过 2）均有利于维持宜居的社区热环境。相比之下，冬季的热宜居社区与其他社区

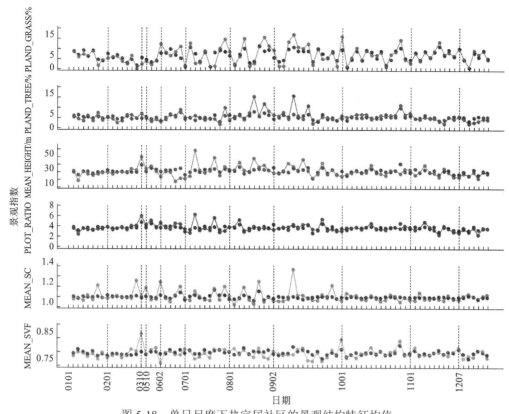

图 5-18　单日尺度下热宜居社区的景观结构特征均值

6 个主导因素包括草地占比（PLAND_GRASS）、树木占比（PLAND_TREE）、建筑物平均高度（MEAN_HEIGHT）、容
积率（PLOT_RATIO）、建筑物平均形状系数（MEAN_SC）和建筑物平均天空可视因子（MEAN_SVF）；折线为当日热
　　宜居社区的景观指数；棕色散点为当日所有有可用地表温度数据的社区的景观指数均值；横坐标数字均表示日期

的差异主要表现在 PLAND_TREE 更低和 MEAN_SVF（本小节中约在 0.7～0.75）更小。
需要指出的是，夏季的热宜居社区同样普遍拥有更小的 MEAN_SVF 值，从维持舒适的
热环境这一点来看，天空开阔度较低的建筑物结构更有利于提高社区的宜居性。此外，
在部分日期，热宜居社区的景观特征指标与其他社区之间的比较结果与上述分析不完全一
致，基于前文的研究结果（图 5-13、图 5-14、图 5-15），可以推测这种日间差异主要受气
象因素的影响。由此可见，尽管维持宜居社区热环境的景观特征存在一定的规律，但由于
多变的气象条件及景观之间复杂的协同效应等原因，这种规律并不是绝对或固定的。

5.1.4　讨论与分析

1. 不同尺度下的景观与热环境的关系

景观与热环境是当前城市研究中的重要课题。然而，在分析景观对热环境的影响时，
大多数现有研究都是以城市整体作为研究尺度，从宏观的角度来为城市管理者们提供建
议。当涉及对社区的具体规划时，这些研究的参考性往往有限。社区作为具有专一居住
功能的城市单元，与城市中的其他功能区存在明显差异。一方面，相比城市中复杂多样
的景观类型与景观结构，社区中的景观更为简单，主要以建筑物、草地及树木为主，因

此设计城市景观和社区景观的着力点会有所不同。另一方面，社区中人类活动及地形的同质性更高，这使得在分析景观与热环境的关系时，可以有效地排除土地利用、人类活动和高程差异等因素带来的干扰。

当前研究中，就城市中景观的二维组成对热环境的影响已经达成了一定的共识。人们普遍认为，高覆盖率的植被和水体是城市中主要的"冷源"，而大面积的建筑物和其他不透水表面则是主要的"热源"（王煜等，2021；周玄德和郭华东，2018；Cao et al.，2010）。这在社区尺度下景观与热环境调查中同样得到了印证。本节研究结果显示，提高社区中树木和草地占比、降低建筑物和开放不透水面的占比都会带来社区地表温度均值的显著下降。然而，在社区尺度下，不同景观对热环境的影响强度与城市尺度有所区别。Guo 等（2020）分析了大连市城市形态和景观特征对地表温度的影响，发现建筑物强度是影响城市整体热环境的最重要因素。Yuan 等（2021）采用增强回归树模型量化了西安市建筑物和城市绿地对地表温度的相对贡献率，也得到了相似的结论。本节研究结果则发现在大多数社区中，树木占比对热环境的影响强度要强于建筑物占比，它是决定社区地表温度均值的最关键因素之一。除此以外，本节结果还显示，水体占比对热环境影响的重要性在社区尺度下几乎可以忽略不计，这与城市尺度下的结论是相悖的。这种不一致性主要是由不同尺度的景观类型和分布及人类活动类型和强度之间的差异造成的。在主城区中，建筑物通常是最主要的景观，且分布较为密集，而树木的占比有限，且往往作为次要景观间隔种植于建筑物之间。在这些高建筑覆盖率的区域，特别是商业区和工业区，白天存在着高强度的人类活动，导致人为热的大量排放，从而引起地表温度迅速上升（Tong et al.，2020）。而在社区尺度下，一方面由于工作原因，白天中社区内的人口密度较低，另一方面生活排放的热量要低于商业活动和工业活动等，这使得社区建筑物带来的地表温度的上升幅度要低于城市整体水平。并且，社区中的树木分布更为紧凑，因此在较小的社区范围内会表现出更强的降温效应（Ziter et al.，2019）。第 4 章中的分析也表明，在局部尺度下，约40%的树木覆盖率即可对地表温度的变化起到主导作用。类似地，在城市尺度下讨论的水体都是以湖泊、河流等大型水体为主，而在社区尺度下水体则以喷泉、游泳池等形式出现，这导致了两种结果之间的差异。

对于景观的三维结构指标，同样可以观察到尺度效应对结果的影响。现有研究中关于城市中建筑物的高度与地表温度之间关系的调查结果是矛盾的。例如，Berger 等（2017）的研究显示，城市中的建筑物越高，越容易引起地表温度的显著上升，从而引起城市热岛效应，而 Zhao 等（2014）则认为建筑物高度的增加有利于缓解城市高温。本节研究结果发现，在社区尺度下，随着建筑物平均高度的增加，地表温度呈现出先增加后下降的变化趋势，当达到 40~60 m 时，降温强度达到最大。这主要是因为在宏观的城市尺度下，建筑物高度与地表温度往往容易表现出一种单调的相关关系，而微观的社区尺度的分析则便于揭示其具体的变化机制。当社区中的建筑物较低矮时，低层大气的流动会带走地表的部分热量，使温度降低（Li et al.，2019）；而当社区中的建筑物较高时，其不仅可以对太阳辐射起到拦截作用，避免地表热量留滞，还可以在地表投射阴影，降低社区内地表温度；对于中等高度的建筑物，其三维形态既阻碍了空气流动，又不具有较强的遮阳效果，因此会引起地表温度的上升。Yu 等（2020）探究了城市局部区域中建筑物高度对热环境的影响，也得到了类似结论。此外，也正是建筑物的三维形态在局部空间范围内对地表温度的这种强烈影响，使其成为社区尺度下影响热环境的最重要因素。而当研究尺度扩大到整个城市范围时，建筑物的二维形态特征对地表温度的影响强度往往要强于三维形态特征（Liu et al.，2021；Yu et al.，2021；Berger et al.，2017）。

除了空间尺度，不同的时间尺度也会导致研究者对景观与热环境关系的理解差异。现有研究在单日（Lai et al.，2021；Hesslerová et al.，2013）、季度（Guha and Govil，2020；Peng et al.，2018）及年（Dutta et al.，2019）尺度下均对该问题进行了探讨，并得到了一些不同甚至相反的结论，而这很大程度上都归因于气象条件及气候背景的影响。本节进一步在社区尺度下提供对多个单日景观与热环境关系的一些分析与讨论，为城市规划者从多个角度全面理解景观对热环境的影响提供实用参考，也可以作为城市更新的重要切入点，实现从局部到整体的热环境改善。

2. 不同视角下景观、热环境与宜居性的关系

本节引入了"宜居性"的概念来衡量社区热环境的舒适度，并且基于深圳市三年的气象站数据和地表温度产品集估算适应当地背景气候的热宜居地表温度值，用于分析拥有较高热宜居度的社区的景观结构，从而为社区景观的规划和设计提供依据。图 5-18 显示了一个有趣的发现：在大多数时间，热宜居社区的建筑物平均天空可视因子（MEAN_SVF）都要低于其他社区。根据图 5-17 的结果，在高气压天气中，更大的 MEAN_SVF 可以带来更强的降温效应，而低气压天气则相反。通常而言，夏季气压较低而冬季气压较高，出于冬暖夏凉的考虑，MEAN_SVF 较低的建筑物结构有利于在各个季节都维持宜居的社区热环境。然而，一些研究从居民对社区宜居性的主观认知角度给出了相悖的结论。Sarkar 等（2021）对印度孟买的一些家庭进行了访问调查，发现居民普遍认为建筑物天空开阔度较高的社区是更宜居的，因为日光更充足且空气流通性更好。卢道典等（2016）在上海社区的调研中也发现了类似的结果。居民在选择居住地点时，往往会更倾向于视野开阔的社区环境。同样影响社区中景观可视度的还有建筑物容积率（PLOT_RATIO）指标。从图 5-18 可以看到，尽管存在日间波动性，但在不少时间中，热宜居社区的 PLOT_RATIO 都要明显高于其他社区。本研究结果也表明 PLOT_RATIO 超过一定值后对地表温度存在降温效应。然而，在社区居民的普遍认知中，社区的 PLOT_RATIO 越低，其宜居性越高（王亚楠和王雪，2018）。由此可见，当看问题的视角不同时，研究得到的结论也会差异巨大。此外，美学意义、经济价值、社交功能等也都是社区景观规划与设计中需要考虑的因素，这就需要规划师在设计社区景观时进行多方面的考量和权衡，从而实现社区宜居性的最大化。从这个意义上说，本节提出的一些关于景观指数的具体参考值，主要是从改善社区地表热环境宜居性的角度出发，为制定城市更新策略提供了一些可行的建议。

5.1.5 小结

尽管对景观对热环境的影响已经开展了广泛的调查与研究，但这些研究结果普遍聚焦于城市、城市群、国家乃至大洲等宏观范围，对城市内部微观尺度下的社区级景观、热环境及宜居性的分析则一直是当前研究中的"盲点"。本节首先通过在线地图平台提取了深圳市 2980 个社区的边界范围，并从 ZY-3 高分辨率遥感影像、激光雷达数据及 Landsat

地表温度产品中获取了这些社区内部的二维土地覆盖、三维建筑物高度及地表温度信息。其中，地表温度数据的时间范围为 2012～2014 年，共计 86 幅单日影像。接着，在单日尺度下对社区景观特征变量（二维景观组成、二维景观结构、三维建筑物结构）与地表温度的均值和标准差分别建立了随机森林回归模型。基于每日随机森林回归模型的结果，分析了不同景观特征变量对社区热环境的影响强度和影响规则及它们的时序变化。最后，结合气象站数据和地表温度数据，进一步估算了深圳市热宜居地表温度值，从而对热宜居性较高的社区的景观结构进行分析。

社区内部地表温度均值主要受到二维景观组成指标 PLAND_TREE 和三维建筑物结构指标 MEAN_HEIGHT 的影响，而社区内地表温度的异质性则主要由建筑物的二维结构指标 LSI、SIMI_MN 和 LPI 决定。通过对比 86 天的模型结果可以发现，这些指标对热环境的影响强度存在一定的日间或月间差异。其中，气象条件，特别是气温、气压、日照时长和湿度，是导致这种日间差异的重要因素，而月间差异则主要与植被的生长周期及太阳高度角有关。具体而言，PLAND_TREE 在 3～8 月对地表温度均值表现出强烈的影响，而 MEAN_HEIGHT 则在 1～3 月和 9～12 月的影响强度更大。

随着社区内 MEAN_HEIGHT 的增加，其对地表温度均值的影响会由正转负，在 40～60 m 时达到最大降温效果。相比之下，PLAN_TREE 始终对社区地表温度均值表现出降温作用，特别是在超过 20%之后降温效果达到峰值。从时序上来看，这些变量对社区热环境的影响规则每天都存在一些细微的变化，其中气压是影响建筑物 MEAN_SVF 对热环境影响的一个主要原因。

（3）深圳市的热宜居地表温度值约为 35 ℃。在夏季，较高的 PLAND_TREE、PLAND_GRASS、MEAN_HEIGHT、PLOT_RATIO 和 MEAN_SC 均有利于维持宜居的社区热环境；而在冬季，PLAND_TREE 越低越有利于保持温暖的地表热环境。此外，在大多数时间中，较小的 MEAN_SVF 对于维持热宜居的社区环境是有利因素。

本节研究不仅在社区尺度下揭示了景观对热环境及宜居性的影响机制，还在时序上挖掘了这种影响机制的日间和月间变化规律，使之与以往城市尺度下的静态研究结果形成对比，便于研究者和管理者全面深入地理解二维及三维景观的重要性，从而在具体工作中合理权衡、科学规划，让景观不仅仅是城市的装饰物，更能成为城市热环境及宜居性的"调节器"。

5.2 我国主要城市社区综合宜居性评估

5.2.1 概述

我国一些大城市已经进入了城市化的中后期阶段，这些城市的发展重点逐渐从外延式扩张转向对内部的更新。社区作为城市的基本单元，无疑是城市更新的主要对象。为了切实有效地解决当前社区建设中存在的问题，有必要对社区的宜居性进行大规模的深入评估，以直接反映居民的生活质量。首先，在传统的社区宜居性调查工作中，往往需要花费大量的人力、物力和时间来获得社区的基础数据，如社区面积、生态区面积、房屋数量和间距，以及社区内部和周边的基础设施数量等。其次，一些用于计算宜居指标的数据，特别是三维空间数据，目前尚缺乏公开的获取途径。然后，在大数据时代，海量的众源数据常常被融合在一起共同服务于某个目标。然而，数据属性（分辨率、采集时间、精度等）的异质性使得这些数据难以按照统一的规则来使用。最后，目前仍然缺乏一个科学的、系统的方法和框架来将宜居性的理论知识转化为可以指导实际规划工作的定量评估结果。

在上述背景下，本节研究尝试利用卫星观测和在线获取地理信息取代人工勘测。遥感卫星观测是众所周知的可以快速、低成本地获得大面积地球表面信息的有力手段，更重要的是，它受地面和气候条件的限制较少，便于全天时、全天候地进行观测。而立体测绘卫星的出现，更给描绘地表的三维形态提供了机会（Huang et al.，2018；Liu et al.，2017）。将海量、多维的遥感数据和众源地理信息进行整合，可以更加全面深入地展开对我国社区的综合宜居性评估。

本节研究的另一个尝试是搭建一个适应当地社区背景的多层次宜居性评估框架。根据 Ruth 和 Franklin（2014）提出的"宜居性第一原则"，宜居区域的特点是可以满足大多数人的需求。因此，对评估指标的选择进行充分考虑，以确保它们对不同地区的不同个体而言都具有生命力和稳定性。基于由遥感影像和辅助地理信息获取的土地覆盖和建筑高度数据，共选择 5 个一级指标和 28 个二级指标，并为每个社区生成 1 个综合的社区宜居性指数（community livability index，CLI）。这些结果经过统一的处理后共同构成框架的指标层，为最终的单项评估、集成评估和综合分析提供数据基础（图 5-19）。本节旨在从遥感和地理信息的角度对我国 42 个主要城市的 101 630 个社区展开高精度、全面的宜居性评估，以期揭示当前我国宜居社区建设的不足，为智能规划和科学决策提供指导。

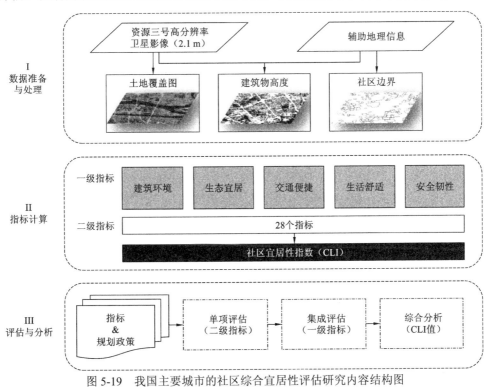

图 5-19 我国主要城市的社区综合宜居性评估研究内容结构图

5.2.2　数据与方法

1. 研究区域

1）42个城市

选取我国42个代表性城市，包括21个省会城市，4个直辖市，5个自治区首府，1个经济特区，以及其他11个城市（表5-4）。将用于宜居性评估的社区范围聚焦于主城区，也就是城市人口的主要聚居地。此外，为了对比不同发展等级的城市中宜居社区的建设情况，这42个城市被划分为4个超一线城市、14个一线城市、18个二线城市和6个三线城市（后文中分别记为T1、T2、T3和T4城市），分级标准参照《中国城市分级名单（2019）》。

表5-4　42个城市、101 630个社区面积

编号	城市	简写	社区数量/个	社区面积/m²	
				平均值	标准差
1	北京	BJ	7 510	42 716.34	75 679.36
2	长春	CC	1 531	59 082.94	80 798.88
3	成都	CD	6 556	23 469.59	48 114.69
4	重庆	CQ	3 284	31 121.74	50 361.8
5	长沙	CS	2 583	37 968.16	54 970.44
6	常州	CZ	1 080	51 742.55	67 656.97
7	大连	DL	1 396	41 956.78	46 495.63
8	佛山	FS	1 447	34 535.73	72 148.97
9	福州	FZ	1 912	20 508.64	31 710.87
10	广州	GZ	4 586	21 956.47	68 190.51
11	哈尔滨	HB	1 461	33 024.65	48 293.79
12	合肥	HF	2 081	40 479.97	45 226.06
13	呼和浩特	HH	1 700	34 211.11	55 541.54
14	海口	HK	1 515	18 201.24	64 370.78
15	杭州	HZ	2 481	34 949.79	41 986.12
16	济南	JN	1 749	42 170.76	56 452.55
17	昆明	KM	1 850	38 746.29	100 195.78
18	拉萨	LS	150	31 619.15	41 471.55
19	兰州	LZ	1 531	16 187.52	25 864.13
20	宁波	NB	1 230	37 549.28	41 551.79
21	南昌	NC	1 289	44 344.04	79 672.11
22	南京	NJ	3 223	33 338.24	65 536.94

编号	城市	简写	社区数量/个	社区面积/m²	
				平均值	标准差
23	南宁	NN	1 461	22 627.3	33 466.89
24	青岛	QD	2 042	34 876.53	50 498.46
25	泉州	QZ	1 132	20 663.76	60 576.49
26	上海	SH	9 063	28 911.30	39 088.46
27	石家庄	SJZ	2 282	33 047.88	53 298.73
28	苏州	SuZ	2 255	57 607.63	77 593.48
29	沈阳	SY	2 603	43 045.33	52 598.79
30	深圳	SZ	3 302	23 499.56	33 301.59
31	天津	TJ	4 592	37 770.89	51 167.59
32	唐山	TS	770	50 605.37	63 951.30
33	太原	TY	2 097	25 202.71	39 210.51
34	乌鲁木齐	UQ	1 652	33 768.85	56 206.84
35	武汉	WH	3 329	32 177.78	44 757.37
36	无锡	WX	1 388	52 566.03	65 049.37
37	西安	XA	4 093	26 350.39	40 508.32
38	厦门	XM	1 214	17 430.82	25 507.24
39	西宁	XN	834	27 686.95	36 981.64
40	银川	YC	1 083	58 224.81	98 486.97
41	烟台	YT	713	52 053.88	60 842.21
42	郑州	ZZ	3 580	19 634.51	33 328.01

2）101 630 个社区

基于 5.1 节中所提到的社区提取方法，从我国 42 个主要城市中共计提取 101 630 个社区的边界。其中，在各城市中提取的社区数量在 150 个（拉萨）～9 063 个（上海），社区平均面积在 16 187.52 m²（兰州）～59 082.94 m²（长春），详细的社区信息如表 5-4 所示。

2. 社区宜居性评估步骤

根据提出的方法框架（图 5-19），遥感与地理信息视角下的社区宜居性评估主要包含以下 6 个步骤。

（1）数据收集。从 42 个城市的主城区内共收集 8 类 POI 数据及其 AOI 边界、69 幅 ZY-3 高分辨率立体影像，82 幅 Landsat 8 遥感影像，以及一些必要的辅助数据，如高德地图、天地图和开放街景地图等。

（2）土地覆盖图。提取自高分辨率遥感影像的城市土地覆盖图提供了调查社区环境的基本信息。在本研究中，共计提取 7 种土地覆盖类型，包括草地、树木、裸土、建筑物、水体、道路和其他不透水表面。

（3）建筑高度的估计。为了解社区内的三维建筑环境，多角度 ZY-3 立体卫星影像被用于估计建筑物的高度。

（4）社区边界的划定。通过在线网络地图的应用程序接口（API）检索被标记为住宅区的 POI 的边界，并进行矢量化和人工后处理，最终获得 101 630 个社区的边界。

（5）指标选择和权重设置。本节所设立的指标体系由 5 个一级指标（建筑环境、生态宜居、交通便捷、生活舒适、安全韧性）和 28 个二级指标组成。此外，德尔菲（Delphi）法和层次分析法（analytic hierarchy process，AHP）被共同用于单个指标权重的确定。

（6）社区宜居性评估。分别从三个层面对社区宜居性进行分级评估：首先，基于 28 个二级指标对 101 630 个社区进行单项评价，以刻画其内部及周边环境的全貌；其次，在社区尺度和城市尺度下分别对 5 个一级指标进行集成评价；最后，根据逼近理想解的排序技术得到各社区宜居性指数（CLI）并完成综合分析，以揭示我国社区宜居性建设的现状。

3. 社区宜居性评估指标体系

1）指标选取的原则

在构建社区宜居指标体系时，主要遵循以下原则。

第一，科学性原则。首先，所选指标必须能切实反映社区宜居性所包含的内容，符合群众对社区宜居性的认识和期待。其次，所选指标必须客观、公正、全面，不能带有主观偏见。此外，选取的每个指标都必须保证有根可依，有据可考。

第二，独立与整体性原则。构建社区宜居性评估体系是一项复杂的系统工程，各级指标之间既要彼此独立，不互相包含，以避免指标数量过于冗余，又要满足系统的整体性要求，使整个评价体系全面完整，层层递进。

第三，可量化原则。定量的社区宜居性评估结果是城市更新的基础。因此，所选的指标必须可以通过公式计算来进行量化，以便数据的分析和计算机的自动处理。此外，要保证不同评价指标的统计口径和数据处理方法有统一的标准，避免人为因素造成的误差影响指标之间的可比性，从而提高评估结果的准确性。

第四，普适性原则。社区宜居性评估框架是面向我国多个城市提出的，因此，所选指标必须广泛适用于不同社会、经济、文化、气候背景的城市社区。此外，由于人们对宜居性的理解和需求会随着时代的发展有所改变，在选择指标时应尽量保证其在时代变化中仍然具有较强的可适用性。

2）指标体系及其计算方法

社区宜居性评估指标设置主要参照了由住房和城乡建设部发布的《2020 年城市体检工作方案》（建科函〔2020〕92 号），并在此基础上加入了一些景观指标和热环境指标，以保证对宜居性的评估更加全面。鉴于本节主要致力于从遥感和众源地理信息的角度评估社区的宜居性，因此一些难以通过遥感手段获取的社区相关指标（如人口密度等）没有被考虑在内。在数据可得性的前提下，共确定 5 个一级指标，包括建筑环境、生态宜居、交通便捷、生活舒适和安全韧性。这些一级指标由 28 个更具体的二级指标来反映。

整体社区宜居性评估指标体系如表 5-5 所示。指标体系的设计严格遵循科学性、独立与整体性、可量化、普适性等原则，更重要的是，易于被城市规划者理解。所有指标均在社区内部或社区周边 1 km 缓冲区内计算（社区自身的面积将从缓冲区中去除）。选择 1 km 的缓冲距离是因为在大多数相关研究中，该值往往被认为是日常生活圈的最大步行距离（Lovasi et al.，2009）。

表 5-5 多层次社区宜居性评估指标体系

编号	一级指标	二级指标		与社区宜居性的相关性
1	建筑环境	社区内建筑密度（BI，%）		−
		社区内建筑天空可视因子（B_SVF）		+
2	生态宜居	社区内绿地密度（GI，%）		+
		社区内绿地空间格局	最大斑块指数（LPI）	+
			平均形状指数（SHA）	+
			连接度指数（COH1）	+
		1 km 缓冲区内绿地面积（GS_1 km，m²）		+
		1 km 缓冲区内绿地空间格局	连接度指数（COH2）	+
		1 km 缓冲区内生态区面积（ES_1 km，m²）		+
		1 km 缓冲区内水体面积（WAT_1 km，m²）		+
		1 km 缓冲区内工厂数量（FAC_1 km，个）		−
		夏季社区地表温度均值（LST_sum，℃）		−
3	交通便捷	1 km 缓冲区内道路总长度（ROA_1 km，m）		+
		1 km 缓冲区内公交站数量（BUS_1 km，个）		+
		1 km 缓冲区内地铁站数量（SUB_1 km，个）		+
4	生活舒适	教育	1 km 缓冲区内幼儿园数量（KG_1 km，个）	+
			1 km 缓冲区内小学数量（PS_1 km，个）	+
			1 km 缓冲区内中学数量（MS_1 km，个）	+
			1 km 缓冲区内大学数量（UNI_1 km，个）	+
		医疗	1 km 缓冲区内医院数量（HOS_1 km，个）	+
			1 km 缓冲区内药房数量（PHA_1 km，个）	+
			1 km 缓冲区内医疗服务站数量（MSS_1 km，个）	+
		购物	1 km 缓冲区内超市数量（SM_1 km，个）	+
			1 km 缓冲区内菜市场数量（FB_1 km，个）	+
		运动	1 km 缓冲区内运动场数量（SF_1 km，个）	+
			1 km 缓冲区内绿道总长度（GW_1 km，m）	+
5	安全韧性	1 km 缓冲区内避难场所数量（REF_1 km，个）		+
		1 km 缓冲区内公共安全站点数量（PSS_1 km，个）		+

注："+"表示与社区宜居性正相关；"−"表示与社区宜居性负相关

（1）建筑环境。住宅是供人们居住的建筑实体，其实质是为人们在生活过程中获得良好身心感受而提供的居住空间。宜居的建筑环境意味着良好的光照条件和空气流通（Koehler et al.，2018）。根据这些标准，选择建筑密度（BI）和天空可视因子（B_SVF）两个指标分别定量描述社区建筑在二维和三维空间中的形态特征。特别地，本节中的SVF指的是地面SVF，由 Relief Visualization Toolbox（Zakšek et al.，2011）在 32 个方向上计算得到，根据 Chen 等（2012）的建议，将搜索半径设置为 210 m。

（2）生态宜居。生态宜居指标主要用于评估社区内部及其周围的生态景观的数量和质量。由于绿地、生态区和水体（有时被称为"蓝色空间"）被认为对人类健康具有直接影响（如缓解压力、降低温度和改善空气）或间接影响（如降低热敏性疾病的发作概率）（Wetherley et al.，2018；Forzieri et al.，2017；White et al.，2010），选择相关的 4 个指标，包括社区内的绿地密度（green intensity，GI）和 1 km 缓冲区内绿地面积（GS_1 km）、生态区面积（ES_1 km）及水体面积（WAT_1 km），这些指标均可通过土地覆盖图计算得到。此外，一些研究表明，在缓解热岛效应方面，绿地景观的配置（即结构）与它们的组成（即百分比）相比同样重要（Du et al.，2016），并且从健康和美学的角度来看，配置对社区居民的影响比组成更显著（Votsi et al.，2014）。出于这一考虑，将景观指标也引入指标体系。由于社区内的绿地与建筑物直接相邻，选择绿色植被的最重要的 3 个景观二维形态指标，即最大斑块指数（LPI）、连接度指数（COH1）和平均形状指数（SHA），用于描述绿地配置（Zhou et al.，2017；Zhou et al.，2011）。至于社区周围的绿地，Ziter 等（2019）提到，应优先考虑其连通性（即 COHESION）。这些景观指数的计算方法如表 5-6 所示。一个不利于社区生态环境的常见因素[即社区周围工厂的数量（FAC_1 km）]也被考虑在内。此外，作为社区生态环境的重要一环，社区热环境在本节研究中主要通过夏季社区内地表温度均值来进行衡量，越高的地表温度意味着社区内的夏季热环境越恶劣。需要注意的是，一些气象因素（如 $PM_{2.5}$ 和空气温度等）没有包括在生态宜居指标中，因为城市中气象站的数量有限且分布稀疏，很难获得 101 630 个社区的细粒度气象数据。

表 5-6 景观指数及其计算公式

景观指数	描述	公式
最大斑块指数（LPI）	社区内最大的绿地斑块面积所占比例	$\dfrac{\max a_i}{A}\times100$，$a_i$ 是第 i 个绿地斑块；A 是社区总面积
平均形状指数（SHA）	社区内绿地斑块的平均形状指数	$\dfrac{\sum\limits_{i=1}^{n}\dfrac{0.25\pi}{\sqrt{A}}}{N}$，$\pi$ 是圆周率；N 是绿地斑块的数量；A 是社区总面积
连接度指数（COH1、COH2）	社区内及社区周边绿地斑块的物理连通度	$\left[1-\dfrac{\sum\limits_{i=1}^{n}p_i}{\sum\limits_{i=1}^{n}(p_i\sqrt{a_i})}\middle/\left(1-\dfrac{1}{\sqrt{N}}\right)\right]\times100$，$p_i$ 是第 i 个绿地斑块的周长；a_i 是以单元数计算的第 i 个绿地斑块的面积；N 是景观中单元数量

（3）交通便捷。便捷的交通对提高社区宜居性至关重要。一方面，由于通勤时间缩短而休闲时间延长，居民可以获得更多的幸福感（Martin et al.，2014）。另一方面，道路规划也会影响社区居民的凝聚力。对行人友好的街道为居民创造了娱乐和互动的机会，有助于建立社区网络。因此，对该项指标共选取 3 个二级指标来描述社区周围公共交通设施的可达性，包括 1 km 缓冲区内道路总长度（ROA_1 km）、公交站数量（BUS_1 km）和地铁站数量（SUB_1 km）。其中，道路总长度通过测量土地覆盖图中道路图层的中心线获得。

（4）生活舒适。对大多数居民而言，舒适的生活意味着可以在不离开社区生活圈的情况下方便地获得必要的资源，如教育（幼儿园、小学、中学、大学）、医疗（医院、药房、医疗服务站）、购物（超市、菜市场）和运动（运动场、绿道）等。这些资源的数量或长度均在社区 1 km 缓冲区内利用 POI 数据和土地覆盖图计算得到。

（5）安全韧性。安全韧性被认为是塑造社区宜居环境的先决条件。因为当居民感到自己的人身和财产安全可能会受到人为或自然威胁时，社区就不可能是宜居的（Zhan et al.，2018）。通常而言，可以通过评估社区周围的公共安全站点（如警察局、保安亭等）和避难场所的数量来衡量社区的安全性（Yu and Wen，2016）。

4. 权重设定

1）权重设定方法

指标确定后，主要采用德尔菲法和层次分析法相结合的方法来确定每个指标的权重。

（1）德尔菲法。该方法可以被描述为一种构建群体沟通的方法，它是一个迭代的多阶段过程，旨在将专家意见转变为群体共识（Yousuf，2007）。该过程能够有效地允许一组个体作为一个整体来处理一个复杂的问题，从而帮助人们进行有效决策。

（2）层次分析法。该方法是美国运筹学家萨蒂（Saaty）于 20 世纪 70 年代提出的一种层次权重决策分析方法。这种方法的特点是在对复杂决策问题的本质、影响因素及内在关系等进行深入分析的基础上，利用较少的定量信息使决策的思维过程数字化，从而为多目标、多准则或无结构特性的复杂决策问题提供简便的决策方法（Saaty，1987）。

与其他常用的指标定权方法（主成分分析法、模糊综合评价、熵值法等）相比，德尔菲法和层次分析法的结合有利于从定性和定量的角度共同提供解决方案，保证结果的可靠性和稳健性（Vidal et al.，2011）。更重要的是，这样不仅简化了决策过程，而且对输入数据的分布没有限制（Saaty，1987），这对解决具有多个标准和目标的复杂问题（如面向大量社区样本的宜居性评估）具有相当大的优势。

具体来说，权重的设定过程如图 5-20 所示。①向专家小组发送问卷，并要求他们按照一些重要标准对每个指标进行评分；②根据专家意见构建判断矩阵；③使用层次分析法对每个判断矩阵分别进行计算，得到单层权重；④对单层加权子集进行一致性检验，即计算一致性指数与平均随机一致性指数的比率（Ratio），当 Ratio≤0.1 时，评判过程被认为具有令人满意的一致性，相反，数据将被反馈给专家重新打分，直到检验通过；⑤将所有专家评分的平均值作为每个指标的最终权重。

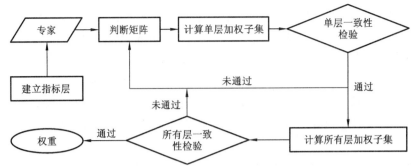

图 5-20 基于德尔菲法和层次分析法的权重设定过程

基于 5 个一级指标和 28 个二级指标设计一份调查问卷，用于征求专家意见。为了保证权重结果的可靠性和代表性，所有被邀请的专家均来自不同城市的城市规划与设计单位。本次评估共邀请 18 位专家（10 位男性，8 位女性）参与，他们的年龄分布在 20~60 岁。

2）各级指标权重结果

图 5-21 显示，在 5 个一级指标中，生活舒适的权重最高，为 0.31，其次是交通便捷（0.23）、生态宜居（0.19）、安全韧性（0.17）和建筑环境（0.10）。该结果直接反映了利益相关者在评价一个社区的宜居性时，最看重社区附近的生活服务设施，而建筑环境则被考虑得最少。

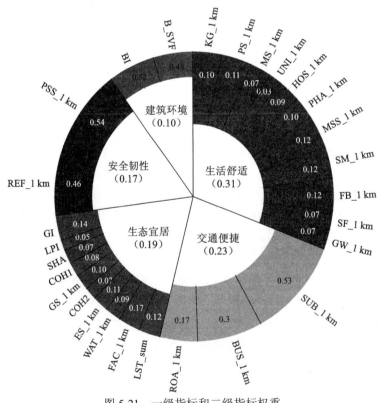

图 5-21 一级指标和二级指标权重

在二级指标层中，对于生活舒适度，一些购物类[如超市（SM_1 km）、菜市场（FB_1 km）]和医疗类[如医疗服务站（MSS_1 km）]指标的权重最高，均为 0.12；其次是教育类指标，如小学（PS_1 km）、幼儿园（KG_1 km），其权重分别为 0.11 和 0.10。对于交通便捷度，地铁站数量（SUB_1 km，0.53）的权重明显高于公交站数量（BUS_1 km，0.3）和道路总长度（ROA_1 km，0.17），该结果揭示了大城市的居民对日常出行方式的偏好。一个有趣的结果是，在生态宜居度方面，人们对一些负面因素[如工厂（FAC_1 km，0.17）]的关注度要高于其他正面因素，这是以往的研究中没有注意到的。在安全韧性层面，居民对公共安全站点（PSS_1 km，0.54）的需求略高于避难场所（REF_1 km，0.46），这主要可以归因于人为事故的发生频率要远高于自然灾害。相比之下，在现有的社区宜居性评估中，建筑环境似乎很少被讨论，尤其是在三维层面上。本节研究的结果表明，在社区居民的认知中，水平空间中的建筑密度（BI，0.52）与立体空间中建筑物天空可视因子（B_SVF，0.48）的重要性是相似的，该结果可以为社区建设规则的制定提供参考。

5. 社区宜居性指数

为了帮助决策者对多个社区的宜居性进行定量地描述、评估和排名，基于一级指标和二级指标及权重进一步对每个社区进行计算，得到 1 个综合的社区宜居性指数（CLI）。考虑社区宜居性评估是一种典型的多准则决策分析问题，本节研究选择一种直观而可靠的多准则决策分析方法——逼近理想解排序法（technique for order preference by similarity to an ideal solution，TOPSIS），来计算 CLI 的值。

TOPSIS 又称优劣解距离法，由 Hwang 和 Yoon 于 1981 年提出，该方法根据评价对象与理想化目标的接近程度进行排序，从而比较这些对象的优劣性。其中，理想化目标包括正理想解（positive idea solution，PIS）和负理想解（negative idea solution，NIS），正理想解是一个设想的最优解，即各个属性值都达到各备选方案中的最优值；负理想解则是一个设想的最劣解，即各个属性值都达到各备选方案中的最劣。与其他一些多准则决策分析技术（如数据包络分析法、模糊评价法和层次分析法）相比，TOPSIS 对原始数据的利用最充分，其结果能够准确反映各评价方案之间的差距（Zhang et al.，2019）。更重要的是，TOPSIS 对输入数据的统计分布规律和样本量没有严格的限制，大大减少了人工处理数据的工作量（Olson，2004）。一般来说，一旦给出指标权重，就可以在本节提出的框架下实现对社区宜居性的快速评估和结果的定期更新。TOPSIS 的操作过程具体如下。

（1）计算并汇总所有社区的二级指标用于构造初始矩阵

$$\boldsymbol{M} = (m_{ij})_{m \times n}, \quad i = 1, 2, \cdots, m; \ j = 1, 2, \cdots, n$$

式中：m 为社区个数；n 为二级指标个数。在本节研究中，m 和 n 分别为 101 630 和 28。

（2）调整与社区宜居性有负相关关系的二级指标

$$m_{ij} = \frac{1}{m_{ij}} \quad \text{或} \quad m_{ij} = \frac{1}{m_{ij} + 1} \tag{5-3}$$

（3）将 $\boldsymbol{M}$ 中每一列的向量进行标准化得到规范决策矩阵 $\boldsymbol{SM} = (sm_{ij})_{m \times n}$

$$sm_{ij} = \frac{m_{ij}}{\sqrt{\sum_{i=1}^{m} m_{ij}^2}} \tag{5-4}$$

（4）设各个指标的权重构成矩阵为 $\boldsymbol{W}=[w_1, w_2, \cdots, w_{28}]^T$，其中，$w_i = \text{Weigth\_}L1 \times \text{Weigth\_}L2$，则加权规范矩阵为 $\mathbf{WSM} = (\text{wsm}_{ij})_{m \times n}$

$$\text{wsm}_{ij} = w_j \times \text{sm}_{ij} \tag{5-5}$$

（5）选择 **WSM** 每列中的最大值和最小值分别作为正理想解和负理想解

$$\text{PIS} = (\max \text{wsm}_{i1}, \max \text{wsm}_{i2}, \cdots, \max \text{wsm}_{i28}), \quad i = 1, 2, \cdots, 101\,630 \tag{5-6}$$

$$\text{NIS} = (\min \text{wsm}_{i1}, \min \text{wsm}_{i2}, \cdots, \min \text{wsm}_{i28}), \quad i = 1, 2, \cdots, 101\,630 \tag{5-7}$$

（6）分别计算各个社区的属性值与 PIS 和 NIS 之间的欧氏距离 D_i^+ 和 D_i^-：

$$D_i^+ = \sqrt{\sum_{i=1}^{m} (\text{wsm}_{ij} - \text{PIS}_j)^2} \tag{5-8}$$

$$D_i^- = \sqrt{\sum_{i=1}^{m} (\text{wsm}_{ij} - \text{NIS}_j)^2} \tag{5-9}$$

（7）计算每个社区的社区宜居性指数（CLI），该指数表明每个社区与当地背景下可实现的最宜居社区的接近程度：

$$\text{CLI}_i = \frac{D_i^-}{D_i^- + D_i^+}, \quad i = 1, 2, \cdots, 101\,630 \tag{5-10}$$

此外，本节还采用热点分析法来识别各城市 CLI 值的空间关联模式。通过查看每个社区的 CLI 值及其与邻近社区的空间依赖关系，可以计算 Getis-Ord Gi^* 统计值（简称 Gi^*）。对于聚集的高 CLI 值社区要素（即热点），Gi^* 返回一个具有显著统计学意义的正 z 得分；对于聚集的低 CLI 值社区要素（即冷点），则返回一个具有显著统计学意义的负 z 得分。特别地，当社区要素的 CLI 值呈现随机分布的空间模式时，会产生一个不具有显著统计学意义的 z 得分。该分析主要借助 ArcGIS 软件完成，详细介绍可参考热点分析工具的帮助文档。

5.2.3 研究结果

1. 基于二级指标评估结果的单项分析

表 5-7 和图 5-22 分别展示了 42 个城市中 101 630 个社区的二级指标的统计结果及箱线图。其中，指标 1 和指标 2 描绘了社区内建筑环境的主要特征。可以看到，社区间的建筑密度（BI）和天空可视因子（B_SVF）存在明显的差异，值分别在 1%～90% 和 0.01～1.00。根据《城市居住区规划设计标准》（GB 50180—2018），中低层建筑密度一般不允许超过 43%，高层建筑的密度上限通常为 22%。然而，本节研究结果显示，101 630 个社区的平均建筑密度为 33%，这意味着大多数社区中的建筑物分布较为拥挤。其中，超一线（T1）城市的社区平均建筑密度（34%）略高于其他等级城市，尤其以广州（41%）最为突出。在 B_SVF 方面，除 T1 城市（0.62）外，其他城市的平均值都低于总体平均值（0.48），最低的是一线城市（T2 城市，0.43）。该结果表明，尽管 T1 城市的社区建筑密度较高，但其垂直空间的建筑物结构设计相对合理，保证了建筑间具有较开阔的天空视野。相比之下，T2 城市的社区建筑在二维和三维空间中都呈现出紧凑的分布格局。

表 5-7　我国 42 个主要城市 101 630 个社区的二级指标统计值

指标	二级指标	最小值～最大值	平均值	变异系数	前 3 名城市	后 3 名城市	城市等级
1	BI/%	1～90	33	0.40	广州（41） 佛山（38） 兰州（38）	烟台（0.27） 银川（0.23） 海口（0.23）	T1（34） T3（33） T2（32） T4（30）
2	B_SVF	0.01～1.00	0.48	0.40	长沙（0.78） 天津（0.71） 乌鲁木齐（0.71）	武汉（0.33） 合肥（0.33） 西宁（0.32）	T1（0.62） T3（0.45） T4（0.44） T2（0.43）
3	GI/%	0～90	17	0.92	济南（33） 北京（25） 重庆（25）	拉萨（6） 唐山（6） 兰州（5）	T1（19） T2（18） T3（14） T4（11）
4	LPI	1～100	52.34	0.57	厦门（65.03） 重庆（62.99） 济南（62.24）	银川（41.59） 拉萨（40.76） 烟台（30.03）	T2（53.90） T1（53.06） T3（50.65） T4（46.68）
5	SHA	0.00～7.84	1.39	0.38	济南（1.89） 无锡（1.74） 烟台（1.71）	南宁（1.14） 太原（1.09） 兰州（0.96）	T2（1.43） T1（1.38） T3（1.37） T4（1.32）
6	COH1	1～100	85.25	0.33	济南（95.95） 沈阳（94.75） 重庆（93.67）	武汉（71.89） 唐山（65.87） 兰州（64.18）	T2（86.88） T1（86.65） T3（83.11） T4（77.79）
7	GS_1 km/m²	5 499.27～ 5 379 768	865 346.6	0.53	济南（148 6467.0） 重庆（117 6816.5） 合肥（114 4215.6）	太原（473 883.3） 海口（445 442.5） 兰州（368 997.1）	T1（938 172.8） T2（883 707.5） T3（817 496.9） T4（657 857.5）
8	COH2	0～99.98	97.18	0.02	济南（98.73） 重庆（98.47） 合肥（98.27）	昆明（95.36） 拉萨（95.30） 海口（95.08）	T1（97.30） T2（97.27） T3（97.07） T4（96.62）
9	ES_1 km/m²	0～4 581 716	143 374.1	1.88	青岛（338 063.53） 石家庄（282 153.70） 厦门（246 835.44）	郑州（61 452.51） 长春（39 063.30） 乌鲁木齐（18 606.29）	T1（156 821.5） T3（151 405.8） T4（143 158.6） T2（130 722.2）
10	WAT_1 km/m²	0～3 910 834	139 776	1.63	南昌（400 919.91） 苏州（388 073.89） 宁波（281 647.81）	西安（38 735.93） 郑州（23 091.09） 乌鲁木齐（21 321.29）	T2（154 102.8） T3（134 460.9） T1（125 683.1） T4（118 157.0）

指标	二级指标	最小值~最大值	平均值	变异系数	前3名城市	后3名城市	城市等级
11	FAC_1 km /个	0~423	4.11	2.97	佛山（29.91） 广州（16.43） 无锡（9.22）	杭州（1.31） 唐山（1.27） 兰州（0.01）	T1（5.49） T2（3.96） T4（3.52） T3（3.26）
12	LST_sum /℃	20.35~42.84	32.55	0.08	乌鲁木齐（37.92） 银川（35.90） 天津（35.84）	厦门（28.12） 泉州（28.27） 海口（28.57）	T4（33.04） T3（32.75） T2（32.64） T1（32.03）
13	ROA_1 km /m	7 386.187~ 146 349.2	51 864.07	0.35	成都（75 400.48） 长春（73 365.11） 杭州（72 737.51）	泉州（26 396.39） 济南（22 852.15） 烟台（21 866.88）	T4（56 958.20） T2（52 583.94） T1（51 616.38） T3（49 837.64）
14	BUS_1 km /个	0~97	25.10	0.47	郑州（39.46） 成都（32.57） 哈尔滨（32.43）	合肥（17.07） 西安（16.73） 拉萨（14.40）	T2（26.36） T1（24.94） T3（23.72） T4（23.08）
15	SUB_1 km /个	0~8	1.07	1.17	上海（1.87） 武汉（1.63） 重庆（1.51）	泉州（0） 拉萨（0） 海口（0）	T1（1.47） T2（1.20） T3（0.68） T4（0.29）
16	KG_1 km /个	0~68	11.04	0.62	南宁（20.42） 沈阳（19.13） 海口（17.82）	无锡（4.97） 苏州（4.80） 拉萨（2.01）	T3（11.50） T2（11.34） T4（10.69） T1（10.07）
17	PS_1 km /个	0~24	3.69	0.76	广州（6.15） 兰州（5.73） 太原（4.43）	苏州（2.22） 无锡（2.13） 拉萨（0.63）	T1（4.06） T4（3.63） T2（3.60） T3（3.51）
18	MS_1 km /个	0~21	3.27	0.90	兰州（5.79） 哈尔滨（5.72） 郑州（5.40）	苏州（1.61） 沈阳（1.54） 拉萨（0.57）	T1（3.93） T4（3.30） T3（3.06） T2（3.03）
19	UNI_1 km /个	0~12	0.64	1.76	南宁（1.70） 兰州（1.57） 福州（1.41）	南京（0.13） 西安（0.12） 呼和浩特（0.02）	T3（0.95） T2（0.54） T4（0.51） T1（0.50）
20	PHA_1 km /个	0~238	31.70	0.77	哈尔滨（85.97） 成都（64.57） 沈阳（46.30）	上海（14.54） 北京（11.90） 拉萨（6.33）	T2（36.02） T3（33.67） T4（32.77） T1（21.53）

指标	二级指标	最小值～最大值	平均值	变异系数	前 3 名城市	后 3 名城市	城市等级
21	MSS_1 km /个	0～129	21.01	0.77	武汉（38.03）郑州（33.61）重庆（32.41）	无锡（6.97）苏州（6.55）拉萨（5.94）	T2（22.82）T4（20.98）T3（20.75）T1（18.08）
22	HOS_1 km /个	0～27	3.66	1.01	哈尔滨（8.59）昆明（5.56）郑州（5.54）	深圳（1.60）拉萨（1.21）苏州（1.19）	T2（4.23）T4（3.82）T3（3.52）T1（2.75）
23	SM_1 km /个	0～39	49.27	0.66	长春（111.75）成都（87.83）沈阳（75.45）	海口（28.47）上海（27.32）拉萨（19.92）	T2（54.41）T3（50.79）T4（45.69）T1（39.29）
24	FB_1 km /个	0～209	9.35	1.11	广州（20.09）成都（16.94）呼和浩特（16.58）	厦门（3.41）海口（3.01）深圳（2.34）	T2（10.24）T3（9.54）T4（8.95）T1（7.64）
25	SF_1 km /个	0～97	10.65	0.84	广州（18.93）厦门（18.08）上海（16.11）	唐山（4.36）西宁（3.88）拉萨（1.13）	T1（15.23）T2（10.26）T3（8.07）T4（6.81）
26	GW_1 km /m	0～23 033.58	3 044.88	0.90	佛山（4 675.21）石家庄（4 513.92）厦门（4 369.57）	烟台（1 594.77）银川（1 426.19）济南（1 049.83）	T1（3 941.78）T2（2 802.75）T3（2 784.06）T4（2 350.55）
27	REF_1 km /个	0～19	1.42	1.35	广州（3.74）南京（2.70）哈尔滨（2.36）	海口（0.42）烟台（0.36）拉萨（0.25）	T1（2.14）T2（1.31）T3（1.13）T4（0.69）
28	PSS_1 km /个	0～98	11.19	0.89	郑州（31.33）武汉（21.66）哈尔滨（16.52）	呼和浩特（5.32）合肥（5.05）唐山（4.87）	T2（12.51）T1（11.78）T3（9.65）T4（6.29）

注：第 5 列变异系数为标准差与平均数之比，用于表征数据分布的离散程度；第 6 列和第 7 列中城市名称后的数字表示该城市二级指标的平均值；第 8 列的 T1～T4 分别表示超一线城市、一线城市、二线城市和三线城市

在指标 3～指标 12 中，权重最大的指标 3（绿地密度，GI）的数值范围在 0%～90%，平均值为 17%。《城市居住区规划设计标准》（GB 50180—2018）明确规定，住宅小区的绿化率不应低于 30%。在该指标上，发展水平较高的城市表现更好（T1 城市为 19%，T2 城市为 18%，T3 城市为 14%，T4 城市为 11%）。然而，除济南市外，其他城市中都还存在大量的社区无法为居民提供可满足标准的 GI（图 5-22c）。景观指标 4、5、6 和 8 的变异系数分别为 0.57、0.38、0.33 和 0.02，明显低于其他指标，由此可知各社区内部及周边绿色空间的景观主导性、形状复杂性和连通性差异较小。与这 4 个指标相反，指

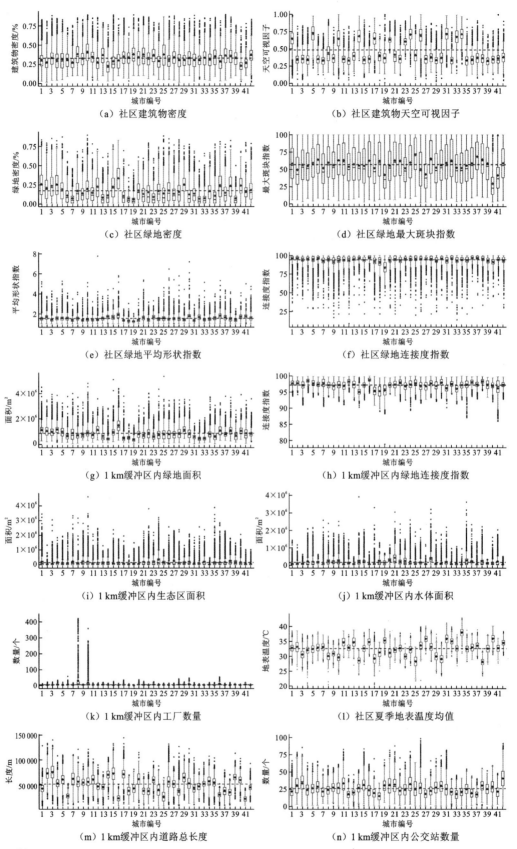

（a）社区建筑物密度

（b）社区建筑物天空可视因子

（c）社区绿地密度

（d）社区绿地最大斑块指数

（e）社区绿地平均形状指数

（f）社区绿地连接度指数

（g）1 km缓冲区内绿地面积

（h）1 km缓冲区内绿地连接度指数

（i）1 km缓冲区内生态区面积

（j）1 km缓冲区内水体面积

（k）1 km缓冲区内工厂数量

（l）社区夏季地表温度均值

（m）1 km缓冲区内道路总长度

（n）1 km缓冲区内公交站数量

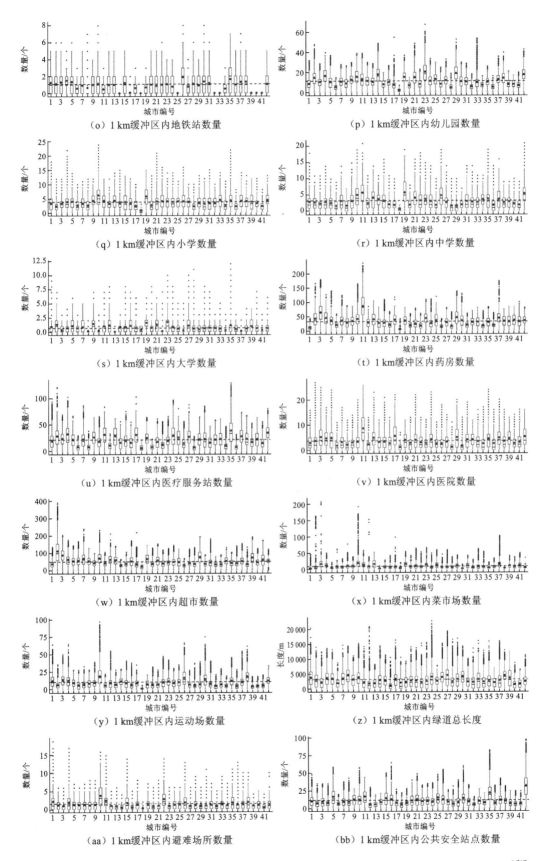

（o）1 km缓冲区内地铁站数量

（p）1 km缓冲区内幼儿园数量

（q）1 km缓冲区内小学数量

（r）1 km缓冲区内中学数量

（s）1 km缓冲区内大学数量

（t）1 km缓冲区内药房数量

（u）1 km缓冲区内医疗服务站数量

（v）1 km缓冲区内医院数量

（w）1 km缓冲区内超市数量

（x）1 km缓冲区内菜市场数量

（y）1 km缓冲区内运动场数量

（z）1 km缓冲区内绿道总长度

（aa）1 km缓冲区内避难场所数量

（bb）1 km缓冲区内公共安全站点数量

图 5-22　中国 42 个主要城市的社区二级指标箱线图

标 11（1 km 缓冲区内工厂数量，FAC_1 km）的变异系数达 2.97，为各指标中最高，这意味着显著的社区间差异。在该指标均值排名前三的城市中，佛山的每个社区缓冲区内平均有 29.91 个工厂，其次是广州（16.43 个），而名列榜尾的兰州的各社区周边平均只有 0.01 个工厂。指标 12（夏季社区地表温度均值，LST_sum）在 20.35～42.84 ℃不等，均值为 32.55 ℃。值得注意的是，一些南方沿海城市（如厦门、海口、泉州）社区的夏季热环境要明显优于西北内陆城市（如乌鲁木齐、银川）；发达城市的社区夏季热环境也要优于发展较差城市的社区（T1 城市为 32.03 ℃，T2 城市为 32.64 ℃，T3 城市为 32.75 ℃，T4 城市为 33.04 ℃）。该结果与城市尺度下的结果有所不同，主要与当地社区空间中的植被类型与分布格局、建筑物形态及气象因素有关。

　　指标 13～指标 15 主要显示了社区周围的交通条件。101 630 个社区周边 1 km 缓冲区内道路总长度（ROA_1 km）、公交站数量（BUS_1 km）和地铁站数量（SUB_1 km）指标的平均值分别为 51 864.07 m、25.10 个和 1.07 个。与城市层面的评估不同，单个社区的交通便捷度很大程度上取决于周围基础设施的分布格局。尽管较高等级城市的路网普遍比较发达，但考虑其较大的城区面积，一些一线城市的社区周边 1 km 缓冲区内道路总长度（T2 城市，平均值为 52 583.94 m）甚至低于三线城市（T4 城市，平均值为 56 958.20 m）。然而，对于社区周边公交站和地铁站的配置，T1 城市和 T2 城市的表现仍然优于发展水平较低的城市。

　　指标 16～指标 26 包含了决定社区生活舒适度的主要因素。出丁上述同样的原因，尽管 T1 城市的各类资源往往比欠发达城市更为丰富，但其分布密度更低，导致发达城市中社区尺度的指标均值不一定高于欠发达城市。例如，幼儿园数量（KG_1 km，11.50 个）和大学数量（UNI_1 km，0.95 个）的平均值在 T3 城市最高，而在 T1 城市最低（分别为 10.07 个和 0.50 个）。医疗资源[如药房数量（PHA_1 km）、医疗服务站数量（MSS_1 km）和医院数量（HOS_1 km）]和购物场所[如超市数量（SM_1 km）和菜市场数量（FB_1 km）]的情况类似，T2 城市位居前列而 T1 城市相对靠后。尽管如此，T1 城市的小学数量（PS_1 km，4.06 个）、中学数量（MS_1 km，3.93 个）、运动场数量（SF_1 km，15.23 个）和绿道总长度（GW_1 km，3 941.78 m）等指标的平均值仍然领先于其他城市，这表明发达城市的社区空间附近拥有更多的基础教育资源和运动场地。

　　指标 27 和指标 28 衡量了社区周围环境的安全韧性。避难场所数量（REF_1 km）和公共安全站点数量（PSS_1 km）的平均值分别为 1.42 个和 11.19 个。其中，前者在各社区之间的差异较大，其变异系数值达到 1.35，而后者的变异系数值为 0.89。总体来说，一些 T1 城市（如广州）和 T2 城市（如南京、郑州、武汉）对社区安全的规划付出了更多的努力，而 T3 和 T4 城市在这方面还有待加强，特别是海口、烟台、拉萨、呼和浩特、合肥和唐山[（图 5-22（aa）、图 5-22（bb）]。

2. 基于一级指标评估结果的集成分析

1）一级指标评估结果

如图5-23（a）所示，101 630个社区的一级指标得分均值的结果如下：建筑环境（2.75），生态宜居（2.30），生活舒适（2.28），交通便捷（2.15）和安全韧性（1.89）。在城市层面[图5-23（b）]，分别有23个城市（北京、长沙、常州等）的社区建筑环境指标均值最高，3个城市（济南、南京、厦门）的社区生态宜居度指标均值最高，3个城市（成都、杭州和深圳）的社区交通便捷度指标均值最高，10个城市（长春、重庆、哈尔滨等）的社区生活舒适度指标均值最高，以及3个城市（广州、武汉、郑州）的社区安全韧性指标均值最高。该结果说明在我国主要城市的社区中，建筑环境及生态宜居相较于其他指标表现更好，而安全问题则是宜居社区建设中的主要薄弱点。

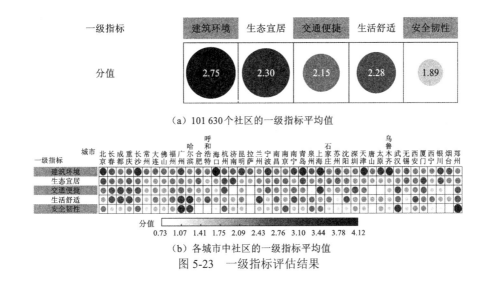

（a）101 630个社区的一级指标平均值

（b）各城市中社区的一级指标平均值

图5-23 一级指标评估结果

此外，图5-23（b）还直观地展示了各个城市在社区建设方面的优势和不足。例如，长沙、海口、青岛、天津、乌鲁木齐等城市的建筑环境值在42个城市中处于前列，但其他4个一级指标表现不佳；类似地，郑州的安全韧性值在各城市中最高，但其建筑环境、生态宜居、交通便捷、生活舒适等值均较低。除了这种"严重不平衡"的社区发展模式，还有一些城市的社区则表现为"轻度不平衡"（如长春、成都、合肥等），"中度平衡"（如重庆、大连、佛山等），以及"高度平衡"（如北京、长沙、福州等）。

2）不同发展水平的城市结果差异分析

进一步地，将单个城市的结果按其发展等级进行分类统计。如图5-24所示，4个等级（T1～T4）的城市建筑环境和生态宜居的平均值有着细微的差异。具体来说，T1城市的建筑环境均值（3.22）超过了T4城市（2.90）、T3城市（2.71）、T2城市（2.04），且T1城市的生态宜居均值（2.41）也略高于T2城市（2.40）、T3城市（2.25）和T4城市（2.35）。同时，值得注意的是，城市等级越高，其社区的交通便捷（T1～T4城市分别为2.83、2.61、1.97、1.62）和安全韧性（T1～T4城市分别为2.62、2.21、1.77、1.13）

均值越大。然而，在生活舒适和城市等级之间没有发现这种正相关关系：T2 城市的生活舒适均值（2.50）与 T3 城市（2.36）相似，且略高于 T1 城市（2.25）和 T4 城市（2.25）。总体而言，T1 城市的居民享受着较好的社区建筑环境、生态环境、交通条件和安全保障，但在生活舒适度方面略逊于其他城市，T2 城市的社区各项指标整体表现较优，T3 城市的社区需要加强其周边的交通及公共安全设施的建设，而对于 T4 城市，增强社区宜居性的工作应主要针对生态宜居、交通便捷和安全韧性这三个方面。

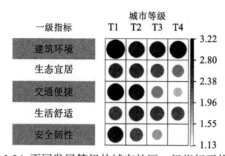

图 5-24 不同发展等级的城市社区一级指标平均值

T1、T2、T3 和 T4 分别表示超一线城市、一线城市、二线城市和三线城市

3. 基于 CLI 评估结果的综合分析

1）城市间 CLI 评估结果

基于 TOPSIS 算法得到的各社区的 CLI 值反映了它们与理想方案的相对接近度。从图 5-25 来看，在 101 630 个社区中，CLI 值排名前 3 的社区分别位于苏州（42.53）、武汉（40.35）和广州（39.18），后 3 位社区均位于北京（2.51、2.52 和 2.54）。平均而言，郑州的 CLI 值最高（13.63±4.00），其次是广州（12.72±5.17）和武汉（12.27±5.07），而烟台（6.70±2.14）、唐山（6.49±2.02）和拉萨（5.78±3.29）的 CLI 值排名最后。

此外，图 5-25 还显示 42 个城市中仅有 13 个城市（郑州，广州，……，北京）的 CLI 平均值高于总体 CLI 平均值（10.20）。并且，大多数城市内 CLI 的统计分布结果呈严重偏斜态（即中位数和平均值之间的差异显著），特别是广州、深圳、南京和佛山。这些结果进一步证实了当前我国社区的宜居性建设存在着严重不平衡且不充分现象，无论在城市之间还是社区之间都是如此。整体而言，宜居性较强的社区数量远远少于宜居性较差的社区。

为了探讨这种不平衡性在各城市之间的具体表现，分别计算各城市 CLI 平均值和标准差。由结果可知，具有相似 CLI 平均值的城市在空间上呈现出聚集趋势。例如，CLI 值较高的城市（如郑州、武汉、长沙等）主要集中在我国的中部地区；具有中等水平 CLI 值的城市则主要位于东部和南部；相比之下，西部和北部城市的社区总体上宜居性较低。城市间 CLI 标准差的空间分布模式与 CLI 平均值大致相同。需要指出的是，东北地区的部分城市的 CLI 平均值相对较高且标准差适中，这意味着其内部的大部分社区是比较宜居的。

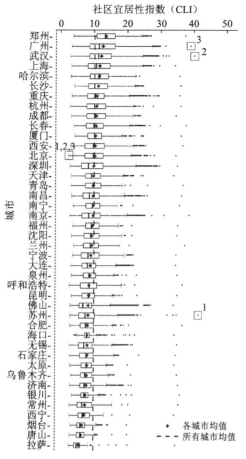

图 5-25 42 个城市的社区宜居性指数（CLI）箱线图

方框内的点表示 CLI 值前 3 名和后 3 名的社区

需要指出的是，尽管社区宜居性和城市宜居性在一定程度上存在相关关系，但它们的主要关注点有所不同。城市宜居性衡量的是整个城市的可持续性发展条件，与当地气候条件及产业结构息息相关；而社区宜居性则主要用于评估局部区域中居民的生活质量，更多地取决于社区内部及周围环境。因此，一些被认为是"不宜居"的城市在 CLI 均值排序中却名列前茅，一个典型的案例就是哈尔滨。尽管哈尔滨气候寒冷且地理位置相对偏僻，但由于它医疗、教育资源丰富，公共安全系统完善，因此，哈尔滨的大部分社区周边都密集分布着各类基础设施。不仅如此，宜人的建筑和生态环境也使得哈尔滨的社区宜居性较高。由此可见，对社区宜居性的全面评估可以为人们选择居住地提供新的视角和见解。

2）城市内 CLI 评估结果

进一步地，在单个社区尺度下计算各城市中 CLI 平均值的热点和冷点以探究城市内部社区宜居性的空间分布情况（图 5-26）。对大多数城市而言，置信度高于 90% 的 CLI 热点都呈团状分布在主城区的中心地带（如北京、长春、成都等），而对于少数城市，

CLI 热点是零散分布（如长沙、海口、银川等）或沿水分布（如上海、武汉等）的，这意味着 CLI 热点的空间分布形态与城市核心功能区的位置基本一致。相应地，置信度高于90%的 CLI 冷点均位于城市的边缘地带。就评估结果来看，我国大多数城市（特别是高等级城市）的资源分布都高度集中，这也是过度城市化的一个典型特征。

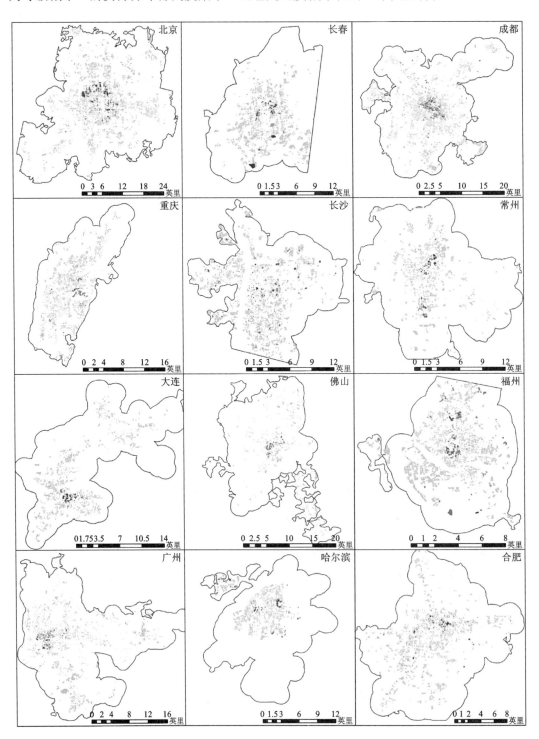

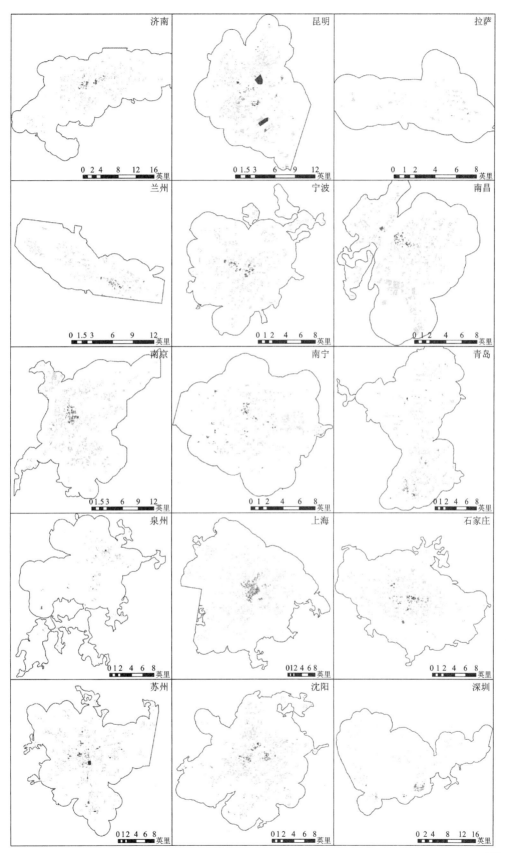

济南

0 2 4 8 12 16 英里

昆明

0 1.5 3 6 9 12 英里

拉萨

0 1 2 4 6 8 英里

兰州

0 1.5 3 6 9 12 英里

宁波

0 1 2 4 6 8 英里

南昌

0 1 2 4 6 8 英里

南京

0 1.5 3 6 9 12 英里

南宁

0 1 2 4 6 8 英里

青岛

0 1 2 4 6 8 英里

泉州

0 1 2 4 6 8 英里

上海

0 1 2 4 6 8 英里

石家庄

0 1 2 4 6 8 英里

苏州

0 1 2 4 6 8 英里

沈阳

0 1 2 4 6 8 英里

深圳

0 2 4 8 12 16 英里

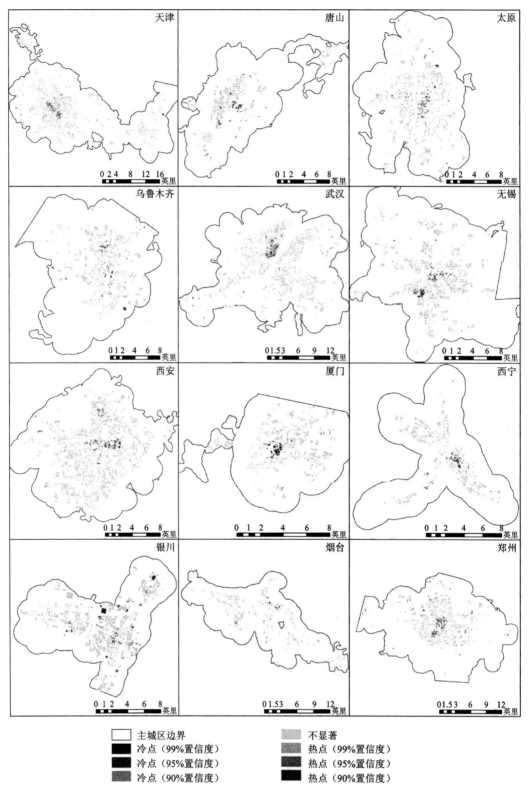

图 5-26　各城市主城区内 CLI 值冷点及热点空间分布

1 英里 ≈1.609 3 km

3）不同发展水平的城市结果差异分析

除地理位置外，宜居社区建设的不平衡性也表现在城市的发展等级上。不同于一级指标和二级指标的结果，CLI 的平均值和标准差都与城市等级呈现明显的正相关关系（图 5-27）。一方面，这意味着发达城市在建设宜居社区方面比一些欠发达城市取得了更好的成绩。另一方面，高等级城市内部各个社区的宜居性的高异质性也应引起城市管理者的重视。

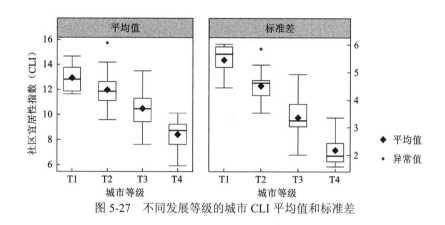

图 5-27　不同发展等级的城市 CLI 平均值和标准差

4. 典型社区实例分析

从 101 630 个社区中挑选 CLI 排名前 3 和后 3 的 6 个社区作为典型案例进行分析（图 5-28、图 5-29）。根据综合评价结果，排名前 3 的社区（以下简称为"CLI_H1""CLI_H2"和"CLI_H3"）分别位于苏州主城区的北部（城市核心与外围的过渡地带），以及武汉和广州的城市中心；而排名最后的 3 个社区（以下简称为"CLI_L1""CLI_L2"和"CLI_L3"）均位于北京的城市外围。从土地覆盖图和 POI 分布图可以直观地观察到，CLI_H1 的建筑密度较低，水体和绿地面积较大，因此社区地表温度指标排名非常靠前。并且，该社区路网发达且各类基础设施齐全（尽管数量不多）。CLI_H2 和 CLI_H3 的建筑分布相对密集，交通便捷，资源种类和数量较多，热环境处于中等水平。相比之下，CLI_L1、CLI_L2 和 CLI_L3 呈现出较差的社区环境：建筑物分布紧凑、植被覆盖率低、道路稀疏，但社区周围的生态环境宜人，尤其是绿色景观的面积广阔且连通度高。图 5-28 的右列结果显示，尽管前 3 名社区的大部分指标都表现突出，但仍然存在一些明显的不足之处，例如，CLI_H1 的生态舒适度和安全韧性，CLI_H2 和 CLI_H3 的建筑环境和生态宜居。也就是说，在本研究中未发现一个各方面指标都名列前茅的社区，这也进一步证实了宜居社区建设不充分的问题。根据"木桶原理"，短木板的存在会导致整体功能大幅下降。因此，提升当前我国社区宜居性的一个行之有效的方法是基于本研究的发现，有针对性地优化社区结构，补齐建设短板。对于 CLI 值最低的 3 个社区，不难发现其有大量指标与理想方案的相对接近程度为 0，这意味着这些指标值是所有社区中最低的。换句话说，这些不宜居社区存在的问题多样且棘手，要提升宜居性需要仔细设计社区的顶层架构，并加强各方面功能的内在和谐性。

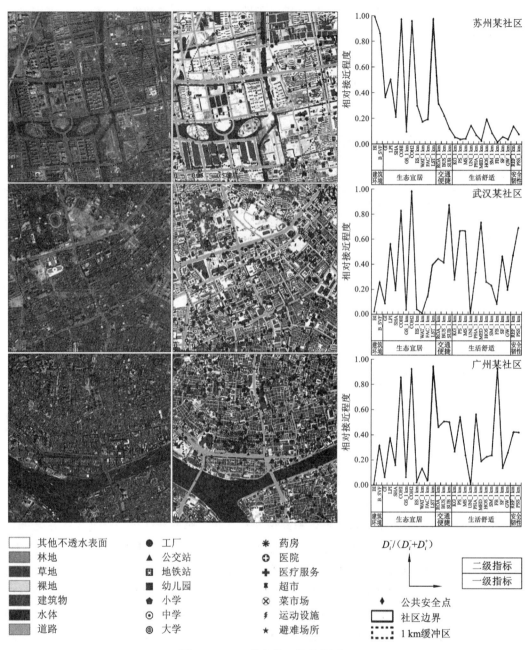

图 5-28　CLI 排名前 3 位的社区

图中第一至第三列依次是：ZY-3 高分辨率遥感影像，社区周边 1 km 缓冲区内的土地覆盖图和 POI 分布图，以及社区的一级指标和二级指标与理想方案的相对接近程度［即$(D_i^-)/(D_i^- + D_i^+)$］

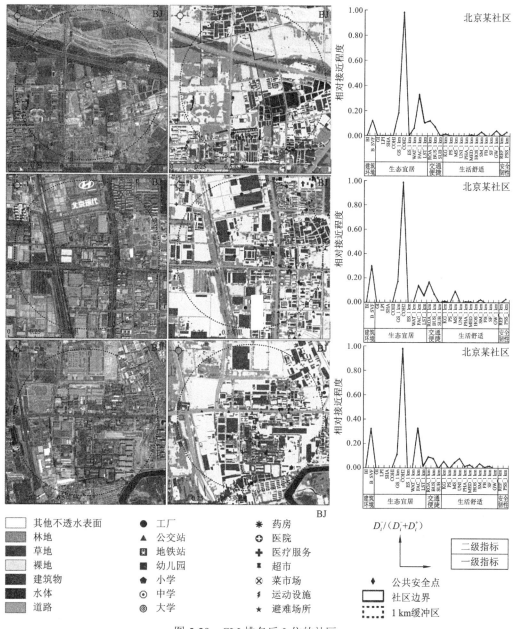

图 5-29　CLI 排名后 3 位的社区

图中第一至第三列依次是 ZY-3 高分辨率遥感影像，社区周边 1 km 缓冲区内的土地覆盖图和 POI 分布图，以及社区的一级指标和二级指标与理想方案的相对接近程度［即$(D_i^-)/(D_i^-+D_i^+)$］

5.2.4　讨论与分析

1. 对于提高我国社区宜居性的建议

首先，城市居民和管理者有必要仔细思考一个问题：什么样的社区可以被描述为宜居社区？在建立评估框架的初始阶段，利益相关者应该对此问题进行讨论，以便在不同群体之间就宜居社区的概念达成共识（Wagner and Caves，2012）。在普遍认可的定义中，社区宜居性是一个相对概念，用于衡量居民对生活空间的满意度（Pacione，2003），它对不同的人意味着不同的东西（Ruth and Franklin，2014）。当前来看，世界各地的组织每年度都会发布多样化的宜居性指标，这些指标对比较不同城市或地区的生活质量有着重要意义，但对于社区尺度下的宜居性，还缺乏相关的定量评估结果。社区宜居性需要在当地的社会背景下被理解和感知。从这个角度来看，提高社区宜居性的第一步就是要全面准确地了解研究区的现状及当地居民对宜居社区的真实需求。

本节的研究结果表明，我国宜居社区发展最突出的特点在于不平衡性，这是快速"集中式"城市化的必然结果。该问题广泛存在于区域、城市乃至社区之间，根本原因在于资源的分配不均（Guan et al.，2018）。在个体社区尺度下，这种不公平主要表现为基础设施、安全设备和生态系统服务等基本公共服务的过度集中。在这 42 个城市中，绝大多数的公共服务及城市核心功能区都呈现出单中心态的空间分布模式，且各类资源的数量和质量均沿城乡梯度下降。单项评估结果表明，28 个二级指标中有 8 个指标（ES_1 km、WAT_1 km、FAC_1 km、SUB_1 km、UNI_1 km、HOS_1 km、FB_1 km、REF_1 km）的变异系数值超过 1，意味着较为显著的社区间差异，这也直接导致了各社区的生态宜居度和生活舒适度的差距。不仅如此，在城市层面，发展等级较高的城市和位于我国中部及东北部的城市也被发现具有较高的 CLI 标准差。

针对这个问题，"去中心化"可能是一个解决方案。德国"去中心化"的城镇发展模式为我国解决城市病从而构建宜居社区提供了良好经验（Ziblatt，2008）。这种发展模式的核心思想是通过规划和立法的平衡、资源的二次分配、公共服务的均等化及行政机构的分权来防止人口和资源的过度集中（Oteman et al.，2014）。作为城市的基本单位，社区承担着城市治理和服务的重要功能。因此，在加强社区生态和设施资源均匀分配的同时，区域的不公平问题也会相应得到缓解。为了实现这一目标，必须采取双向策略，即由政府主导的自上而下的规划和居民参与的自下而上的反馈相结合。

本次评估中发现的另一个问题是宜居社区建设的不充分。对一级指标的集成评估结果显示，安全韧性是影响大多数社区宜居性的主要短板，尤其是 T3 和 T4 城市的社区。造成这个问题的主要原因可能与社会环境有关。一些犯罪率和贫困率较高的地区（如秘鲁首都利马）往往将公共安全作为宜居城市的最重要特征（Borkowski，2019）。在当前我国的社会背景下，相对稳定的公共秩序和生活环境往往导致居民对社区安全缺乏关注（体现在安全韧性指标的低权重上），相应地，管理者对社区内部及周边的安全设施的建设也有限。事实上，安全感一直是社区的重要吸引力之一（Zhan et al.，2018）。管理者有必要增加社区周围的公共安全站点及避难场所的数量，并建立社区安全联动机制，以便最大限度地降低伤害事故发生的概率。此外，二级指标的评价结果还显示，由于高密度的建筑环境，社区内的绿地覆盖率普遍未达到30%的标准。该结果意味着，应有计划地采取干预措施，弥补社区绿色网络中的空白并改善低质量生态区域。从长远来看，保持生态宜居不仅需要"加法"，还需要严格控制社区周围的一些负面因素，如工厂数量，这也是生态宜居中权重最高的二级指标。只有坚持问题导向的规划和治理，才能保证社区建设与环境保护之间形成良好互动，从而提高宜居性。

针对我国的社会环境及快速城市化的背景，本节研究的结果提供了关于当前社区宜居性现状的反馈，旨在鼓励和辅助制定有效的政策。综上所述，以下几点对于提高社区居民的生活质量是至关重要的。

（1）可靠和有意义的统计数据。数据作为所有评估的基础，有必要对其进行定期的收集和更新。在本节研究中，网络地图应用程序接口提供社区周围基础设施信息的公开访问渠道，而基于高分辨率遥感影像得到的土地覆盖图则有助于描述城市规划的全貌。

（2）全局观点和局部措施。在政策拟定阶段，首先应当从全局角度来探究当前我国社区环境的短板（如资源中心化问题和安全问题），并进行大尺度的考虑。总体目标的确立可确保在整个区域中实现公平的发展，并将资源集中在最需要的地区。在此框架下，再将战略目标进一步具体化为适应当地环境的规划项目。

（3）合作。在大数据时代，个人或单一组织很难构建一个既有深度又有广度的数据库来支撑重大项目的实施，必须发展一种由政府、研究人员、企业和居民共同参与的新的合作形式，才能有效推动宜居社区的建设。

2. 高分辨率遥感数据在社区宜居性评估中的优越性

遥感作为一种监测大范围地表信息的手段，已被广泛应用于城市规划和管理工作中，例如土地利用动态监测、违章建筑取证及城市环境评估等（Huang et al.，2020；Wen et al.，2015）。然而，常用的中低分辨率的卫星数据，如中分辨率成像光谱仪（MODIS）分辨率为 500 m 和 1 km，陆地卫星（Landsat）分辨率为 30 m，并不适合描绘细粒度的影像特征（如阴影、纹理、结构等），这使得遥感数据在城市中的应用潜力尚未被充分认知。近年来，高空间分辨率传感器的出现使精细的对地观测成为可能。在数据的驱动下，一些新的应用场景也应运而生，典型的是城市微更新和旧城改造（Jing et al.，2021）。社区宜居性评估是城市微更新的前期工作。本节研究提供了一个基于高分辨率遥感数据（ZY-3，分辨率为 2.1 m）进行社区宜居性评估的示范，可作为未来工作的参考。

具体来说，在设计社区环境提高宜居性时，高分辨率的城市土地覆盖图作为基础地图可以真实地描述居住环境中的景观组成和配置（Huang et al.，2020）。一方面，一些分散、零碎的斑块能被更好地检测到；另一方面，也是更重要的一点，绿地的结构（如形状和边缘）可以被清晰地描绘出来。这有利于研究者充分理解社区景观对热环境和空气质量的影响（Rui et al.，2018）。Li 等（2013）利用了 3 种不同空间分辨率的遥感产品（QuickBird，分辨率为 2.44 m；SPOT，分辨率为 10 m；Landsat TM，分辨率为 30 m）来识别同一地区绿地的比例和分布格局，结果证明，无论从完整性还是准确性来看，高分辨率数据的效果都令人更加满意。

此外，由于采用多角度成像模式，高分辨率遥感数据在获取地面物体（如建筑物）的高度信息方面也极具竞争力。与雷达数据和激光点云数据相比，它的可获取性更高，更新速度更快，且成本更低，非常适用于大规模地评估和更新三维建筑的形态信息。迄今为止，一些研究已经成功利用高分辨率遥感数据得出的高度信息来估算城市人口（Xu et al.，2020）和地面生物量（Li et al.，2016），并且得到了可靠的结果。

5.2.5 小结

对城市规划者而言，定量、深入的宜居性评估对制定政策是极其必要的。然而，迄今主流的关于宜居性的研究大多聚焦于城市或区域等宏观尺度，典型成果包括由英国的经济学人智库发布的年度《全球宜居城市指数报告》等。相比之下，细粒度的宜居性问题（如单个社区的宜居性）引起的关注较少。一些少量的相关研究也大多是针对局部地区或个体案例展开，这就影响了管理者对大范围社区环境的整体感知。因此，本节对我国 42 个城市的 101 630 个真实社区展开了全面的宜居性评估，以弥补这一研究空缺。

一方面，本节研究为实际评估工作中仍然存在的一些挑战（成本高、数据可用性差、多源数据的异质性及评估框架的不足等）提供了可能的解决方案。另一方面，本节研究的结果首次详尽地展示了我国逾十万个社区的宜居性现状。①各项指标的权重显示，生活舒适是社区宜居性的首要决定性因素，而最次要的是建筑环境。一些负面因素如工厂数量需要引起特别注意，因为它们的权重超过了大多数正面因素。②二级指标的单项评估结果显示，社区内的高密度建筑使得这 42 个城市的大多数社区无法为居民提供符合标准（30%）的绿色空间覆盖度。在这方面，高等级城市的社区表现优于低等级城市的社区。③一级指标的综合评估结果揭示了我国主要城市在打造宜居社区的过程中对社区安全性的关注明显不足，特别是在一些二线和三线城市（如合肥、呼和浩特等）。④总体而言，各城市和各社区之间普遍呈现出宜居建设不平衡的特点，如东部、南部和中部城市的 CLI 平均值和标准差显著高于西部和北部城市。另外，在各个城市内部也观察到高 CLI 值社区存在明显的空间聚集效应。

本节研究首次在我国主要城市中进行了大范围个体社区尺度的定量宜居性评估，也首次尝试基于多源地理信息在二维和三维层面对社区宜居性进行全方位探究。研究结果将有助于巩固我国 42 个代表性大城市宜居社区的建设成果，并弥补其不足。需要指出的是，一些中小城市的情况可能在一定程度上有所不同。因此，在本节研究制定的统一方法论和框架的指导下，将继续展开进一步的研究。

参 考 文 献

卢道典, 姚华松, 曾娟, 2016. 上海"老新村"社区宜居性分析及更新策略研究: 以鞍山四村第三小区为例. 城市建筑(9): 333-334.

王亚楠, 王雪, 2018. 基于宜居性理念下的包头市居住区容积率研究. 中国住宅设施(10): 71-72.

王煜, 唐力, 朱海涛, 等, 2021. 基于多源遥感数据的城市热环境响应与归因分析: 以深圳市为例. 生态学报, 41(22): 8771-8782.

周玄德, 郭华东, 2018. 城市扩张过程中不透水面空间格局演变及其对地表温度的影响: 以乌鲁木齐市为例. 生态学报, 38(20): 7336-7347.

BERGER C, ROSENTRETER J, VOLTERSEN M, et al., 2017. Spatio-temporal analysis of the relationship between 2D/3D urban site characteristics and land surface temperature. Remote Sensing of Environment, 193: 225-243.

BORKOWSKI A S D, 2019. Lima: A livable city//Community Livability: Issues and Approaches to Sustaining the Well-Being of People and Communities. New York: Routledge: 149-164.

BREIMAN L, 2001. Random forests. Machine Learning, 45(1): 5-32.

BREIMAN L, 2002. Manual on setting up, using, and understanding random forests v3. 1. USA: Statistics Department University of California Berkeley, 1(58): 3-42.

CAO X, ONISHI A, CHEN J, et al., 2010. Quantifying the cool island intensity of urban parks using ASTER and IKONOS data. Landscape and Urban Planning, 96(4): 224-231.

CHEN L, NG E, AN X, et al., 2012. Sky view factor analysis of street canyons and its implications for daytime intra-urban air temperature differentials in high-rise, high-density urban areas of Hong Kong: A GIS-based simulation approach. International Journal of Climatology, 32(1): 121-136.

DU S, XIONG Z, WANG Y C, et al., 2016. Quantifying the multilevel effects of landscape composition and configuration on land surface temperature. Remote Sensing of Environment, 178: 84-92.

DUTTA D, RAHMAN A, PAUL S K, et al., 2019. Changing pattern of urban landscape and its effect on land surface temperature in and around Delhi. Environmental Monitoring and Assessment, 191(9): 1-15.

FORZIERI G, ALKAMA R, MIRALLES D G, et al., 2017. Satellites reveal contrasting responses of regional climate to the widespread greening of Earth. Science, 356(6343): 1180-1184.

FU Y, REN Z, YU Q, et al., 2019. Long-term dynamics of urban thermal comfort in China's four major capital cities across different climate zones. Peer J., 7: e8026

GOLDBLATT R, ADDAS A, CRULL D, et al., 2021. Remotely sensed derived land surface temperature (LST) as a proxy for air temperature and thermal comfort at a small geographical scale. Land, 10(4): 410.

GUAN X, WEI H, LU S, et al., 2018. Assessment on the urbanization strategy in China: Achievements, challenges and reflections. Habitat International, 71: 97-109.

GUHA S, GOVIL H, 2020. Seasonal impact on the relationship between land surface temperature and normalized difference vegetation index in an urban landscape. Geocarto International, 37(8): 2252-2272.

GUO A, YANG J, SUN W, et al., 2020. Impact of urban morphology and landscape characteristics on spatiotemporal heterogeneity of land surface temperature. Sustainable Cities and Society, 63: 102443.

HESSLEROVÁ P, POKORNÝ J, BROM J, et al., 2013. Daily dynamics of radiation surface temperature of different land cover types in a temperate cultural landscape: Consequences for the local climate. Ecological Engineering, 54: 145-154.

HUANG X, CAO Y, Li J, 2020. An automatic change detection method for monitoring newly constructed building areas using time-series multi-view high-resolution optical satellite images. Remote Sensing of Environment, 244: 111802.

HUANG X, CHEN H, GONG J, 2018. Angular difference feature extraction for urban scene classification using ZY-3 multi-angle high-resolution satellite imagery. ISPRS Journal of Photogrammetry and Remote Sensing, 135: 127-141.

HWANG C L, YOON K, 1981. Methods for multiple attribute decision making//Multiple Attribute Decision Making. London: Sage Publications: 58-191.

IMRAN H M, HOSSAIN A, ISLAM A K M, et al., 2021. Impact of land cover changes on land surface temperature and human thermal comfort in Dhaka City of Bangladesh. Earth Systems and Environment,

5(3): 667-693.

JING C, ZHOU W, QIAN Y, et al., 2021. A novel approach for quantifying high-frequency urban land cover changes at the block level with scarce clear-sky Landsat observations. Remote Sensing of Environment, 255: 112293.

KOEHLER K, LATSHAW M, MATTE T, et al., 2018. Building healthy community environments: A public health approach. Public Health Reports, 133(1_suppl): 35S-43S.

LAI J, ZHAN W, VOOGT J, et al., 2021. Meteorological controls on daily variations of nighttime surface urban heat islands. Remote Sensing of Environment, 253: 112198.

LI D, LIAO W, RIGDEN A J, et al., 2019. Urban heat island: Aerodynamics or imperviousness? Science Advances, 5(4): eaau4299.

LI W, NIU Z, CHEN H, et al., 2016. Remote estimation of canopy height and aboveground biomass of maize using high-resolution stereo images from a low-cost unmanned aerial vehicle system. Ecological Indicators, 67: 637-648.

LI X, ZHOU W, OUYANG Z, 2013. Relationship between land surface temperature and spatial pattern of greenspace: What are the effects of spatial resolution? Landscape and Urban Planning, 114: 1-8.

LIU C, HUANG X, WEN D, et al., 2017. Assessing the quality of building height extraction from ZiYuan-3 multi-view imagery. Remote Sensing Letters, 8(9): 907-916.

LIU Y, WANG Z, LIU X, et al., 2021. Complexity of the relationship between 2D/3D urban morphology and the land surface temperature: A multiscale perspective. Environmental Science and Pollution Research, 28(47): 66804-66818.

LOVASI G S, NECKERMAN K M, QUINN J W, et al., 2009. Effect of individual or neighborhood disadvantage on the association between neighborhood walkability and body mass index. American Journal of Public Health, 99(2): 279-284.

MARTIN A, GORYAKIN Y, SUHRCKE M, 2014. Does active commuting improve psychological wellbeing? Longitudinal evidence from eighteen waves of the British household panel survey. Preventive Medicine, 69: 296-303.

OLSON D L, 2004. Comparison of weights in TOPSIS models. Mathematical and Computer Modelling, 40(7-8): 721-727.

OTEMAN M, WIERING M, HELDERMAN J K, 2014. The institutional space of community initiatives for renewable energy: A comparative case study of the Netherlands, Germany and Denmark. Energy, Sustainability and Society, 4(1): 1-17.

PACIONE M, 2003. Urban environmental quality and human wellbeing: A social geographical perspective. Landscape and Urban Planning, 65(1-2): 19-30.

PENG J, JIA J, LIU Y, et al., 2018. Seasonal contrast of the dominant factors for spatial distribution of land surface temperature in urban areas. Remote Sensing of Environment, 215: 255-267.

POPOVA I, DEMCHENKO N, 2020. Territorial societies features: European experience. Three Seas Economic Journal, 1(1): 20-27.

RUI L, BUCCOLIERI R, GAO Z, et al., 2018. The impact of green space layouts on microclimate and air quality in residential districts of Nanjing, China. Forests, 9(4): 224.

RUTH M, FRANKLIN R S, 2014. Livability for all? Conceptual limits and practical implications. Applied Geography, 49: 18-23.

SAATY R W, 1987. The analytic hierarchy process: What it is and how it is used. Mathematical Modelling, 9(35): 161176.

SARKAR A, KUMAR N, JANA A, et al., 2021. Association between built-environment and livability: Case of Mumbai slum rehabs//JANA A, BANERJI P. Urban Science and Engineering. Singapore: Springer: 63-74.

SEO D K, KIM Y H, EO Y D, et al., 2017. Generation of radiometric, phenological normalized image based on random forest regression for change detection. Remote Sensing, 9(11): 1163.

STOFFERAHN C W, 2009. Cooperative community development: A comparative case study of locality-based impacts of new generation cooperatives. Community Development, 40(2): 177-198.

TONG M, SHE J, TAN J, et al., 2020. Evaluating street greenery by multiple indicators using street-level imagery and satellite images: A case study in Nanjing, China. Forests, 11(12): 1347.

TONNIES F, LOOMIS C P, 2002. Community and society. Chicago: Courier Corporation.

TURNER M G, 1990. Spatial and temporal analysis of landscape patterns. Landscape Ecology, 4(1): 21-30.

VIDAL L A, MARLE F, BOCQUET J C, 2011. Using a Delphi process and the analytic hierarchy process (AHP) to evaluate the complexity of projects. Expert Systems with Applications, 38(5): 5388-5405.

VOTSI N E P, MAZARIS A D, KALLIMANIS A S, et al., 2014. Landscape structure and diseases profile: Associating land use type composition with disease distribution. International Journal of Environmental Health Research, 24(2): 176-187.

WAGNER F, CAVES R W, 2012. Community livability: Issues and approaches to sustaining the well-being of people and communities. London: Routledge.

WEN D, HUANG X, ZHANG L, et al., 2015. A novel automatic change detection method for urban high-resolution remotely sensed imagery based on multiindex scene representation. IEEE Transactions on Geoscience and Remote Sensing, 54(1): 609-625.

WETHERLEY E B, MCFADDEN J P, ROBERTS D A, 2018. Megacity-scale analysis of urban vegetation temperatures. Remote Sensing of Environment, 213: 18-33.

WHITE M, SMITH A, HUMPHRYES K, et al., 2010. Blue space: The importance of water for preference, affect, and restorativeness ratings of natural and built scenes. Journal of Environmental Psychology, 30(4): 482-493.

XU M, CAO C, JIA P, 2020. Mapping fine-scale urban spatial population distribution based on high-resolution stereo pair images, points of interest, and land cover data. Remote Sensing, 12(4): 608.

YIN Q, WANG J, REN Z, et al., 2019. Mapping the increased minimum mortality temperatures in the context of global climate change. Nature Communications, 10: 4640.

YOUSUF M I, 2007. Using experts' opinions through Delphi technique. Practical Assessment, Research, and Evaluation, 12(1): 4.

YU J, WEN J, 2016. Multi-criteria satisfaction assessment of the spatial distribution of urban emergency shelters based on high-precision population estimation. International Journal of Disaster Risk Science, 7(4): 413-429.

YU S, CHEN Z, YU B, et al., 2020. Exploring the relationship between 2D/3D landscape pattern and land surface temperature based on explainable extreme gradient boosting tree: A case study of Shanghai, China. Science of the Total Environment, 725: 138229.

YU X, LIU Y, ZHANG Z, et al., 2021. Influences of buildings on urban heat island based on 3D landscape metrics: An investigation of China's 30 megacities at micro grid-cell scale and macro city scale. Landscape Ecology, 36(9): 2743-2762.

YUAN B, ZHOU L, DANG X, et al., 2021. Separate and combined effects of 3D building features and urban green space on land surface temperature. Journal of Environmental Management, 295: 113116.

ZAKŠEK K, OŠTIR K, KOKALJ Ž, 2011. Sky-view factor as a relief visualization technique. Remote Sensing, 3(2): 398-415.

ZHAN D, KWAN M-P, ZHANG W, et al., 2018. Assessment and determinants of satisfaction with urban livability in China. Cities, 79: 92-101.

ZHANG Y, LI Q, WANG H, et al., 2019. Community scale livability evaluation integrating remote sensing, surface observation and geospatial big data. International Journal of Applied Earth Observation and Geoinformation, 80: 173-186.

ZHAO L, LEE X, SMITH R B, et al., 2014. Strong contributions of local background climate to urban heat islands. Nature, 511(7508): 216-219.

ZHOU W, HUANG G, CADENASSO M L, 2011. Does spatial configuration matter? Understanding the effects of land cover pattern on land surface temperature in urban landscapes. Landscape and Urban Planning, 102(1): 54-63.

ZHOU W, WANG J, CADENASSO M L, 2017. Effects of the spatial configuration of trees on urban heat mitigation: A comparative study. Remote Sensing of Environment, 195: 1-12.

ZIBLATT D, 2008. Why some cities provide more public goods than others: A subnational comparison of the provision of public goods in German cities in 1912. Studies in Comparative International Development, 43(3): 273-289.

ZITER C D, PEDERSEN E J, KUCHARIK C J, et al., 2019. Scale-dependent interactions between tree canopy cover and impervious surfaces reduce daytime urban heat during summer. Proceedings of the National Academy of Sciences of the United States of America, 116(15): 7575-7580.

第6章　城市热环境的时序变化

6.1　局部气候带动态变化对城市热岛的影响

6.1.1　概述

城镇化是当今人类社会发展最为显著的变化之一，也是社会经济发展的必然结果，快速城镇化中土地覆盖的变化和人类活动的增强会引起城市热环境的改变，进而导致城市热岛效应出现（Polydoros and Cartalis，2015）。热岛效应指城市中的温度高于城郊或农村的温度的现象，城市热岛强度的计算大多是基于城乡温差。为避免复杂城乡系统和城乡边界难以界定对热岛强度量化的影响（Wang et al.，2018），Stewart 和 Oke（2012）提出了一套精细的用于城市热环境研究的地表分类框架——局部气候带（local climate zones，LCZ）。LCZ 是指在水平尺度上几百米到几千米范围内，具有均匀的地表覆盖、结构、材质和人类活动的区域，包括 10 种建筑类别和 7 种自然地表类别。LCZ 与城市结构和土地覆盖类型高度相关，能够突出代表地表几何特性和表面覆盖特性对局部气候的影响（Liu et al.，2017），因此可以通过研究 LCZ 的变化探寻城市化的发展如何对人类生活热环境产生影响。

当前，LCZ 与地表温度的研究主要集中在单时序的相关性分析（Pokhrel et al.，2019；Yang et al.，2019；Richard et al.，2018；Bechtel et al.，2016），包括 LCZ 与地表温度的描述性分析、不同地域 LCZ 对地表温度的对比分析，以及地表特征与地表温度的相关性分析。但是单时序分析忽略了城镇化过程中城市结构和城市热环境的变化，而多时序 LCZ 分析则具有通过研究 LCZ 与地表温度的长时间动态变化，探寻地表温度变化的原因及趋势，进而能够弥补单时序分析的缺陷的潜力。然而当前 LCZ 与地表温度的多时序研究很少，且几乎都是从 LCZ 空间构成的宏观层面进行描述分析（Dian et al.，2020；Wang et al.，2019；Vandamme et al.，2019），比如研究单个城市长时序 LCZ 空间构成的变化、简单统计不同时间多种 LCZ 类别的地表温度等。以上研究缺乏微观的精细化定量分析，不能清晰反映城市内部的 LCZ 和地表温度变化。因此，更为精细地进行多时序 LCZ 与地表温度的关系研究，对深入了解城市化对局部气候的影响具有十分重要的意义。

多时序 LCZ 制图是 LCZ 分析的基础。目前的多时序 LCZ 制图大多采用单时序分别制图的方法，即分别选择不同时相的 LCZ 训练样本，用世界城市数据库和访问门户工具（world urban database and access portal tools，WUDAPT）分类方法、监督分类方法等，实现 LCZ 的多时序制图。但是 LCZ 类别较多，所需训练样本量大，分别对每个时期选择样本会是一项耗时耗力的工作，较难应用于大范围或更长时序的制图，尤其是在样本难以获取的时候；此外，该方法也阻碍了以更自动化的方式准确和一致地对时间序列影像进行分类。基于此，本节提出一种时序样本迁移方法以减少样本收集的工作量，促进更快速有效地进行多时序 LCZ 分类。

本节以粤港澳大湾区（以下简称大湾区）作为研究区。大湾区是世界上最重要的湾区之一，也是我国开放程度最高、经济活力最强的区域之一，在我国发展大局中具有重要战略地位。《粤港澳大湾区发展规划纲要》指出：大湾区不仅要建成充满活力的世界级城市群、国际科技创新中心、"一带一路"建设的重要支撑、内地与港澳深度合作示范区，还要打造成宜居宜业宜游的优质生活圈，成为高质量发展的典范。然而城市群作为城镇化的主要空间载体，在不断推动社会经济政治快速发展的同时，也带来了一系列生态环境问题。由于人工地表急剧增加和人类活动增强出现的城市热岛现象就是问题之一。因此，如何减缓热岛效应，促进区域可持续发展成为区域发展规划的重要目标。

目前大湾区已经开展了城市化对生态环境质量影响的相关研究（Yang et al.，2020；Fang et al.，2019；Zhang et al.，2014），城市热岛是其中重要的关注点之一。比如：从居民感知角度研究城市室外舒适度（Liu et al.，2018；Tan et al.，2017），从地表覆盖角度研究单时相单城市建筑布局或城市形态对温度的影响（Li et al.，2017；Guo et al.，2016），从产品生成角度研究单时相 LCZ 制图（Liu and Shi，2020；Cai et al.，2016），以及极少数关于长时序城市热岛研究如探寻地表温度分布状态（Wang et al.，2019）。由此可知，当前大湾区开展的城市热岛效应研究大多关注单时相土地利用覆盖特征与城市热岛之间的关系，不能反映城镇化中热环境时序上的变化规律。此外，当前的长时序研究则以宏观描述分析为主，忽略了城镇化过程中精细的地表结构改变对城市热岛变化的影响。值得注意的是，当前大多数研究的研究区域仅为大湾区的局部城市，缺乏覆盖大湾区全域的研究与分析。因此，开展大湾区 LCZ 动态变化及对城市热岛的时空影响研究具有重要意义。

综上，本节研究目的在于提出一种多时序 LCZ 制图的方法，以大湾区城市群为例，实现该城市群 LCZ 的多时序变化检测，并分析该区域内多时序 LCZ 变化与地表温度变化的关系。

6.1.2　数据与方法

1. 研究区域

粤港澳大湾区城市群位于我国南部，包括珠江三角洲城市群 9 个城市（广州、深圳、佛山、东莞、中山、珠海、惠州、江门、肇庆），以及香港、澳门特别行政区。大湾区拥有多种金融服务、教育资源、文化产业和高新技术产业，是我国建设世界级城市群的代表，在我国发展大局中具有重要战略地位。然而，该地区快速的城镇化使得人与自然矛盾突出，尤其是城市热岛效应等环境问题逐步暴露（Wu et al.，2020；Fang et al.，2019）。随着我国生态文明建设的深入推进，树立"以人为本"的发展理念，处理好"发展"与"保护"的关系，成为大湾区高质量发展的关键。因此，如何减缓大湾区热岛效应，使其更有利于居民居住和城市绿色可持续发展，是该地区亟须解决的问题。

2. 地表温度数据

夏季温度高，热岛效应最强，因此在热岛效应研究中通常会分析夏季温度。大湾区夏季多雨，为了减少其他因素（云等）的干扰，采用基于多幅遥感影像得到的平均地表温度。从中国气象数据网获取 2005 年和 2015 年大湾区日平均空气温度（图 6-1），可以看出，2005 年和 2015 年夏季 7、8 月温度差异最小，变化波动幅度最小，而 2005 年 6 月的气温与 5 月接近，与 7 月相差约 3℃左右，因此为了减少 6 月的差异对求取平均值的影响，采用 2005 年和 2015 年夏季 7、8 月平均地表温度分析城市化进程中 LCZ 对地表温度的时空影响。地表温度是基于 EOS-Aqua-MODIS 8-day（MYD11A2）产品获取的白天（13:30）地表温度，空间分辨率为 1 km。

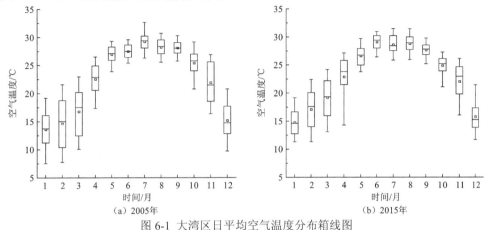

（a）2005年 （b）2015年

图 6-1 大湾区日平均空气温度分布箱线图

3. 多时序局部气候区制图

大湾区常见局部气候带（LCZ）类型如图 6-2 所示。LCZ7（轻质低层建筑）通常作为非正式定居点、棚户区和小农户居住点。LCZ9（稀疏建筑）的建筑密度和不透水面均小于 20%。因为大湾区经济发展水平较高，低矮轻型房屋非常少，并且建筑比较密集，在建筑区不透水面多，因此以上两类建筑类别在大湾区几乎没有。LCZC（灌木）是指裸露土

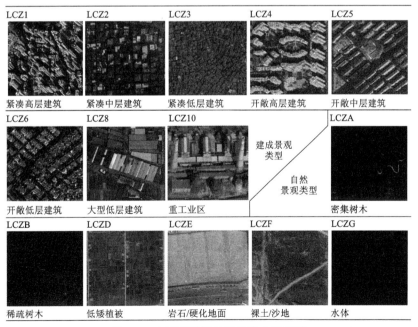

图 6-2 大湾区局部气候带样本示意图

壤或沙土上开敞的灌木或短木本乔木，在大湾区也比较少见。因此本节选择了常见的 14 种 LCZ 类型。

根据现有研究及多次测试结果，以 100 m×100 m 的空间网格进行大湾区 LCZ 制图。为了减少其他因素（云等）的干扰，提高分类的准确性，从美国地质调查局获取大湾区 2015 年全年少云的已经过大气校正的 Landsat 8 地表反射率产品，并进行影像拼接、裁剪。样本勾画是根据谷歌地图上同时期的高分影像进行的，经过仔细比对，共选择 2987 个样本。从中随机选取 25%的样本作为测试样本，剩余的样本作为训练样本。分类特征值的计算共包含两个部分，具体如下：将 Landsat 8 多光谱和热红外 9 个波段都降采样到 10 m，计算 100 m×100 m 范围的均值，再以 3×3 移动窗口计算 9 个波段的平均值、中值、最大值、最小值、25 分位值及 75 分位值作为特征值，见图 6-3（b）。为了增加制图精度，还基于同一年份的已有中国土地利用数据库（CLUD）计算特征。CLUD 主要以 Landsat TM/ETM+/OLI 和 HJ-1A/1B 影像为数据源，采用人机交互方法生成，总体精度超过 90%。具体地，与 Landsat 数据类似，也在 100 m×100 m 的空间尺度上，计算不透水面、林地和水域的比例作为分类输入的特征值。分类器采用随机森林分类器，最终完成 2015 年大湾区 LCZ 制图，见图 6-3（a）。

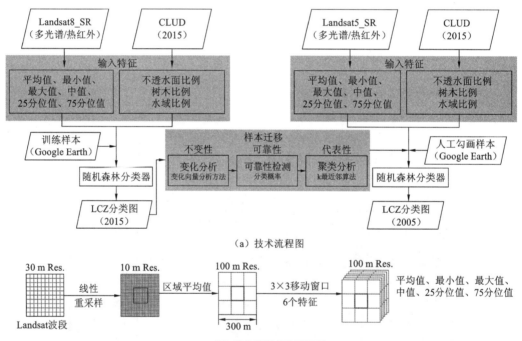

（a）技术流程图

（b）输入特征获取流程图

图 6-3　局部气候带制图技术流程图和输入特征获取流程图

由于大湾区覆盖面积广，为了减少勾选样本的工作量，在完成 2015 年 LCZ 制图的基础上，提出一种样本迁移的方法，以自动获取大量 2005 年 LCZ 制图样本，具体原理和步骤如下。

（1）不变性。选择两个时相的相同的多光谱波段和热红外波段，应用变化向量分析方法判断该像素是否发生变化。假设时相 t_1、t_2 影像的像素灰度值分别为 $\boldsymbol{G}=(g_1,g_2,\cdots,g_n)^{\mathrm{T}}$ 和 $\boldsymbol{H}=(h_1,h_2,\cdots,h_n)^{\mathrm{T}}$，$n$ 是波段数量，变化向量 $\Delta\boldsymbol{G}$ 为

$$\Delta \boldsymbol{G} = \boldsymbol{G} - \boldsymbol{H} = \begin{bmatrix} g_1 - h_1 \\ g_2 - h_2 \\ \cdots \\ g_n - h_n \end{bmatrix} \tag{6-1}$$

变化强度$\|\Delta \boldsymbol{G}\|$为

$$\|\Delta \boldsymbol{G}\| = \sqrt{(g_1 - h_1)^2 + (g_2 - h_2)^2 + \cdots + (g_n - h_n)^2} \tag{6-2}$$

$\|\Delta \boldsymbol{G}\|$越大，影像变化的可能性越大，当变化强度超过特定阈值时，可以定义为变化像素。

（2）可靠性。在两个时相影像没有发生变化的区域中，时相t_1影像分类可靠性较高的位置才能被认为是时相t_2的样本。影像的可靠度可以通过影像的分类概率来衡量，位置x的可靠度$w(x)$具体计算公式为

$$w(x) = \sum_{k=1}^{k-1} [p_k(x) - p_{k+1}(x)] \times \frac{1}{k} \tag{6-3}$$

式中：$p_k(x)$、$p_{k+1}(x)$为降序分类概率；k为出现的分类概率个数。

（3）代表性。代表性是样本的特征之一，在不变性和可靠性的基础上，采用 k 最近邻算法进一步选择有代表性的样本（Rajadell et al.，2013）。

由于高层（LCZ1 和 LCZ4）、重工业区（LCZ10）及部分自然地表（如 LCZE）的样本量不足，在样本迁移的基础上，人工添加了部分样本，见表 6-1。2005 年的分类特征获取方法同 2015 年一样，基于 Landsat 5 多光谱、热红外共 7 个波段和 2005 年 CLUD 数据得到特征值，用随机森林进行分类。在训练样本以外的区域随机选择 735 个测试样本，以保证测试和训练样本之间是空间独立的。

表 6-1　2015 年和 2005 年训练样本数和测试样本数

类型	训练样本数/个				测试样本数/个	
	2015 年	2005 年			2015 年	2005 年
	人工	人工	自动	总数		
LCZ1	583（50）	630（40）	9	639	12	8
LCZ2	2 533（253）		2 171	2 171	86	85
LCZ3	1 182（194）		1 283	1 283	52	60
LCZ4	4 354（229）	2 105（41）	2 204	4 309	68	51
LCZ5	3 954（252）		1 986	1 986	57	65
LCZ6	3 627（196）		2 206	2 206	55	44
LCZ8	6 660（200）		4 431	4 431	77	71
LCZ10	806（30）	762（29）	9	771	9	8

类型	训练样本数/个				测试样本数/个	
	2015 年	2005 年			2015 年	2005 年
	人工	人工	自动	总数		
LCZA	13 971（210）		20 054	20 054	74	73
LCZB	1 961（175）		1 072	1 072	42	40
LCZD	7 290（188）		10 845	10 845	63	69
LCZE	4 072（152）	1 539（82）	191	1 730	41	42
LCZF	5 214（202）		3 412	3 412	52	49
LCZG	12 678（178）		11 862	11 862	66	70
总计	68 885（2 509）	5 036（192）	61 735	66 771	754	735

注：括号中数字是人工勾画的多边形个数，其他数字是样木的像元个数

4. 城市局部气候区景观格局量化指标

景观指数是可以有效地反映景观结构组成和空间配置的定量指标，因此可以通过景观指数来量化大湾区 LCZ 空间分布形态。基于以往研究（Li et al.，2014；Maimaitiyiming et al.，2014），选择 4 个常用景观指数（表 6-2），分别是斑块所占景观面积百分比（PLAND）、边缘密度（ED）、最大斑块指数（LPI）和聚集度（AI）。其中 PLAND 是空间构成指数，被用来衡量景观内不同斑块类型的数量，其他 3 个是空间配置指数，用来衡量景观内斑块的空间结构。景观指数用软件 Fragstats 计算。为了研究 LCZ 空间分布变化对地表温度变化的影响，采用最常用的多元线性回归模型（Pan and Du，2021；Akila et al.，2020），分别分析 2005 年和 2015 年 LCZ 的景观指数变化与地表温度变化的相关性。

表 6-2　本节研究选择的景观指标

指标（简写）	计算公式	描述
斑块所占景观面积百分比（PLAND）	$\left[\sum_{j=1}^{n} a_{ij} \big/ A\right] \times 100$	测量景观中每个类型的面积比例（单位：%）
边缘密度（ED）	$\left[\sum_{k=1}^{m} e_{ik} \big/ A\right] \times 10\,000$	测量形状的复杂性和隔离程度（单位：m/hm²）
最大斑块指数（LPI）	$\left[\max(a_{ij}) \big/ A\right] \times 100$	识别景观优势类型（单位：%）
聚集度（AI）	$\left[\dfrac{g_{ii}}{\max \to g_{ii}}\right] \times 100$	测量景观空间聚集程度（单位：%）

注：a_{ij} 为斑块面积；n 为第 i 类景观中的斑块数量；e_{ik} 为景观中第 i 类景观的边缘总长度；A 为研究范围景观总面积；g_{ii} 为基于单计数方法相应景观类型的相似邻接斑块数量；$\max \to g_{ii}$ 为基于单计数方法相应景观类型的最大相似邻接斑块数量

6.1.3　研究结果

1. 城市局部气候区的分布与变化情况

大湾区 2005 年和 2015 年 LCZ 制图总体精度分别是 85.03% 和 85.28%，Kappa 系数都是 0.84。大湾区 LCZ 类型共有 14 类，理论上存在 156（13×12）种变化类型，但实际上主要发生了 25 种变化，而其他变化类型很少发生。例如建筑变为水体、建筑变为植被、水体变为密集树木，以及紧凑高层建筑变为其他类型等。由于变化类型较多，并且部分变化类型的范围差异较大，为了保证测试样本能涵盖所有类型，对每个变化类型随机选取 30 个左右样本进行测试，共 738 个样本，变化检测总体精度是 76.83%，Kappa 系数是 0.759。

从图 6-4 可以看出，从 2005 年至 2015 年，大湾区建筑类别面积共增加了 2.38%，其中 LCZ8（大型低层建筑）面积增加最多，为 1.01%，其次是开敞建筑（LCZ4、LCZ5 和 LCZ6），而 LCZ3（紧凑低层建筑）是唯一面积降低的建筑类别，为 0.51%。在自然地表中，面积变化最大的是 LCZD（低矮植被），表现为大幅度降低，减少面积约占大湾区总面积的 2.17%。

结合 LCZ 面积变化和生产总值变化，广州、深圳和东莞分别作为内地一线和新一线城市，地区生产总值增量最高，经济活力最强，城市建筑垂直化程度高，因此 LCZ4 面积比例增加最大（大于 1%）。在 4 个二线城市中，佛山与广州相邻，易受到广州的经济辐射带动作用影响，其工业生产总值增量最高，并接近广州和深圳；更重要的是，2015 年佛山的工业生产总值占地区生产总值的 58%，位于全省第一，表现出代表工业建筑的 LCZ8（大型低层建筑）面积比例增幅远高于其他城市（3.46%）。江门和肇庆 2 个三线城市距广州和深圳相对较远，大城市辐射带动作用弱，它们的地区生产总值和工业产值相对落后，建筑类别面积增幅最低。澳门和香港是我国的 2 个特别行政区，并且香港是世界金融中心之一，由于人口密度高，可利用土地稀缺，建筑类别面积变化差异最小，城市结构密度极高，LCZ1（紧凑高层建筑）面积增幅均大于 0.5%，大于内地 9 个城市。此外，由于珠澳人工岛的建设，澳门水体面积比例大幅降低（11.36%）。

需要关注的是，在城市化发展过程中，大湾区 11 个城市的紧凑建筑增幅均小于 1%，没有显著增多，说明大湾区注重了宜居宜业、以人为本的理念。近年来，大湾区的内地 9 个城市先后成功创建了国家森林城市和国家园林城市，施行了《广东省林地保护管理条例》《广东省林业局关于加强林地保护规范征占用林地管理工作的通知》（粤林〔2010〕76 号）及部分城市林地相关政策条例，如《深圳市生态公益林条例》等，并明确提出要建设粤港澳大湾区森林城市群。因此，大湾区所有城市的森林覆盖面积没有显著地减少。这说明在城市发展过程中，大湾区不仅没有过度无序扩张，还致力于对森林植被的保护和生态环境的改善。

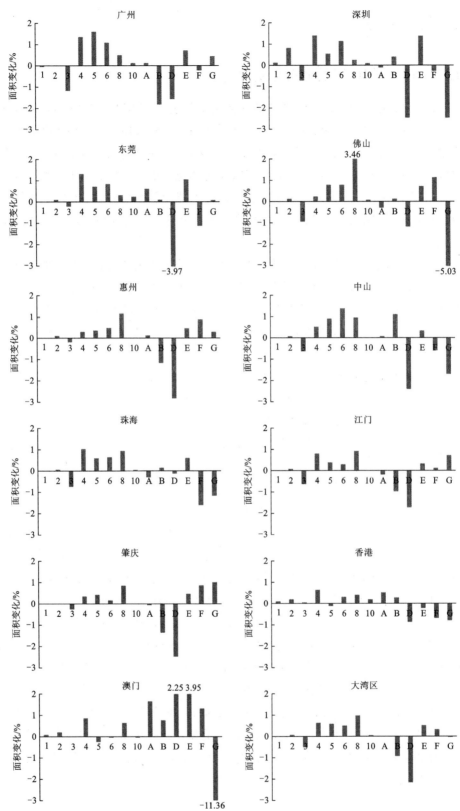

图 6-4　2005～2015 年大湾区各局部气候带面积变化百分比

横坐标数字/字母分别表示各局部气候带，如"1"表示"LCZ1"，为紧凑高层建筑

2. 地表温度的时空变化特征

根据 MYD11A2 产品得到 2005 年和 2015 年大湾区 7～8 月平均地表温度，把两个时相的温度差划分为 6 个等级，并对大湾区各城市地表温度变化等级分布及大湾区地表温度变化等级构成进行分析（图 6-5）。

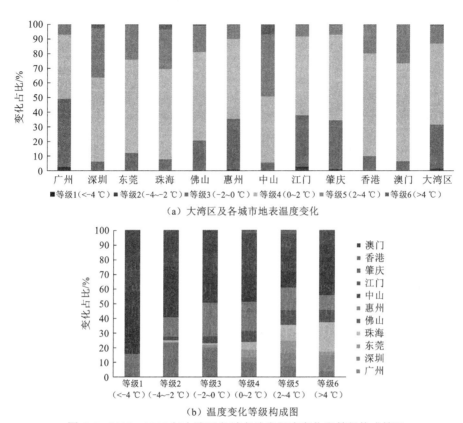

（a）大湾区及各城市地表温度变化

（b）温度变化等级构成图

图 6-5　2005～2015 年大湾区各城市地表温度变化和等级构成情况

从图 6-5（a）可以看出，在大湾区所有城市中，地表温度增高区域面积都大于降温区域面积，其中中山增温面积比例最大，约占中山市总面积的 94.38%，并且等级 5（2～4℃）和等级 6（>4℃）面积比例最大，分别为 42.44% 和 6.76%。根据《中山市城市总体规划（2004—2020 年）》，中山市以高新技术产业及现代制造业发展为中心，并且形成了"组团式发展结构"。中山市增温区域主要集中在以火炬开发区为代表的东部组团和以横栏镇为代表的西北组团。其中，东部组团是产业创新和高新技术产业、重化工业、临港工业的集中发展区，西北组团则以特色产业、专业市场为基础，扩大产业集聚效应，提升产业发展能力，并且两个区域都被发展打造为城市副中心职能。因此在发展过程中，两个区域大多都是由具有降温作用的水体（LCZG）、低矮植被（LCZD）转变为会产生大量高温废水废气、且有大量增温作用的大型低层建筑（LCZ8），这会使地表温度上升。这些区域的地表温度上升的同时会对周围区域产生热辐射作用。与此同时，打造城市副中心的过程，会使区域人口集聚、活动增强，导致人为热量增多，并且适宜居住的开敞建筑类别（LCZ4、LCZ5 和 LCZ6）面积增多，地表温度上升，因此中山市的热环境受城市化影响较强。

降温面积比例最大的是广州，占城市总面积的 49.05%，降温区域主要集中在与惠州相连接的南昆山、石门等密林区。这是因为广州注重林区建设与保护，是大湾区最先获得"国家森林城市"称号的城市，其林区面积逐渐扩大，并且植被郁闭度不断增大，对地表的遮阴效应和蒸散发效应更显著，促使地表降温。然而，从整体看，大湾区地表温度增高区域面积远大于降温区域面积，增温区域占总面积的 68.44%，其中地表温度变化等级 4（0~2℃）和等级 5（2~4℃）分别是 55.39% 和 12.22%。增温区域中有 5.97% 是由自然地表类别转化为建筑类别，新增建筑类别使地表不透水面增多，比热容下降，同时人类活动会产生人为热量，促使地表温度上升。此外，增温区域有 3.11% 是新增的大型低层建筑（LCZ8），主要作为工业用地；4.9% 是新增人口集聚程度高、人类活动强的建筑类别（LCZ1、LCZ2 和 LCZ4、LCZ5）。需要注意的是，增温区域有 75% 是没有发生 LCZ 变化的，它们地表温度增加的原因可能是人类活动增强、产生的热量更多，也可能是受到周围高温区域热辐射影响。降温区域有 95% 都是由不变的自然地表类别及相互转变的自然地表类别组成，其中 91.59% 是由密集树木（LCZA）、低矮植被（LCZD）和水体（LCZG）组成，说明植被和水体对缓解热岛效应具有最主要的作用。为了探明大湾区地表温度变化等级的分布情况，绘制变化等级构成图，见图 6-5（b）。从等级 1 到等级 6，各城市面积比逐渐平均，分布区域趋于均匀。等级 1 主要分布在江门、肇庆，并且在降温区域（等级 1 至等级 3）中，江门和肇庆的面积比例最大，分别约占 31.56% 和 32.09%。

3. 局部气候区变化对地表温度变化的影响

以 5 km×5 km 为研究单元，使用斑块所占景观面积百分比（PLAND）、斑块密度（PD）、边缘密度（ED）、最大斑块指数（LPI）和聚集度（AI）来表征 LCZ 分布空间形态。表 6-3 为 LCZ 空间形态变化与地表温度变化多元线性回归分析结果，表示 LCZ 空间组成与形态变化对地表温度变化的影响。所有变量的方差膨胀因子都在 1~2，说明模型不太可能存在多重共线性问题。

表 6-3　LCZ 空间形态变化与地表温度变化多元线性回归分析结果

项目	PLAND	ED	LPI	AI
LCZ1	0.038	0.043	0.041	0.012
LCZ2	0.128**	0.019	0.048*	0.026
LCZ3	0.058*	-0.013	0.041	0.037
LCZ4	0.242**	0.192**	0.116**	0.062**
LCZ5	0.23**	0.129**	0.113**	0.032
LCZ6	0.099**	0.051*	0.075**	0.021
LCZ8	0.175**	0.036**	0.079**	0.018
LCZ10	0.064**	0.077**	0.079**	0.101**

项目	PLAND	ED	LPI	AI
LCZA	−0.069**	−0.11**	−0.262**	−0.052*
LCZB	0.188**	0.039	0.139**	0.188**
LCZD		−0.015	−0.043**	−0.024
LCZE	0.102**	0.118**	0.077**	0.06**
LCZF	0.073**	0.024	−0.014	−0.007
LCZG	−0.013	−0.125**	−0.088**	−0.075**
p	<0.01	<0.01	<0.01	<0.01
R^2	0.229	0.188	0.204	0.067
调整后的 R^2	0.224	0.182	0.198	0.059

注：每列代表不同 LCZ 空间形态指数变化与地表温度变化多元线性回归模型，解释变量是 LCZ 空间形态变化，即 2005 年至 2015 年每个景观指数的差值，目标变量是地表温度变化值

结果显示，对于建筑类别，PLAND、ED、LPI、AI 增幅越大，地表温度上升程度越大。这主要是因为：①增加的建筑面积越多，人类活动范围越大，产生人为热量区域面积增多，同时地表不透水面面积增幅越大，而不透水面的比热容较小，因此吸收太阳辐射热量和人为热量后温度上升更多；②ED 测量形状的复杂性和隔离程度，其增幅越大，斑块破碎化程度越强，受到建筑类别热辐射范围增幅越大，地表温度增加越多；③LPI 能确定空间范围内优势类别，LPI 增幅越大，说明区域建筑的主导地位越突出，地表温度上升程度越大；④AI 增加，表明该区域的人口集聚和人类活动加剧，意味着人为热排放和热量的增加。需要说明的是，虽然 ED 和 AI 的生态学意义在一定程度上互斥，但是变化的 AI 与变化的地表温度模型的 R^2 远小于 ED 模型的 R^2，说明 ED 模型对地表温度变化解释力更强，因此在以后的规划设计中，要尽量避免建筑呈破碎化分布，减少建筑同周围环境的有效接触面积。

此外，在建筑类别中，开敞高层建筑（LCZ4）、开敞中层建筑（LCZ5）的形态变化与地表温度变化的相关性都较强，这可能是因为开敞高层建筑（LCZ4）、开敞中层建筑（LCZ5）作为城市居民生活的主要建筑类型，是建筑中新增面积最多且转变为其他类型面积较少的类别，并且不透水面和人为热增多导致这两个类别地表温度显著上升。因此开敞高层建筑（LCZ4）、开敞中层建筑（LCZ5）的形态变化对地表温度变化影响最显著。

至于自然地表类型，密集树木（LCZA）、低矮植被（LCZD）和水体（LCZG）则呈现相反的趋势，说明这些类别面积、斑块破碎化程度、主导优势程度和聚集度变化越大，越有利于地表温度降低，这与植被、水体的蒸散发及树木的遮阴作用相关。此外，需要注意的是，密集树木（LCZA）的 LPI 变化与地表温度变化相关性最强，这说明林地的集聚范围越大，对地表温度的降温作用越显著，因此在减缓热岛效应时，需要注意发挥森林的集聚效应。

比较自然景观和建成景观对地表温度的影响，发现与地表温度变化影响正相关性最强的开敞高层建筑（LCZ4）、开敞中层建筑（LCZ5）的标准化回归系数基本都大于有降

温作用的低矮植被（LCZD）和水体（LCZG），这说明开敞高层建筑（LCZ4）、开敞中层建筑（LCZ5）的新增对地表温度的影响程度远大于低矮植被（LCZD）和水体（LCZG）。因此，为了能有效地降低地表温度，在城市规划中应该基于建筑类别的相关性来合理布局，比如可以在一定范围内增加低矮植被（LCZD）和水体（LCZG），并且避免增加开敞高层建筑（LCZ4）和开敞中层建筑（LCZ5）的最大斑块面积，以削弱建筑类别的主导优势地位，同时减少建筑类别的斑块破碎化程度，减缓对周围区域的热辐射效应。

6.1.4 讨论与分析

1. 大湾区城市局部气候区变化差异性原因

根据 1996 年和 2011 年批复的《江门市城市总体规划》及 2010 年批复的《肇庆市城市总体规划（2010—2020）》，江门定位为以高新技术产业为主导的轻工业城市，且以现代制造业、商贸物流业和文化旅游业为主导的滨水城市，而肇庆定位为国家级历史文化名城和风景旅游城市。因此这两个三线城市经济发展相对缓慢，重工业发展也落后于其他城市，城市扩张较慢，增加的建筑类别面积较少，产生的人为热量也少，对周围自然地表的热辐射少。同时由于文化旅游的需要，两个城市注重了生态资源的保护，密集树木（LCZA）占全域面积的 33.4%，随着时间推移，植被郁闭度增大，植被的遮阴作用、蒸腾效应的蒸发作用更为突出，能显著降低地表温度，因此降温区域中江门和肇庆面积最大，对减缓整个大湾区的热岛效应起重要作用。在升温区域中（等级 4～6），虽然肇庆、江门、惠州的密集树木（LCZA）面积最大，分别为 12 337 km^2、6 197 km^2、8 478 km^2，对地表温度有显著降温作用，但由于这三个市总面积较大（分别约为 15 000 km^2、9 505 km^2、11 300 km^2），有增温作用的建筑类别面积大，因此其所占升温比例也较大。由此说明，在制订缓解热岛效应措施时，不仅要考虑工业发展快、人类活动强度大的区域，也应该关注经济滞后但建成区面积大的区域。此外，对比每个城市的升温区和降温区比例，珠海和中山的升温面积比降温面积大 11%，深圳、东莞、佛山升温面积比降温面积大 6% 左右，香港、澳门升温、降温面积相当，广州、江门、肇庆降温面积比升温面积大 10%～20%，因此珠海和中山是大湾区城市热岛效应问题最突出的城市。

2. 研究单元网格尺度分析

需要注意的是，网格的大小会对观测温度和地表覆盖结构的直接关系产生影响，因此选择合适的分析单元对研究热岛的空间特征非常重要。由于本节研究中 LCZ 分类影像素大小是 100 m×100 m，获取的 MODIS 地表温度产品像素是 1 km×1 km，基于此研究单元网格的边长应是 1 km 的整数倍数，因此，以 1 km 为增量，用模型的线性回归强度（R^2 值），检验 2～5 km 网格尺寸对模型的影响。如图 6-6 所示，模型的线性回归强度随着网格尺度的增大呈现缓慢增大的趋势，并在网格边长 5 km 处出现了峰值。网格尺度从 2 km 增大到 5 km 的同时，网格样本会从 12681 个骤减到 1822 个。综合考虑 R^2 的缓增和样本量骤减，网格尺度不宜再增大，因此，在本节研究中确定 5 km×5 km 为合适的网格大小。

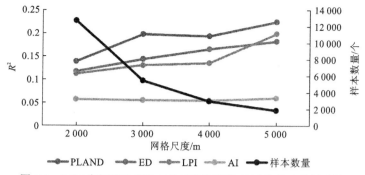

图 6-6　LCZ 空间形态变化与地表温度变化对网格尺寸的敏感性

6.1.5　小结

本节以粤港澳大湾区为研究对象，采用样本迁移的方法，制作大湾区 2005 年和 2015 年 LCZ 分类图，并基于 MODIS 数据获取 2005 年和 2015 年夏季地表温度，研究大湾区城镇化过程中 LCZ 和地表温度的动态变化特征，并通过景观指数量化大湾区 LCZ 空间构成和空间分布的变化情况，定量分析 LCZ 变化对地表温度变化的影响。

研究结果表明，样本迁移方法有助于大范围多时序 LCZ 快速高效制图，2005 年和 2015 年 LCZ 制图精度分别是 85.03% 和 85.28%。从 2005 年到 2015 年，大湾区建筑类别面积增加最多的是 LCZ8（大型低层建筑），为 1.01%，而 LCZ3（紧凑低层建筑）是唯一面积降低的建筑类别，为 0.51%。在自然地表中，面积变化最大的是 LCZD（低矮植被），降低了 2.17%。由于经济发展、地方政策等因素不同，各城市 LCZ 变化不同。城镇化过程中，大湾区所有城市的地表温度增高区域面积都大于降温区域面积，地表温度增高的主要原因是自然地表转化为建筑、人类活动增强及受周围高温区域热辐射。受地方规划、区域面积、经济发展的影响，各城市地表温度变化特征不同。建筑类别空间形态变化与地表温度变化呈正相关，开敞高层建筑（LCZ4）、开敞中层建筑（LCZ5）的形态变化对地表温度变化影响最显著，密集树木（LCZA）的最大斑块面积百分比（LPI）变化与地表温度变化的负相关性最强。在城市规划中，应该重点考虑建筑类别的相关性来合理布局，并且需要注意发挥森林的集聚效应。

6.2　我国城市热岛足迹变化趋势及影响因素

6.2.1　概述

城市发展过程中的土地覆盖变化和人类活动增强会对城市地表热环境产生显著影响，造成城市地表热岛（SUHI）效应的变化。随着遥感历史数据的积累，越来越多的研究开始利用遥感地表温度数据分析城市地表热环境在时间上的变化趋势。葛荣凤（2016）分析了北京市 1991～2011 年夏季地表热环境的变化，发现这 20 年北京的热岛强度总体呈上升趋势，上升速度约为每年 0.135℃。同样是针对北京市地表热环境的研究，Wang 等（2019）表示北京市热岛强度在 2000~2015 年从 4.35℃增长至 6.02℃。Shen 等（2016）对武汉市地表热环境在 1988~2013 年的变化情况进行了研究，结果表明武汉市热岛强度在研究时间段内出现了先增长后降低的趋势，且热岛强度的最大值出现在 2003 年。Estoque 等（2017）分析了菲律宾碧瑶市的地表热环境，发现该市的热岛强度在 1987~2015 年升高了一倍以上（从 4℃增加至 8.2℃），并且热岛强度的升高与不透水面比例的增长显著相关。Montaner-Fernández 等（2020）对智利圣地亚哥市的地表热环境进行了分析，结果表明该市的热岛强度和热岛空间范围在 2014~2017 年均出现了显著的增长趋势。这些针对某一城市的研究能够提供当地地表热环境变化的具体信息，但还不足以反映城市地表热环境时间变化趋势的整体规律。因此，有研究开始尝试在多个城市中对地表热环境的变化情况进行分析。Zhou 等（2016）对我国 32 个主要城市的分析结果表明，有超过三分之一的城市热岛强度在 2003~2012 年出现了显著增长趋势。Yao 等（2017）对我国 31 个城市的热岛强度在 2000~2015 年的变化趋势进行了分析，绝大多数城市（27/31）的夏季日间热岛强度在该时间段内出现了显著增长趋势，并且指出城市热岛的增强与城郊植被和人为热源差异的变化有关。Peng 等（2018）则比较了我国 281 个城市中城区和郊区地表温度在 2000~2010 年的变化情况，发现约 70%城市的城区地表温度增加速度要高于郊区。Yao 等（2019）对全球 397 个城市在 2001~2017 年的热岛强度变化情况进行了分析，发现 42.1%和 31.5%的城市中出现了年度日间热岛强度和夜间热岛强度显著增强趋势，并且城市热岛强度的这种增强趋势主要与郊区植被的增加有关。

通过以上的回顾可以发现，现有研究大多是从城市热岛强度（即城市与郊区温度的差值）的角度对城市地表热环境变化趋势进行分析。实际上，利用遥感数据不仅可以得到城市地表热岛强度（SUHII），还可以获取城市热岛的影响范围（即城市热岛足迹，简称 FP）。SUHII 和 FP 均为量化城市热岛效应的重要指标。在城市化过程中，城市热岛不仅会发生强度上的变化，其足迹也会随着城市的扩张和人类活动的影响发生改变。Streutker 等（2003）利用遥感数据分析了美国休斯敦市地表热环境的变化，发现在 1985~2001 年，该市的 SUHII 增加了 35%，FP 增加了 38%~88%。李晓敏和曾胜兰（2015）利用 MODIS 地表温度数据对成都市和重庆市的地表热环境进行了分析，发现这两个城市的 FP 在 2003~2014 年均呈现出扩大的趋势。乔治和田光进（2015）针对北京市的 FP 进行了分析，发现该市的 FP 在 2001~2012 年总体呈现增长趋势，并且 2010 年的 FP 是 2001 年的两倍以上。Peng 等（2020）也对北京市的 FP 进行了分析，发现北京市热岛效应的影响范围在 2000~2015 年增加了 30%左右。总体而言，目前对城市热岛足迹变化趋势的研究相对较少，且几乎全是针对局部区域的分析。另外，不同的研究在研究方法上也存在差异，例如，Streutker 等（2003）、乔治和田光进（2015）利用了高斯体函数模型拟合方法得到城市热岛足迹，而 Peng 等（2020）则使用了基于半径搜寻的方式得到城市热岛的影响范围。研究方法的差异性也会导致不同研究在结论上的不一致。此外，目前仍缺乏对城市热岛足迹变化趋势影响因素的探究。因此，有必要在更大范围内对城市热岛足迹的变化趋势及影响因素做更全面的分析。

6.2.2 数据与方法

1. 研究区域

选取我国 302 个城市，包括 4 个直辖市、27 个省会（首府）城市、264 个地级市、7 个自治县。每个城市的研究区域由城区和周边等面积的郊区共同组成，城区和郊区提取所用数据和方法参考第 5 章相关内容。按照人口规模将所有城市划分为 3 个等级，分别为 1 级城市（>100 万人）、2 级城市（25 万～100 万人）和 3 级城市（<25 万人）。人口规模的计算方法是用人口密度乘以城市研究区域的面积，人口密度数据来自中国科学院地理与资源研究所发布的中国人口空间分布公里网格数据集。各等级城市的数量如表 6-4 所示。

表 6-4　能够满足城市热岛足迹变化趋势分析条件城市的数量

城市等级	城市数量/个	能够满足分析条件的城市数量/个					
		白天			夜间		
		年度	夏季	冬季	年度	夏季	冬季
1 级城市	65	65	62	60	65	64	64
2 级城市	155	155	153	123	155	154	154
3 级城市	82	78	67	41	76	74	66
全国城市	302	298	282	224	296	292	284

2. 城市热岛足迹提取方法

本节研究的方法流程如图 6-7 所示，其中城市热岛足迹（FP）的提取采用经典的高斯体函数模型方法。该方法最早由 Streutker（2002）提出，并应用于对美国休斯敦市城市热岛强度和足迹的分析。由于高斯体函数模型能够对城市热岛在空间中的分布情况有较好的拟合效果，现已被广泛用于城市地表热环境的研究中（Keeratikasikorn and Bonafoni，2018；Anniballe and Bonafoni，2015；Quan et al.，2014；Rajasekar and Weng，2009）。利用高斯体函数模型提取城市热岛足迹的过程包含以下步骤。

（1）郊区温度的平面拟合。在提取城市热岛足迹之前，首先需要利用平面函数对城市郊区地表温度在空间上的整体分布情况进行拟合，其表达式为

$$T_{Rural}(x, y) = T_0 + a_1 x + a_2 y \tag{6-4}$$

式中：$T_{Rural}(x, y)$ 为城市郊区位置为 (x, y) 像素对应的 MODIS 地表温度观测值；T_0 为平面函数的常数项，代表郊区地表温度的平均情况；a_1 和 a_2 为平面函数的系数，反映郊区地表温度在空间分布上的整体梯度变化。

（2）热岛效应的高斯曲面拟合。首先，获取城市中每个像素对应的热岛值，其公式如下：

$$UHI(x, y) = T(x, y) - (T_0 + a_1 x + a_2 y) \tag{6-5}$$

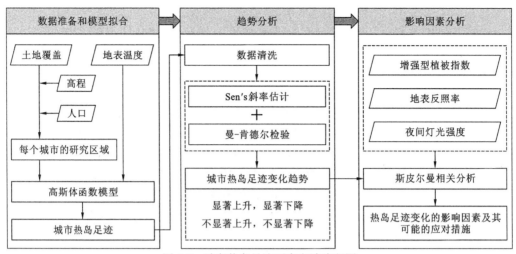

图 6-7　城市热岛足迹研究方法流程图

式中：UHI(x, y) 为城市中位置为(x, y)的像素对应的热岛值；T_0、a_1 和 a_2 可由步骤（1）获取。之后，利用高斯曲面函数对城市中各像素热岛值的空间分布进行拟合，如下式：

$$UHI(x, y) = a_0 \times \exp\left\{-\frac{[(x-x_0)\cos\varphi + (y-y_0)\sin\varphi]^2}{0.5a_x^2} - \frac{[(y-y_0)\cos\varphi - (x-x_0)\sin\varphi]^2}{0.5a_y^2}\right\} \quad (6\text{-}6)$$

式中：a_0、a_x、a_y、x_0、y_0 和 φ 均为用于描述热岛值空间分布高斯曲面函数的待求参数，它们共同决定了高斯曲面的位置和形状。

（3）城市热岛足迹的提取。通过步骤（2）可获得由城市热岛值拟合而成的高斯曲面，该曲面在空间中围成的立体图形被称为高斯体。在空间中，利用热岛值等于 1 ℃的平面截取该高斯体，会形成一椭圆形的截面，该截面所包围的区域被视为城市中热岛效应能够影响的范围，其面积被定义为城市热岛足迹（Anniballe et al.，2014；Streutker，2003）。

本节研究在提取城市热岛足迹时使用的是 2003～2016 年的 8 天合成的 MODIS 地表温度数据（MYD11A2），该数据的空间分辨率为 1 km，同时包含日间（13:30）和夜间（01:30）地表温度观测值。对于城市中的每幅 MODIS 地表温度影像，根据质量控制图层去除观测质量较差或无观测值的像素。为了提高热岛足迹提取结果的可靠性，还做如下要求：城市中 MODIS 地表温度影像的剩余像素必须在 50%以上；热岛值的高斯拟合曲面与原始地表温度观测值的相关系数不能低于 0.5（Quan et al.，2014）。在满足以上要求的基础上，在每个城市中计算每幅 MODIS 地表温度影像对应的热岛足迹，并形成由热岛足迹构成的时间序列数据集。对于该数据集，做如下处理：去除热岛足迹数据集中的异常值（99%置信区间之外的热岛足迹）；计算热岛足迹在研究时间段（2003～2016 年）内每年的季节（夏季和冬季）和年度平均值，用于对热岛足迹年际变化趋势的分析。

3. 城市热岛足迹变化趋势分析

采用 Sen's 斜率估计与曼-肯德尔（Mann-Kendall）趋势检验（简称 MK 检验）相结合的方法对城市热岛足迹在 2003～2016 年的变化趋势进行分析。Sen's 斜率估计是一种非参数方法，对数据的分布无要求，且对异常值的敏感度较低，已被广泛地应用于对气候和环境变量的趋势分析中（Planque et al.，2017；Thompson and Paull，2017；Mondal et al.，2015）。通过 Sen's 斜率估计可以对研究时间段内城市热岛足迹的变化速度（v）进行估算，其计算方法如下：假设城市热岛足迹在研究时间段内形成的时间序列为 $(x_1, x_1, \cdots, x_n)$，那么 v 为

$$v = \mathrm{Median}\left(\frac{x_j - x_i}{j - i}\right), \quad 1 \leqslant i \leqslant j \leqslant n \quad (6\text{-}7)$$

当 $v>0$ 时，表示城市热岛足迹在时间序列上呈增加趋势，反之呈下降趋势，v 的绝对值对应城市热岛足迹每年的变化量。然而，仅通过 Sen's 斜率估计还无法判断城市热岛足迹在时间序列上的变化趋势是否具有统计学意义（显著），因此引入 MK 检验实现对城市热岛足迹变化趋势的显著性检验。

MK 检验由 Kendall 和 Mann 提出，是一种非参数检验方法，具有以下特点：对数据的分布无要求；允许数据有缺失值；无需指定是否为线性变化；针对变化的相对数量级而非数字本身。在本节研究中，MK 检验用于判断城市热岛足迹年际间的变化趋势是否显著，其基本原理如下。

首先，基于城市热岛足迹在研究时间段内形成的时间序列为 $(x_1, x_1, \cdots, x_n)$，计算 MK 检验的统计量 S：

$$S = \sum_{i=1}^{n-1} \sum_{j=i+1}^{n} \mathrm{sgn}(x_j - x_i) \quad (6\text{-}8)$$

$$\mathrm{sgn}(x_j - x_i) = \begin{cases} +1, & x_i < x_j \\ 0, & x_i = x_j \\ -1, & x_i > x_j \end{cases} \quad (6\text{-}9)$$

之后，利用 S 构建检验统计量 Z 进行趋势检验，Z 值的计算方法如下：

$$Z = \begin{cases} (S-1)/\sqrt{\mathrm{VAR}(S)}, & S > 0 \\ 0, & S = 0 \\ (S+1)/\sqrt{\mathrm{VAR}(S)}, & S < 0 \end{cases} \quad (6\text{-}10)$$

$$\mathrm{VAR}(S) = \left[n(n-1)(2n+5) - \sum_{k=1}^{m} t_k(t_k-1)(2t_k+5) \right] \Big/ 18 \quad (6\text{-}11)$$

式中：n 为热岛足迹形成的时间序列中的数据个数；m 为序列中结（重复出现的数据组）的个数；t_k 为结的宽度（第 i 组重复数据组中的重复数据个数）。

最后，利用统计量 Z 对城市热岛足迹的变化趋势进行检验。在本节研究中，显著性水平 a 取值为 0.05，则 $Z_{1-a/2} = Z_{0.975} = 1.96$。若 $|Z| > 1.96$，说明城市热岛足迹在研究时间段内的变化趋势是显著的，否则是不显著的。

通过对 v 和 Z 的联合分析，可将城市热岛足迹的变化趋势分为 4 种类型：$v>0$ 且 $|Z|>1.96$，显著上升趋势；$v>0$ 且 $|Z| \leqslant 1.96$，不显著上升趋势；$v<0$ 且 $|Z|>1.96$，显著下降趋势；$v>0$ 且 $|Z| \leqslant 1.96$，不显著下降趋势。

需要指出的是，本节针对的是城市热岛足迹年际变化趋势，因此在利用上述方法进行趋势分析之前，对每个城市分日夜和季节（夏季、冬季、年度）计算城市热岛足迹的年平均值，将平均值按照年份（2003~2016 年）排列形成的城市热岛足迹时间序

列作为趋势分析的输入数据。因此，在每个城市中，用于趋势分析的城市热岛足迹时间序列长度最多为 14。然而，在某些城市中，云雨等因素会引起地表温度影像的大量缺失，造成城市热岛足迹时间序列长度的减少。为了尽可能保证趋势分析结果的可靠性，对于长度低于 10 的城市热岛足迹时间序列，将不再被纳入趋势分析中。综上，虽然本研究共包含全国 302 个城市，但其中部分城市可能会由于城市热岛足迹时间序列过短，而未被纳入趋势分析中。表 6-4 展示了不同时间（日夜、季节）对应的能够满足城市热岛足迹变化趋势分析条件的城市数量。

4. 城市热岛足迹变化趋势的影响因素

为了探究城市热岛足迹年际变化的可能影响因素，在每个城市中分别分析城市热岛足迹与夜间灯光强度（NLI）、增强型植被指数（EVI）及地表反照率的年际变化关系。夜间灯光强度、增强型植被指数和地表反照率均为影响城市地表热环境的重要变量，已应用于众多与城市热岛效应相关的研究中（Zhou et al., 2014；Peng et al., 2012；唐曦 等，2008）。增强型植被指数和地表反照率来自 MODIS 数据产品，时间范围与地表温度的时间保持一致，均为 2003～2016 年，其中地表反照率使用的是短波白空反照率（WSA）。夜间灯光强度来自 2003～2013 年的 DMSP/OLS 的年度稳定夜间灯光数据，在使用该数据之前，参考以往研究，进行年际数据校准和年内数据融合等工作（Liu et al., 2012）。在每个城市中，分别计算研究区域内每幅影像对应的 EVI 和 WSA 平均值，然后获取它们在研究时间段（2003～2016 年）内每年的夏季、冬季和年度平均值，并分别按年份进行排列，形成 EVI 和 WSA 的时间序列数据；对于 NLI，由于缺乏季节信息，则直接计算城市研究区域内每幅影像的 NLI 年平均值，并按年份进行排列，即可得到 NLI 的时间序列数据。需要说明的是，在每个城市中，去除了像素缺失过多的影像（超过城市研究区域的 50%）对应的变量平均值。

在每个城市中，将城市热岛足迹时间序列数据分别与 EVI、WSA 和 NLI 时间序列数据按照年份相互匹配成对，并利用斯皮尔曼秩相关系数（r）分别分析城市热岛足迹与上述各变量在时间序列上的相关关系。Spearman 秩相关系数的取值范围为 -1～1，正值和负值分别表示两个变量存在正相关和负相关关系（该方法的具体信息请参考第 5 章相关内容）。采用双尾 t 检验判断变量间的相关关系是否显著，显著性水平（p）采用标准的 0.05。r 和 p 的联合使用可将城市 FP 与 EVI、WSA 或 NLI 的关系分为 4 种类型：$r>0$ 且 $p<0.05$，显著正相关；$r>0$ 且 $p \geqslant 0.05$，不显著正相关；$r<0$ 且 $p<0.05$，显著负相关；$r<0$ 且 $p \geqslant 0.05$，不显著负相关。

6.2.3 研究结果

1. 城市热岛足迹的整体分布规律

图 6-8 展示了 2003～2016 年我国 302 个城市的热岛足迹的平均值。通过对比可以发现，城市热岛足迹存在明显的空间、昼夜和季节差异性。首先，不同城市之间的热岛足迹差异巨大，日间年均热岛足迹的变化范围为 10.8 km²（石家庄市）～3 738.6 km²（深

圳市），夜间年均热岛足迹的变化范围为 4.16 km^2（河池市）～830.6 km^2（北京市）。通过不同等级城市平均热岛足迹的对比可以发现，日间和夜间热岛足迹均表现出 1 级城市>2 级城市>3 级城市的分布规律，并且不同等级城市间平均热岛足迹的差异具有统计学意义（$p<0.05$）。其次，日间城市热岛足迹一般大于夜间城市热岛足迹。例如，就全国城市平均而言，日间年均城市热岛足迹为 151.5 [106.7，196.2] km^2（中括号内为 95%置信区间，下同），显著地（$p<0.01$）高于相应的夜间年均城市热岛足迹（61.3[50.9，71.6] km^2）。最后，通过对比不同季节的城市热岛足迹可以发现，全国城市日间热岛足迹在夏季的平均值要显著地高于冬季的平均值（172.5[125.5，219.5] km^2 vs. 97.3 [61.9，132.5] km^2，$p<0.01$），但对于夜间城市热岛足迹，这种季节性的差异相对较小（64.2 [52.1，76.3] km^2 vs. 56.9 [47.7，66.2] km^2，$p=0.339$）。

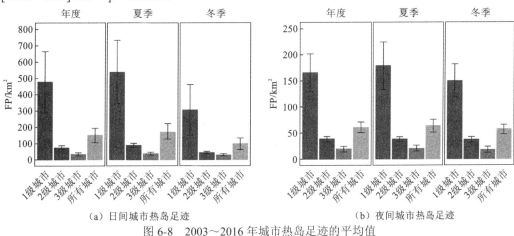

（a）日间城市热岛足迹　　　　　　　　　　（b）夜间城市热岛足迹

图 6-8　2003～2016 年城市热岛足迹的平均值

2. 城市热岛足迹的变化趋势

图 6-9 为不同城市热岛足迹变化趋势类型的城市数量所占比例，可以发现日间年均城市热岛足迹在全国 85%以上的城市中表现为上升趋势，并且超过一半城市（167/302）

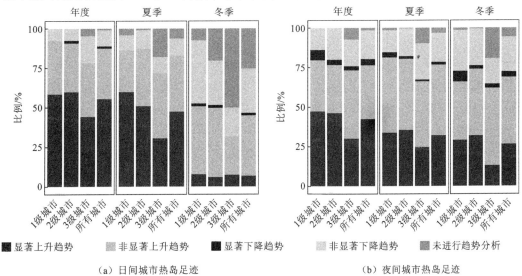

■ 显著上升趋势　　■ 非显著上升趋势　　■ 显著下降趋势　　■ 非显著下降趋势　　■ 未进行趋势分析

（a）日间城市热岛足迹　　　　　　　　　　（b）夜间城市热岛足迹

图 6-9　不同城市热岛足迹变化趋势类型的城市数量所占比例

的日间年均城市热岛足迹的上升趋势具有统计学意义（$p < 0.05$）。在夜间，年均城市热岛足迹表现为上升趋势的城市数量略有减少，但仍占所有城市的 75%以上，并且约 4 成以上城市（128/302）的夜间年均热岛足迹出现显著（$p < 0.05$）上升趋势。对比不同季节的结果可以发现，城市热岛足迹的变化趋势会显著受到季节因素的影响。在夏季，约有50%的城市日间热岛足迹出现显著上升趋势；但在冬季，绝大部分城市日间热岛足迹的变化是不显著的，日间城市热岛足迹仅在不足 10%的城市中表现为显著上升的趋势。此外，城市热岛足迹的变化趋势还与城市等级有关，在大中型城市中，城市热岛足迹更容易出现增长的趋势。例如，在 1 级城市、2 级城市和 3 级城市中，夏季日间城市热岛足迹出现显著增长趋势的城市占比分别为 60.0%、51.0%和 30.5%。

3. 城市热岛足迹的变化速度

就全国平均而言，日间年均城市热岛足迹和夜间年均城市热岛足迹分别以每年 3.6[2.4，4.7] km^2 和 1.3[0.9，1.7] km^2 的速度上升（表 6-5）。与 FP 类似，FP 的变化速度也表现出显著的城市等级间的差异（1 级城市>2 级城市>3 级城市，$p < 0.05$）。对比不同季节的结果可以发现，夏季城市热岛足迹的变化速度一般高于冬季，这种季节性的差异在白天最为明显。例如，全国城市日间城市热岛足迹的变化速度在夏季的平均值（5.7[4.1，7.3] km^2/年）是在冬季的平均值（1.5[-0.5，3.5] km^2/年）的 4 倍左右（表 6-5）。

表 6-5　城市热岛足迹变化速度的平均值和 95%置信区间

项目		1 级城市	2 级城市	3 级城市	所有城市
日间 FP /（km^2/年）	年度	9.6[4.8，14.5]	2.3[1.8，2.8]	1.0[0.6，1.3]	3.6[2.4，4.7]
	夏季	17.4[11.0，23.8]	2.8[2.3，3.3]	1.4[0.8，2.0]	5.7[4.1，7.3]
	冬季	4.3[-3.2，11.7]	0.5[0.1，0.8]	0.5[-0.2，1.2]	1.5[-0.5，3.5]
夜间 FP /（km^2/年）	年度	3.0[1.4，4.6]	1.0[0.6，1.3]	0.4[0.2，0.7]	1.3[0.9，1.7]
	夏季	3.6[0.7，6.5]	1.0[0.7，1.4]	0.4[0.1，0.6]	1.4[0.7，2.1]
	冬季	1.8[-0.1，3.8]	0.9[0.5，1.4]	0.5[0.1，0.9]	1.0[0.5，1.5]

除了城市热岛足迹变化速度的绝对值，本小节还进一步分析城市热岛足迹变化速度的相对值（即城市热岛足迹变化速度与初始年份城市热岛足迹的比值）。如表 6-6 所示，全国城市日间和夜间年均城市热岛足迹的相对变化速度分别为 4.4[3.9，4.9]%/年和 2.5[2.1，2.92]%/年。与城市热岛足迹变化速度绝对值不同，城市热岛足迹相对变化速度在小城市中似乎更高一些。例如，3 级城市中日间年均城市热岛足迹的相对变化速度（4.7[3.3，6.0]%/年）要高于 1 级城市（4.2[3.3，5.2]%/年）和 2 级城市（4.3[3.7，4.9]%/年）。此外，城市热岛足迹相对变化速度同样表现为夏季高于冬季的规律（表 6-6），但季节性差异的幅度要明显小于城市热岛足迹变化速度的绝对值。

表 6-6　城市热岛足迹相对变化速度的平均值和 95% 置信区间

项目		1 级城市	2 级城市	3 级城市	所有城市
日间 FP /（%/年）	年度	4.2[3.3，5.2]	4.3[3.7，4.9]	4.7[3.3，6.0]	4.4[3.9，4.9]
	夏季	5.9[4.3，7.4]	4.7[3.9，5.3]	7.0[5.0，9.0]	5.5[4.8，6.2]
	冬季	1.6[0.1，3.2]	2.5[1.4，3.6]	3.6[1.3，5.9]	2.5[1.6，3.3]
夜间 FP /（%/年）	年度	2.2[1.4，2.9]	2.6[2.0，31.3]	2.6[1.8，3.4]	2.5[2.1，2.92]
	夏季	2.8[1.7，3.8]	3.2[2.6，3.8]	3.0[2.0，4.0]	3.0[2.6，3.5]
	冬季	1.9[1.0，2.8]	2.9[2.2，3.6]	2.6[1.5，3.7]	2.6[2.1，3.1]

4. 城市热岛足迹变化趋势的影响因素

表 6-7 为全国 302 个城市的日间和夜间城市热岛足迹（FP）与夜间灯光强度（NLI）、增强型植被指数（EVI）和白空反照率（WSA）年际变化的相关关系。可以发现，FP 与 NLI 在绝大多数城市中都表现出正相关关系。统计结果表明，全国超过 90% 的城市（283/302）日间年均 FP 与 NLI 的年际变化存在正相关关系，并且这种正相关关系在约 4 成城市中（131/302）具有统计学意义（$p<0.05$）。相较于日间，夜间年均 FP 与 NLI 表现为正相关关系的城市数量虽有所减少，但仍占所有城市数量的 85% 以上（259/302）。FP 与 NLI 的相关分析结果在不同季节具有较好的一致性，均以二者的正相关关系为主。该结果表明城市中 FP 的上升与 NLI 的增加具有较强的关联性。

表 6-7　城市热岛足迹与各影响因素年际变化的相关关系

项目			正相关		负相关		未进行
			显著 （$p<0.05$）	不显著 （$p\geqslant0.05$）	显著 （$p<0.05$）	不显著 （$p\geqslant0.05$）	相关分析
FP 与 NL	白天	年度	131（43.4）	152（50.3）	0（0）	17（5.6）	2（0.7）
		夏季	103（34.1）	175（57.9）	2（0.7）	17（5.6）	5（1.7）
		冬季	29（9.6）	192（63.6）	4（1.3）	37（12.3）	40（13.2）
	夜间	年度	114（37.7）	145（48.1）	11（3.6）	30（9.9）	2（0.7）
		夏季	72（23.8）	179（59.3）	10（3.3）	37（12.3）	4（1.3）
		冬季	64（21.2）	185（61.3）	11（3.6）	35（11.6）	7（2.3）
FP 与 EVI	白天	年度	52（17.2）	66（21.9）	26（8.6）	157（52.0）	1（0.3）
		夏季	15（5.0）	49（16.2）	47（15.6）	188（62.2）	3（1.0）
		冬季	16（5.3）	75（24.8）	15（5.0）	178（58.9）	18（6.0）
	夜间	年度	24（7.9）	61（20.2）	31（10.3）	185（61.3）	1（0.3）
		夏季	9（3.0）	27（8.9）	40（13.2）	224（74.2）	2（0.7）
		冬季	20（6.6）	84（27.8）	22（7.3）	171（56.6）	5（1.7）

项目		正相关		负相关		未进行相关分析
		显著 ($p<0.05$)	不显著 ($p\geqslant0.05$)	显著 ($p<0.05$)	不显著 ($p\geqslant0.05$)	
FP 与 WSA	白天 年度	12（4.0）	62（20.5）	21（7.6）	201（66.6）	4（1.3）
	白天 夏季	15（5.0）	59（19.5）	15（5.0）	141（46.7）	72（23.8）
	白天 冬季	20（6.6）	66（21.9）	10（3.3）	133（44.0）	73（24.2）
	夜间 年度	24（7.9）	65（21.6）	22（7.3）	187（61.9）	4（1.3）
	夜间 夏季	20（6.6）	52（17.2）	17（5.6）	145（48.1）	68（22.5）
	夜间 冬季	19（6.3）	73（24.2）	12（4.0）	142（47.0）	56（18.5）

注：括号前数字代表城市数量（单位：个），括号内数字代表城市数量占比（单位：%）

与 NLI 不同，EVI 和 WSA 与 FP 在大多数城市中表现为负相关关系。其中，约 80% 的城市中的夏季日间 FP 与 EVI 的年际变化表现为负相关关系，而在冬季，这一比例下降至 60%左右。全国约 70%的城市日间/夜间年均 FP 与 WSA 表现为负相关关系。然而需要指出的是，虽然大多数城市的 EVI 和 WSA 与 FP 具有负相关关系，但大部分情况下这种负相关关系是不具有统计学意义的。

6.2.4 讨论与分析

1. 城市热岛足迹持续上升的负面影响

本节研究结果表明，2003～2016 年我国大部分城市的热岛足迹出现了上升趋势，日间和夜间年均热岛足迹分别以每年 4.4%和 2.5%的速度持续增加。热岛足迹的上升意味着热岛效应影响范围的增加，这会直接造成更多城市居民面临炎热夏季带来的热环境风险。本节研究利用城市中每年的热岛足迹，结合我国人口空间分布公里网格数据集，对热岛效应影响的人口及其在研究时间段内的变化情况进行了分析。如图 6-10 所示，在 2003 年夏季，全国 302 个城市处于日间热岛效应影响中的人口数量约为 1 亿人，但在 2016 年夏季，该数字已增加至 1.5 亿人左右。受夏季日间热岛效应影响的人口数量以每年约 400 万人的速度显著（$p<0.05$）增长。相比而言，夏季夜间热岛效应影响的人口数量相对较少（约 5 千万～6 千万人），但在 2003～2016 年也出现了显著（$p<0.05$）增长的趋势。需要指出的是，以上仅是我国 302 个城市的分析结果，全国受到城市热岛效应影响的人口规模实际上会更大。

在未来，将会有更多的人口涌入城市，如若无法控制城市热岛足迹的持续扩张，受热岛效应影响的人口数量势必将进一步增加。此外，以往研究表明我国城市热岛强度在近十几年也出现了显著增长的趋势（Yao et al.，2017），并且在全球变暖的加持下，热岛强度在未来将会持续上升（Huang et al.，2019）。城市热岛足迹和热岛效应强度的双重增加，会使城市居民面临更高的热环境风险。这不仅会对城市居民的生活和健康产生不利影响，还会造成城市中降温能耗的增加和室外劳动时间的损失，阻碍城市的可持续发展。

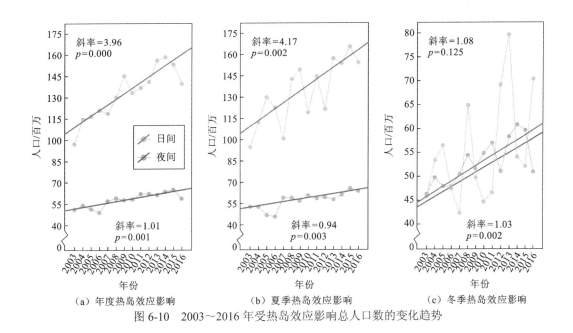

（a）年度热岛效应影响　　　　　　（b）夏季热岛效应影响　　　　　　（c）冬季热岛效应影响

图 6-10　2003～2016 年受热岛效应影响总人口数的变化趋势

2. 缓解城市热岛足迹持续增加的可能措施

相关分析结果表明，大多数城市中的 FP 与 NLI 呈正相关关系，与 EVI 和 WSA 呈负相关关系（表 6-7）。NLI 能够有效地反映城市中人为热源的排放，FP 与 NLI 之间的正相关关系意味着城市中更多的人为热源排放会促使城市热岛足迹增大。EVI 是对城市植被的综合反映，植被的存在能够有效地降低城市地表温度，这也是 EVI 与 FP 之间出现负相关关系的原因。WSA 影响地表对太阳辐射的吸收能力，WSA 越低，地表对太阳光能的吸收能力就越强，地表温度也会随之升高，这是 WSA 与 FP 之间存在负相关关系的原因。

在过去的十几年，我国城市化进程十分迅速。城市的发展伴随着土地覆盖的改变，造成城市植被减少和地表反照率下降（Zhou et al.，2014）。城市人口的聚集会增加能源的消耗和人为热源的排放（Liao et al.，2017）。此外，城市的发展还会引起温室气体排放量的增加和城市大小形态的变化（Fang et al.，2016）。以上因素的综合作用会显著影响城市地表热环境，引起城市热岛足迹的增加。

为了缓解城市热岛效应的持续扩张，根据本节研究结果，结合城市发展的实际规律，提出以下几点建议。

（1）增加城市植被覆盖率是缓解城市热岛效应最直接有效的手段。在具体实施过程中：一方面，要加强对城市原有绿地的保护，禁止城市建设过程中对自然植被的侵占和破坏；另一方面，要设法增加城市中绿地的面积，例如修建城市公园、扩大道旁绿地、发展立体绿化等。

（2）在城市建设中采用反照率更高的建筑材料，例如在密集城区中减少黑色柏油马路的铺设、多采用亮色涂料粉刷外墙和屋顶等，这些措施的有效性也已得到部分城市实验数据的支持（张蕾 等，2018；梁锦 等，2017；Mackey et al.，2012）。

（3）减少城市中人为热源的排放是缓解城市热岛效应的关键手段。首先，需要提高能源使用效率，尽可能减少城市中高耗能、高污染工厂的数量；其次，推广新能源交通工具，倡导公共交通出行理念；最为重要的是提高全民节能意识，减少能源消耗和热量排放。

6.2.5　小结

城市的动态变化会对地表热环境产生影响，集中表现为城市地表热岛强度（SUHII）和城市热岛足迹（FP）的改变。然而，现有研究多关注城市地表热岛强度的变化规律，缺少对城市热岛足迹变化趋势的系统分析。本节利用多源遥感数据，在我国 302 个城市中对热岛足迹在 2003～2016 年的变化趋势及影响因素进行了较为全面的分析。在每个城市中，首先利用高斯体函数模型对不同时间的 MODIS 地表温度进行拟合，并通过拟合曲面提取城市热岛足迹；之后采用 Sen's 斜率估计与 MK 检验相结合的方法，分析城市热岛足迹在研究时间段内的变化趋势；最后利用斯皮尔曼秩相关系数，分别得到热岛足迹与夜间灯光强度（NLI）、增强型植被指数（EVI）和白空反照率（WSA）年际变化的相关关系。

研究结果表明，城市热岛足迹呈现出明显的昼夜（白天>夜间）、季节（夏季>冬季）和城市等级间（大城市>中小城市）的差异。总体而言，全国大部分城市中的热岛足迹在 2003～2016 年出现了上升的趋势。例如，日间年均城市热岛足迹出现上升趋势的城市占全国 302 个城市的 85%以上，并且该上升趋势在超过一半的城市中具有统计学意义（$p<0.05$）。相对而言，夜间年均城市热岛足迹出现上升趋势的城市数量略有减少，但仍占所有城市数量的 75%以上，并且 4 成以上城市的夜间年均城市热岛足迹的上升趋势通过了显著性检验（$p<0.05$）。对比不同季节的结果可以发现，在夏季，日间城市热岛足迹出现显著上升趋势的城市约占全国城市的 50%左右，但在冬季，该比例降低至不到10%。就全国平均而言，在 2003～2016 年，日间年均热岛足迹和夜间年均热岛足迹分别以每年 4.4%和 2.5%的速度增长。更为重要的是，斯皮尔曼秩相关分析的结果表明，城市中 FP 的年际变化与 NLI 一般呈现正相关关系，但与 EVI 和 WSA 在大多数情况下呈现负相关关系。该结果意味着城市化过程中人为热源的增加、植被的减少和地表反照率的下降，都会引起城市热岛影响范围的扩大。总体而言，本节研究针对我国 302 个城市，对城市热岛足迹的变化趋势进行了较为全面的分析，用数据证实了城市热岛足迹不断上升的事实，并根据相关因素的分析结果给出了缓解城市热环境继续恶化的建议，为城市的可持续发展提供了科学指导。

参 考 文 献

葛荣凤, 2016. 北京市城市化进程中热环境响应. 生态学报, 36(19): 6040-6049.

李晓敏, 曾胜兰, 2015. 成都、重庆城市热岛效应特征对比. 气象科技(5): 888-897.

梁锦, 罗坤, 王强, 等, 2020. 高反照率屋顶对城市热岛及空调能耗的影响. 浙江大学学报(工学版), 54(10): 1993-2000.

乔治, 田光进, 2015. 基于 MODIS 的 2001 年-2012 年北京热岛足迹及容量动态监测. 遥感学报, 19(3):

476-484.

唐曦, 束炯, 乐群, 2008. 基于遥感的上海城市热岛效应与植被的关系研究. 华东师范大学学报(自然科学版), 1(1): 119-128.

张蕾, 王咏薇, 赵小艳, 等, 2018. 城市街区形态及冷却屋顶对冠层内辐射热通量的影响. 气候与环境研究, 23(5): 53-63.

AKILA M, EARAPPA R, QURESHI A, 2020. Ambient concentration of airborne microbes and endotoxins in rural households of southern India. Building and Environment, 179: 106970.

ANNIBALLE R, BONAFONI S, PICHIERRI M, 2014. Spatial and temporal trends of the surface and air heat island over Milan using MODIS data. Remote Sensing of Environment, 150: 163-171.

ANNIBALLE R, BONAFONI S, 2015. A stable Gaussian fitting procedure for the parameterization of remote sensed thermal images. Algorithms, 8(2): 82-91.

BECHTEL B, SEE L, MILLS G, et al., 2016. Classification of local climate zones using SAR and multispectral data in an arid environment. IEEE Journal of Selected Topics in Applied Earth Observations and Remote Sensing, 9(7): 3097-3105.

CAI M, REN C, XU Y, et al., 2016. Local climate zone study for sustainable megacities development by using improved WUDAPT methodology: A case study in Guangzhou. Procedia Environmental Sciences, 36: 82-89.

DIAN C, PONGRÁCZ R, DEZSŐ Z, et al., 2020. Annual and monthly analysis of surface urban heat island intensity with respect to the local climate zones in Budapest. Urban Climate, 31: 100573.

ESTOQUE R C, MURAYAMA Y, MYINT S W, 2017. Effects of landscape composition and pattern on land surface temperature: An urban heat island study in the megacities of Southeast Asia. Science of the Total Environment, 577: 349-359.

FANG C, LI G, WANG S, 2016. Changing and differentiated urban landscape in China: Spatiotemporal patterns and driving forces. Environmental Science & Technology, 50(5): 2217-2227.

FANG X, FAN Q, LIAO Z, et al., 2019. Spatial-temporal characteristics of the air quality in the Guangdong−Hong Kong−Macao Greater Bay Area of China during 2015-2017. Atmospheric Environment, 210: 14-34.

GUO G, ZHOU X, WU Z, et al., 2016. Characterizing the impact of urban morphology heterogeneity on land surface temperature in Guangzhou, China. Environmental Modelling & Software, 84: 427-439.

HUANG K, LI X, LIU X, et al., 2019. Projecting global urban land expansion and heat island intensification through 2050. Environmental Research Letters, 14(11): 114037.

KEERATIKASIKORN C, BONAFONI S, 2018. Satellite images and Gaussian parameterization for an extensive analysis of urban heat islands in Thailand. Remote Sensing, 10(5): 665.

LI W, BAI Y, CHEN Q, et al., 2014. Discrepant impacts of land use and land cover on urban heat islands: A case study of Shanghai, China. Ecological Indicators, 47: 171-178.

LI W, CAO Q, LANG K, et al., 2017. Linking potential heat source and sink to urban heat island: Heterogeneous effects of landscape pattern on land surface temperature. Science of the Total Environment, 586: 457-465.

LIAO W, WANG D, LIU X, et al., 2017. Estimated influence of urbanization on surface warming in Eastern

China using time-varying land use data. International Journal of Climatology, 37(7): 3197-3208.

LIU L, LIN Y, LIU J, et al., 2017. Analysis of local-scale urban heat island characteristics using an integrated method of mobile measurement and GIS-based spatial interpolation. Building and Environment, 117: 191-207.

LIU L, LIN Y, XIAO Y, et al., 2018. Quantitative effects of urban spatial characteristics on outdoor thermal comfort based on the LCZ scheme. Building and Environment, 143: 443-460.

LIU S, SHI Q, 2020. Local climate zone mapping as remote sensing scene classification using deep learning: A case study of metropolitan China. ISPRS Journal of Photogrammetry and Remote Sensing, 164: 229-242.

LIU Z, HE C, ZHANG Q, et al., 2012. Extracting the dynamics of urban expansion in China using DMSP-OLS nighttime light data from 1992 to 2008. Landscape and Urban Planning, 106(1): 62-72.

MACKEY C W, LEE X, SMITH R B, 2012. Remotely sensing the cooling effects of city scale efforts to reduce urban heat island. Building and Environment, 49: 348-358.

MAIMAITIYIMING M, GHULAM A, TIYIP T, et al., 2014. Effects of green space spatial pattern on land surface temperature: Implications for sustainable urban planning and climate change adaptation. ISPRS Journal of Photogrammetry and Remote Sensing, 89: 59-66.

MONDAL A, KHARE D, KUNDU S, 2015. Spatial and temporal analysis of rainfall and temperature trend of India. Theoretical and Applied Climatology, 122(1): 143-158.

MONTANER-FERNÁNDEZ D, MORALES-SALINAS L, RODRIGUEZ J S, et al., 2020. Spatio-temporal variation of the urban heat island in Santiago, Chile during summers 2005-2017. Remote Sensing, 12(20): 3345.

PAN W, DU J, 2021. Impacts of urban morphological characteristics on nocturnal outdoor lighting environment in cities: An empirical investigation in Shenzhen. Building and Environment, 192: 107587.

PENG J, MA J, LIU Q, et al., 2018. Spatial-temporal change of land surface temperature across 285 cities in China: An urban-rural contrast perspective. Science of the Total Environment, 635: 487-497.

PENG J, HU Y, DONG J, et al., 2020. Quantifying spatial morphology and connectivity of urban heat islands in a megacity: A radius approach. Science of The Total Environment, 714: 136792.

PENG S, PIAO S, CIAIS P, et al., 2012. Surface urban heat island across 419 global big cities. Environmental Science & Technology, 46(2): 696-703.

PLANQUE C, CARRER D, ROUJEAN J L, 2017. Analysis of MODIS albedo changes over steady woody covers in France during the period of 2001-2013. Remote Sensing of Environment, 191: 13-29.

POKHREL R, RAMÍREZ-BELTRAN N D, GONZÁLEZ J E, 2019. On the assessment of alternatives for building cooling load reductions for a tropical coastal city. Energy and Buildings, 182: 131-143.

POLYDOROS A, CARTALIS C, 2015. Assessing the impact of urban expansion to the state of thermal environment of peri-urban areas using indices. Urban Climate, 14: 166-175.

QUAN J, CHEN Y, ZHAN W, et al., 2014. Multi-temporal trajectory of the urban heat island centroid in Beijing, China based on a Gaussian volume model. Remote Sensing of Environment, 149: 33-46.

RAJADELL O, GARCÍA-SEVILLA P, DINH V C, et al., 2013. Improving hyperspectral pixel classification with unsupervised training data selection. IEEE Geoscience and Remote Sensing Letters, 11(3): 656-660.

RAJASEKAR U, WENG Q, 2009. Spatio-temporal modelling and analysis of urban heat islands by using Landsat TM and ETM+ imagery. International Journal of Remote Sensing, 30(13): 3531-3548.

RICHARD Y, EMERY J, DUDEK J, et al., 2018. How relevant are local climate zones and urban climate zones for urban climate research? Dijon (France) as a case study. Urban Climate, 26: 258-274.

SHEN H, HUANG L, ZHANG L, et al., 2016. Long-term and fine-scale satellite monitoring of the urban heat island effect by the fusion of multi-temporal and multi-sensor remote sensed data: A 26-year case study of the city of Wuhan in China. Remote Sensing of Environment, 172: 109-125.

STEWART I D, OKE T R, 2012. Local climate zones for urban temperature studies. Bulletin of the American Meteorological Society, 93(12): 1879-1900.

STREUTKER D R, 2002. A remote sensing study of the urban heat island of Houston, Texas. International Journal of Remote Sensing, 23(13): 2595-2608.

STREUTKER D R, 2003. Satellite-measured growth of the urban heat island of Houston, Texas. Remote Sensing of Environment, 85(3): 282-289.

TAN Z, LAU K K L, NG E, 2017. Planning strategies for roadside tree planting and outdoor comfort enhancement in subtropical high-density urban areas. Building and Environment, 120: 93-109.

THOMPSON J A, PAULL D J, 2017. Assessing spatial and temporal patterns in land surface phenology for the Australian Alps (2000-2014). Remote Sensing of Environment, 199: 1-13.

VANDAMME S, DEMUZERE M, VERDONCK M L, et al., 2019. Revealing Kunming's (China) historical urban planning policies through local climate zones. Remote Sensing, 11(14): 1731.

WANG C, MIDDEL A, MYINT S W, et al., 2018. Assessing local climate zones in arid cities: The case of Phoenix, Arizona and Las Vegas, Nevada. ISPRS Journal of Photogrammetry and Remote Sensing, 141: 59-71.

WANG J, ZHOU W, WANG J, 2019. Time-series analysis reveals intensified urban heat island effects but without significant urban warming. Remote Sensing, 11(19): 2229.

WANG R, CAI M, REN C, et al., 2019. Detecting multi-temporal land cover change and land surface temperature in Pearl River Delta by adopting local climate zone. Urban Climate, 28: 100455.

WU P, TANG Y, DANG M, et al., 2020. Spatial-temporal distribution of microplastics in surface water and sediments of Maozhou River within Guangdong-Hong Kong-Macao Greater Bay Area. Science of the Total Environment, 717: 135187.

YANG C, ZHANG C, LI Q, et al., 2020. Rapid urbanization and policy variation greatly drive ecological quality evolution in Guangdong-Hong Kong-Macao Greater Bay Area of China: A remote sensing perspective. Ecological Indicators, 115: 106373.

YANG J, JIN S, XIAO X, et al., 2019. Local climate zone ventilation and urban land surface temperatures: Towards a performance-based and wind-sensitive planning proposal in megacities. Sustainable Cities and Society, 47: 101487.

YAO R, WANG L, HUANG X, et al., 2017. Temporal trends of surface urban heat islands and associated determinants in major Chinese cities. Science of the Total Environment, 609: 742-754.

YAO R, WANG L, HUANG X, et al., 2019. Greening in rural areas increases the surface urban heat island intensity. Geophysical Research Letters, 46(4): 2204-2212.

ZHANG W, HUANG B, LUO D, 2014. Effects of land use and transportation on carbon sources and carbon sinks: A case study in Shenzhen, China. Landscape and Urban Planning, 122: 175-185.

ZHOU D, ZHAO S, LIU S, et al., 2014. Surface urban heat island in China's 32 major cities: Spatial patterns and drivers. Remote Sensing of Environment, 152: 51-61.

ZHOU D, ZHANG L, HAO L, et al., 2016. Spatiotemporal trends of urban heat island effect along the urban development intensity gradient in China. Science of the Total Environment, 544: 617-626.